全国高等教育自学考试指定教材

结构力学（本）

［含：结构力学（本）自学考试大纲］

（2023 年版）

全国高等教育自学考试指导委员会　组编

主编　张金生　马晓儒

图书在版编目(CIP)数据

结构力学：本/张金生，马晓儒主编. —北京：北京大学出版社，2023.9
全国高等教育自学考试指定教材
ISBN 978-7-301-34314-2

Ⅰ. ①结… Ⅱ. ①张… ②马… Ⅲ. ①结构力学—高等教育—自学考试—教材 Ⅳ. ①O342

中国国家版本馆 CIP 数据核字(2023)第 149846 号

书　　　名	结构力学 （本）
	JIEGOU LIXUE （BEN）
著作责任者	张金生　马晓儒　主编
策 划 编 辑	赵思儒　吴　迪
责 任 编 辑	伍大维
数 字 编 辑	金常伟
标 准 书 号	ISBN 978-7-301-34314-2
出 版 发 行	北京大学出版社
地　　　址	北京市海淀区成府路 205 号　100871
网　　　址	http://www.pup.cn　新浪微博:@北京大学出版社
电 子 邮 箱	编辑部 pup6@pup.cn　总编室 zpup@pup.cn
电　　　话	邮购部 010-62752015　发行部 010-62750672　编辑部 010-62750667
印 刷 者	北京鑫海金澳胶印有限公司
经 销 者	新华书店
	787 毫米×1092 毫米　16 开本　16.5 印张　396 千字
	2023 年 9 月第 1 版　2023 年 9 月第 1 次印刷
定　　　价	52.00 元

未经许可，不得以任何方式复制或抄袭本书之部分或全部内容。
版权所有，侵权必究
举报电话: 010-62752024　电子邮箱: fd@pup.cn
图书如有印装质量问题，请与出版部联系，电话: 010-62756370

组 编 前 言

21世纪是一个变幻难测的世纪，是一个催人奋进的时代。科学技术飞速发展，知识更替日新月异。希望、困惑、机遇、挑战，随时随地都有可能出现在每一个社会成员的生活之中。抓住机遇、寻求发展、迎接挑战、适应变化的制胜法宝就是学习——依靠自己学习、终身学习。

作为我国高等教育组成部分的自学考试，其职责就是在高等教育这个水平上倡导自学、鼓励自学、帮助自学、推动自学，为每一个自学者铺就成才之路。组织编写供读者学习的教材就是履行这个职责的重要环节。毫无疑问，这种教材应当适合自学，应当有利于学习者掌握和了解新知识、新信息，有利于学习者增强创新意识，培养实践能力，形成自学能力，也有利于学习者学以致用，解决实际工作中所遇到的问题。具有如此特点的书，我们虽然沿用了"教材"这个概念，但它与那种仅供教师讲、学生听，教师不讲、学生不懂，以"教"为中心的教科书相比，已经在内容安排、编写体例、行文风格等方面都大不相同了。希望读者对此有所了解，以便从一开始就树立起依靠自己学习的坚定信念，不断探索适合自己的学习方法，充分利用自己已有的知识基础和实际工作经验，最大限度地发挥自己的潜能，达到学习的目标。

欢迎读者提出意见和建议。

祝每一位读者自学成功。

全国高等教育自学考试指导委员会
2022年8月

目 录

组编前言

结构力学（本）自学考试大纲

大纲前言	2
Ⅰ 课程性质与课程目标	3
Ⅱ 考核目标	4
Ⅲ 课程内容与考核要求	5
Ⅳ 关于大纲的说明与考核实施要求	12
附录 题型举例	15
大纲后记	19

结构力学（本）

编者的话 … 22
第1章 绪论 … 23
　1.1 结构力学的内容及与其他学科的关系 … 24
　1.2 结构的计算简图 … 24
　1.3 杆件结构的分类 … 26
第2章 结构的几何组成分析 … 27
　2.1 基本概念 … 28
　2.2 静定结构的组成规则 … 31
　2.3 几何组成分析方法 … 34
　习题 … 36
第3章 静定结构的内力计算 … 39
　3.1 静定梁 … 40
　3.2 静定刚架 … 49
　3.3 静定桁架 … 56
　3.4 静定组合结构 … 62
　3.5 三铰拱 … 64
　3.6 静定结构的一般性质 … 69
　习题 … 70
第4章 静定结构的位移计算 … 76

　4.1 概述 … 77
　4.2 变形体虚功原理 … 77
　4.3 荷载引起的位移计算 … 81
　4.4 图乘法 … 85
　4.5 支座位移引起的位移计算 … 91
　4.6 温度变化引起的位移计算 … 92
　4.7 线弹性结构的互等定理 … 94
　习题 … 96
第5章 超静定结构的内力计算 … 100
　5.1 概述 … 101
　5.2 力法 … 101
　5.3 位移法 … 112
　5.4 力矩分配法 … 126
　5.5 对称性利用 … 136
　5.6 超静定结构的位移计算 … 142
　5.7 计算结果的校核 … 144
　5.8 超静定结构的特性 … 145
　习题 … 145
第6章 移动荷载作用下的结构计算 … 151

6.1 移动荷载和影响线的概念 …………… 152	第8章 结构动力计算 …………… 210
6.2 静力法作静定梁影响线 …………… 154	8.1 概述 …………… 211
6.3 机动法作静定梁影响线 …………… 158	8.2 单自由度体系的自由振动 …………… 217
6.4 机动法作连续梁影响线 …………… 163	8.3 单自由度体系在简谐荷载作用下的强迫振动 …………… 225
6.5 固定荷载作用下利用影响线求内力和支座反力 …………… 165	8.4 多自由度体系的自由振动 …………… 231
6.6 确定最不利荷载位置 …………… 167	8.5 多自由度体系在简谐荷载作用下的强迫振动 …………… 244
习题 …………… 172	8.6 用能量法计算结构的基本频率 …………… 248
第7章 矩阵位移法 …………… 176	习题 …………… 253
7.1 矩阵位移法分析过程概述 …………… 177	参考文献 …………… 256
7.2 矩阵位移法分析连续梁 …………… 178	后记 …………… 257
7.3 矩阵位移法分析刚架 …………… 191	
习题 …………… 207	

全国高等教育自学考试

结构力学（本）
自学考试大纲

全国高等教育自学考试指导委员会　制定

大 纲 前 言

为了适应社会主义现代化建设事业的需要，鼓励自学成才，我国在20世纪80年代初建立了高等教育自学考试制度。高等教育自学考试是个人自学、社会助学和国家考试相结合的一种高等教育形式。应考者通过规定的专业课程考试并经思想品德鉴定达到毕业要求的，可获得毕业证书；国家承认学历并按照规定享有与普通高等学校毕业生同等的有关待遇。经过40多年的发展，高等教育自学考试为国家培养造就了大批专门人才。

课程自学考试大纲是规范自学者学习范围，要求和考试标准的文件。它是按照专业考试计划的要求，具体指导个人自学、社会助学、国家考试及编写教材的依据。

为更新教育观念，深化教学内容方式、考试制度、质量评价制度改革，更好地提高自学考试人才培养的质量，全国考委各专业委员会按照专业考试计划的要求，组织编写了课程自学考试大纲。

新编写的大纲，在层次上，本科参照一般普通高校本科水平，专科参照一般普通高校专科或高职院校的水平；在内容上，及时反映学科的发展变化以及自然科学和社会科学近年来研究的成果，以更好地指导应考者学习使用。

全国高等教育自学考试指导委员会
2023年5月

Ⅰ 课程性质与课程目标

一、课程性质和特点

"结构力学（本）"是土木工程（专升本）、水利水电工程（专升本）等专业的专业基础课程，在该专业中占有重要地位。

设置本课程的目的是：在掌握了材料力学或工程力学（理论力学和材料力学）的基础上进一步学习掌握杆件结构的计算原理和计算方法，了解各类结构的受力性能，培养结构分析与计算的能力，为后续学习相关的专业课程，以及土木工程的设计和施工及科学研究提供必要的理论知识和结构分析方法。

二、课程目标

通过本课程的学习，应达到以下要求。
（1）了解结构的组成规律，能根据结构的组成选择相应的计算方法。
（2）熟练掌握静定结构的内力计算方法。
（3）掌握结构位移的计算方法。
（4）熟练掌握超静定结构的内力计算方法。
（5）掌握移动荷载作用下的结构内力计算方法。
（6）掌握结构矩阵分析方法。
（7）掌握结构动力计算的基本理论和基本方法。

三、与相关课程的联系与区别

本课程的先修课程为工程力学（理论力学、材料力学）或结构力学（专）、工程数学（线性代数）。

本课程内容兼顾没有学过结构力学（专）但学过工程力学（理论力学、材料力学）的自学者，因此课程内容包括结构力学（专）的内容，但在内容上有所扩展，在要求上有所提高。本课程后3章为结构力学（专）中没有的内容。

本课程的知识将在钢筋混凝土结构、钢结构等后续课程中得到直接应用，并为学习建筑结构抗震设计和学习使用结构分析程序奠定基础。

四、课程的重点和难点

本课程的重点为静定结构和超静定结构的内力计算，难点是矩阵位移法和结构动力计算。

Ⅱ 考核目标

本大纲在考核目标中，按照识记、领会、简单应用和综合应用4个层次规定其应达到的能力层次要求。4个能力层次是递升的关系，后者建立在前者的基础上。各能力层次的含义如下。

识记（Ⅰ）：要求考生能够识别和记忆本课程中有关概念及规律的主要内容（如定义、表达式、公式、定理、结论、方法的步骤、特点、性质、应用范围等），并能够根据考核的不同要求，做出正确的表述、选择和判断。

领会（Ⅱ）：要求考生能够领悟和理解本课程中的概念及规律的内涵及外延，理解它们的确切含义，能够鉴别关于它们的似是而非的说法；理解它们与相关知识的区别和联系，并能根据考核的不同要求做出正确的判断、解释和说明。

简单应用（Ⅲ）：要求考生能够根据已知的条件，运用本课程中的少量知识点，分析和解决一般应用问题，如简单计算、绘图、分析、论证等。

综合应用（Ⅳ）：要求考生能够运用本课程中的较多知识点，分析和解决较复杂的应用问题，如计算、绘图、分析、论证等。

Ⅲ 课程内容与考核要求

第1章 绪 论

一、学习目的与要求

通过本章的学习，要了解本课程需学习的内容，了解结构力学的研究对象和内容，理解结构的计算简图，理解各种支座和结点的约束特点，了解杆件结构的分类。

二、课程内容

1. 结构力学的内容及与其他学科的关系
2. 结构的计算简图
3. 杆件结构的分类

三、考核知识点与考核要求

本章不单独命题。本章学习内容会反映在后续章节中。

第2章 结构的几何组成分析

一、学习目的与要求

通过本章的学习，要了解结构的几何组成，这是确定结构分析方法的基础。本章重点为杆件体系的几何组成分析方法。

本章学习要求如下。

（1）理解静定结构和超静定结构的静力特征和几何特征。
（2）理解静定结构的组成规则。
（3）掌握杆件体系的几何组成分析方法。

二、课程内容

1. 基本概念
2. 静定结构的组成规则
3. 几何组成分析方法

三、考核知识点与考核要求

本章不单独命题，但本章学习要求中提到的内容在后续章节中将有所应用，会反映在后续章节的考核内容中。

第3章 静定结构的内力计算

一、学习目的与要求

通过本章的学习，要掌握静定结构的内力计算方法，它是本课程的基础。本章重点为静定梁和静定刚架的内力图绘制方法。

本章学习要求如下。

(1) 熟练掌握多跨静定梁的支座反力和内力计算方法。
(2) 熟练掌握静定刚架的支座反力、内力计算和内力图绘制方法。
(3) 熟练掌握静定桁架的内力计算方法。
(4) 掌握静定组合结构的内力计算方法。
(5) 理解三铰拱的内力计算方法并了解其受力特点。
(6) 理解静定结构的一般性质。

二、课程内容

1. 静定梁
2. 静定刚架
3. 静定桁架
4. 静定组合结构
5. 三铰拱
6. 静定结构的一般性质

三、考核知识点与考核要求

1. 多跨静定梁的受力分析
识记：基本部分，附属部分。
领会：基本部分和附属部分的识别，各部分的计算顺序，受力特点。
简单应用：支座反力计算，指定截面内力计算。
综合应用：作内力图。

2. 静定刚架的受力分析
简单应用：支座反力计算，指定截面内力计算。
综合应用：作内力图。

3. 静定桁架的受力分析
领会：零杆判别，利用对称性判断零杆。
简单应用：结点法计算单杆轴力，截面法计算单杆轴力。
综合应用：计算指定杆件轴力。

4. 静定组合结构的受力分析
领会：二力杆判别。

简单应用：指定二力杆轴力计算，指定截面内力计算。

5. 三铰拱的受力分析

识记：拱的概念，拱的受力特点。

领会：支座反力与拱高的关系，合理拱轴线。

简单应用：支座反力计算，指定截面内力计算。

6. 静定结构的一般性质

领会：内力与荷载之外的因素无关，局部平衡性，荷载等效性，构造变换性。

第4章 静定结构的位移计算

一、学习目的与要求

通过本章的学习，一是要掌握静定结构位移的计算方法，二是要为学习力法、结构动力计算建立基础。本章重点是图乘法，难点是变形体虚功原理的理解。

本章学习要求如下。

（1）掌握单位力状态的确定方法。
（2）掌握计算静定桁架位移的方法。
（3）熟练掌握图乘法。
（4）掌握支座位移引起的位移的计算方法。
（5）掌握温度变化引起的位移的计算方法。
（6）理解互等定理。

二、课程内容

1. 概述
2. 变形体虚功原理
3. 荷载引起的位移计算
4. 图乘法
5. 支座位移引起的位移计算
6. 温度变化引起的位移计算
7. 线弹性结构的互等定理

三、考核知识点与考核要求

识记：图乘法适用条件，标准图形的面积及形心位置。

领会：广义力与广义位移，单位力状态的确定，图形分解，虚功互等定理，位移互等定理，反力互等定理。

简单应用：计算荷载作用引起的静定桁架位移，图乘法计算静定梁与静定刚架的位移，计算支座位移引起的静定梁与静定刚架的位移，计算温度变化引起的静定梁与静定刚架的位移。

第5章 超静定结构的内力计算

一、学习目的与要求

通过本章的学习，要掌握超静定结构的内力计算方法。计算超静定结构的内力是结构力学的主要任务，也是本课程的核心内容。力法和位移法是解算超静定结构的基本方法，力矩分配法是解算超静定结构的渐近解法。本章重点是力法和位移法，难点是位移法。

本章学习要求如下。

（1）熟练掌握力法计算荷载作用下超静定梁、刚架内力的方法。
（2）了解力法计算温度变化引起的超静定结构内力的方法。
（3）理解力法计算支座位移引起的超静定结构内力的方法。
（4）熟练掌握位移法计算荷载作用下超静定梁、刚架内力的方法。
（5）掌握力矩分配法计算连续梁和无侧移刚架内力的方法。
（6）掌握对称性利用的方法。
（7）了解超静定结构的特性。

二、课程内容

1. 概述
2. 力法
3. 位移法
4. 力矩分配法
5. 对称性利用
6. 超静定结构的位移计算
7. 计算结果的校核
8. 超静定结构的特性

三、考核知识点与考核要求

1. 力法

识记：力法的基本未知量，力法的变形条件，力法典型方程的物理意义，力法方程中系数及自由项的物理意义，主系数恒为正的物理意义，副系数互等的物理意义，力法计算超静定结构的步骤。

领会：超静定次数的确定，力法的基本结构，力法的基本体系，支座位移作用下的变形条件，力法方程中荷载作用下、支座位移时、温度改变时系数及自由项的计算，荷载作用下内力分布与刚度的关系。

简单应用：用力法求解荷载作用下的一次超静定梁和刚架并作弯矩图。

综合应用：用力法求解荷载作用下的二次超静定梁及刚架并作弯矩图。

2. 位移法

识记：两端固定梁的杆端力，一端固定一端简支梁的杆端力，一端固定一端滑动梁的杆端力，位移法的基本未知量。

领会：基本未知量数目的确定，基本结构的确定，位移法典型方程的物理意义，系数和自由项的物理意义，系数和自由项的计算。

简单应用：计算荷载作用下有一个基本未知量的连续梁和刚架并作弯距图。

综合应用：计算荷载作用下有两个基本未知量的连续梁和刚架并作弯距图。

3．力矩分配法

识记：转动刚度，传递系数，适用条件。

领会：分配系数的计算，固端弯矩的计算，约束力矩的计算，分配弯矩的计算，传递弯矩的计算，分配系数的校核。

简单应用：计算单结点连续梁和无侧移刚架并作弯矩图。

综合应用：计算多结点连续梁并作弯矩图。

4．对称性利用

识记：对称结构，对称荷载，反对称荷载。

领会：对称结构在对称或反对称荷载作用下的受力特点，一般荷载的分解，判断对称轴处的内力，半边结构的选取。

第6章　移动荷载作用下的结构计算

一、学习目的与要求

通过本章的学习，要掌握移动荷载作用下的结构计算。结构有时会受到移动荷载作用，需要掌握移动荷载作用下的结构内力和支座反力的计算方法。影响线是解决移动荷载作用下结构分析的工具，要掌握作影响线的方法，并了解利用影响线确定内力和支座反力最大值的方法。本章重点是作静定梁的影响线，难点是作影响线的机动法。

本章学习要求如下。

（1）理解移动荷载和影响线的概念。
（2）掌握作影响线的静力法。
（3）掌握作影响线的机动法。
（4）掌握利用影响线计算固定荷载作用下结构的内力和支座反力。
（5）掌握最不利荷载位置的确定方法。

二、课程内容

1．移动荷载和影响线的概念
2．静力法作静定梁影响线
3．机动法作静定梁影响线
4．机动法作连续梁影响线
5．固定荷载作用下利用影响线求内力和支座反力
6．确定最不利荷载位置

三、考核知识点与考核要求

识记：移动荷载，行列荷载，均布活荷载，影响线，最不利荷载位置，最不利荷载分布，影响线纵坐标的量纲。

领会：影响线纵坐标值的物理意义，影响线纵坐标值的计算，影响线方程，连续梁影响线形状，均布活荷载作用下确定最不利荷载分布。

简单应用：静力法作单跨静定梁的内力和支座反力影响线，机动法作静定梁的内力和支座反力影响线，利用影响线求固定荷载作用下的内力和支座反力，行列荷载作用下最不利荷载位置确定。

第7章　矩阵位移法

一、学习目的与要求

通过本章的学习，要掌握矩阵位移法。工程中通常用计算机对结构做受力分析。计算机所用的结构分析程序是用有限单元法编制的，而矩阵位移法是有限单元法的基础。学习矩阵位移法是为学习有限单元法，也是为学习使用计算机程序对结构做受力分析奠定基础。本章重点是矩阵位移法计算连续梁，难点是矩阵位移法计算刚架。

本章学习要求如下。

（1）掌握结构的离散化。

（2）掌握用矩阵位移法分析连续梁。

（3）掌握用矩阵位移法分析刚架。

二、课程内容

1. 矩阵位移法分析过程概述
2. 矩阵位移法分析连续梁
3. 矩阵位移法分析刚架

三、考核知识点与考核要求

识记：结点力与结点位移，单元杆端力与单元杆端位移，整体坐标系与单元局部坐标系。

领会：结点位移编码，单元刚度矩阵，单元刚度矩阵中元素的物理意义，坐标转换矩阵，单元刚度矩阵的性质，单元固端力向量和单元等效结点荷载向量的计算，单元定位向量，根据单元定位向量确定单元刚度矩阵中元素在结构刚度矩阵中的位置，已知结点位移计算单元杆端力，已知单元杆端力作单元内力图，结构刚度矩阵，结构刚度矩阵中元素的物理意义，结构刚度矩阵中元素的计算，结构荷载向量中元素的计算，结构刚度矩阵的性质。

简单应用：计算连续梁的结构刚度矩阵，计算连续梁的结构荷载向量，计算刚架的结构刚度矩阵，计算刚架的结构荷载向量。

第8章 结构动力计算

一、学习目的与要求

通过本章的学习，要掌握结构动力计算方法。结构有时会受到动荷载的作用，比如地震作用等。学习结构动力分析的基本概念、基本理论和基本分析方法是为学习结构的抗震设计打基础。本章重点是单自由度体系的动力计算，难点是多自由度体系的动力特性计算。

本章学习要求如下。

（1）掌握单自由度体系的自由振动计算。

（2）熟练掌握单自由度体系在简谐荷载作用下的强迫振动计算。

（3）掌握多自由度体系的自由振动计算。

二、课程内容

1. 概述
2. 单自由度体系的自由振动
3. 单自由度体系在简谐荷载作用下的强迫振动
4. 多自由度体系的自由振动
5. 多自由度体系在简谐荷载作用下的强迫振动
6. 用能量法计算结构的基本频率

三、考核知识点与考核要求

识记：动荷载，动力自由度，自振频率，自振周期，频率比。

领会：确定动力自由度，动力系数的计算，阻尼对自振频率和自振周期的影响，阻尼比，动力系数与频比的关系，振型的正交性。

简单应用：单自由度体系自振频率、自振周期的计算。

综合应用：无阻尼单自由度体系在简谐荷载作用下的振幅计算、动内力幅值计算，两个自由度体系的频率、振型计算。

Ⅳ 关于大纲的说明与考核实施要求

一、自学考试大纲的目的和作用

课程自学考试大纲是根据专业自学考试计划的要求，结合自学考试的特点而制定的。其目的是对个人自学、社会助学和自学考试命题进行指导和规定。

课程自学考试大纲明确了课程学习的内容以及深度和广度，规定出课程自学考试的范围和标准，是编写自学考试教材的依据，是个人自学的依据，是社会助学的依据，也是进行自学考试命题的依据。

二、自学考试大纲与教材的关系

课程自学考试大纲是进行学习和考核的依据，教材是学习掌握课程知识的基本内容与范围，教材的内容是大纲所规定的课程知识和内容的扩展与发挥。课程内容在教材中可以体现一定的深度或难度，但在大纲中对考核的要求一定要适当。

大纲与教材所体现的课程内容应基本一致；大纲里面的课程内容和考核知识点，教材里一般也要有。反过来教材里有的内容，大纲里就不一定体现。（注：如果教材是推荐选用的，其中有的内容与大纲要求不一致的地方，应以大纲规定为准。）

三、关于自学教材

《结构力学（本）》，全国高等教育自学考试指导委员会组编，张金生、马晓儒主编，北京大学出版社出版，2023 年版。

四、关于考核内容与考核要求的说明

（1）课程中各章的内容均由若干知识点组成，在自学考试命题中知识点就是考核点。因此，课程自学考试大纲中所规定的考核内容是以分解为考核知识点的形式给出的。因各知识点在课程中的地位、作用及知识自身的特点不同，自学考试将对各知识点分别按 4 个认知（或能力）层次确定其考核要求（认知层次的具体描述请参看Ⅱ. 考核目标）。

（2）按照重要性程度不同，考核内容分为重点内容和一般内容。为有效地指导个人自学和社会助学，本大纲已指明了课程的重点和难点，在各章的"学习目的与要求"中一般也指明了本章内容的重点和难点。在本课程试卷中重点内容所占分值一般不少于60%。

（3）课程分为 8 章，分别为：绪论，结构的几何组成分析，静定结构的内力计算，静定结构的位移计算，超静定结构的内力计算，移动荷载作用下的结构计算，矩阵位移法和结构动力计算。除第 1 章和第 2 章外，其他各章在考试试卷中所占的比例大致为：20%、5%、30%、15%、10%、20%。

本课程共 6 学分。

五、自学方法指导

"结构力学（本）"是一门实践性很强的应用学科，其主要内容是各种结构在不同外部作用下的内力与位移的计算方法。掌握该学科主要从两个方面着眼：一是充分理解计算方法的实质和过程；二是使用这些方法来解题，在解题过程中提高对方法的掌握程度并加深对方法的理解。在学习时请注意以下问题。

（1）在开始学习某一章时，应先阅读考试大纲的相关章节，了解该章各知识点的考核要求，做到心中有数。

（2）学完一章后，应对照大纲检查是否达到了大纲所规定的要求。

（3）由于结构力学各部分内容的关系紧密，前面知识是学习后面知识的基础，只有掌握了前一个章节的内容后才能进行后一个章节的学习。特别是静定结构的内力计算部分，它是后续部分的基础，非常重要。

（4）不做一定量的习题不可能掌握结构力学，但也不能盲目多做题，要善于在做题中发现问题，找出规律，提高分析和解决问题的能力。建议各章需做习题数见下表。

章次	内容	习题数
1	绪论	
2	结构的几何组成分析	10
3	静定结构的内力计算	30
4	静定结构的位移计算	15
5	超静定结构的内力计算	30
6	移动荷载作用下的结构计算	20
7	矩阵位移法	25
8	结构动力计算	20
总计		150

（5）保证并合理安排学习时间是很重要的。由于自学者情况的差异，下表是建议的各章学时数（包括做习题时间），仅供参考。

章次	内容	学时数
1	绪论	1
2	结构的几何组成分析	7
3	静定结构的内力计算	30
4	静定结构的位移计算	10
5	超静定结构的内力计算	30
6	移动荷载作用下的结构计算	8
7	矩阵位移法	16

续表

章次	内容	学时数
8	结构动力计算	18
总计		120

六、关于考试方式和试卷结构的说明

（1）考试方式为笔试，闭卷，考试时间为 150 分钟。满分 100 分，60 分及格，考试时允许携带无存储功能的计算器。

（2）本课程在试卷中对不同能力层次要求的分数比例大致为：识记占 15%，领会占 25%，简单应用占 25%，综合应用占 35%。

（3）要合理安排试题的难易程度，试题的难度可分为：易、较易、较难和难 4 个等级。

必须注意试题的难易程度与能力层次有一定的联系，但二者不是等同的概念，在各个能力层次都有不同难度的试题。

（4）本课程考试命题的主要题型一般有单项选择题、填空题、计算题、分析计算题等题型。

在命题工作中必须按照本课程大纲中所规定的题型命制，考试试卷使用的题型可以略少，但不能超出本课程对题型的规定。

附录 题型举例

一、单项选择题

1. 图示结构的 A 支座向下、向左分别发生微小位移 a，则结点 C 的水平位移等于（   ）。
   A. $2a$（←）　　B. $2a$（→）　　C. a（←）　　D. a（→）

2. 图示梁的线刚度为 i，发生支座位移如图所示，则杆端弯矩 $M_{AB}=$（   ）。
   A. $-2i$　　　B. 0　　　C. $2i$　　　D. $6i$

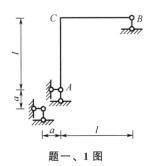

题一、1 图

题一、2 图

二、填空题

1. 图示结构各杆 $EI=$ 常数，在均布荷载作用下，AB 杆 A 端的杆端剪力 $F_{QAB}=$ _____。

2. 图示体系的动力自由度等于 _____。

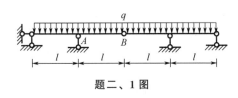

题二、1 图

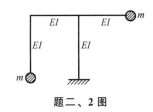

题二、2 图

三、计算题

1. 试用力法计算图示结构，作弯矩图。
2. 试求图示连续梁的结构荷载向量。

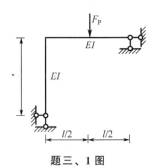

题三、1 图

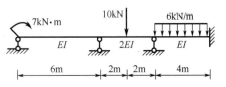

题三、2 图

四、分析计算题

1. 计算图示静定刚架，作弯矩图、剪力图和轴力图。
2. 求图示体系的自振频率和振型。

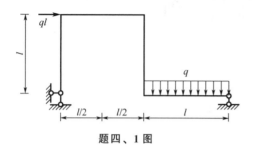

题四、1 图

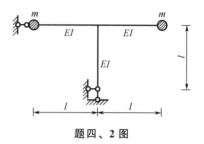

题四、2 图

参考答案

一、单项选择题

1. A 2. D

二、填空题

1. ql 2. 4

三、计算题

1.

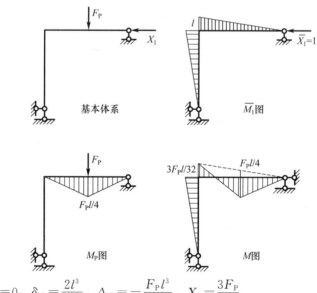

$\delta_{11}X_1 + \Delta_{1P} = 0$，$\delta_{11} = \dfrac{2l^3}{3EI}$，$\Delta_{1P} = -\dfrac{F_P l^3}{16EI}$，$X_1 = \dfrac{3F_P}{32}$

2. 单元编码、结点编码和结点位移编码如图所示。

$\{F_P\}^① = \begin{Bmatrix} 0 \\ 0 \end{Bmatrix}$, $\{F_P\}^② = \begin{Bmatrix} -5\text{kN}\cdot\text{m} \\ 5\text{kN}\cdot\text{m} \end{Bmatrix}$, $\{F_P\}^③ = \begin{Bmatrix} -8\text{kN}\cdot\text{m} \\ 8\text{kN}\cdot\text{m} \end{Bmatrix}$

$$\{P_e\}^① = \begin{Bmatrix} 0 \\ 0 \end{Bmatrix}, \quad \{P_e\}^② = \begin{Bmatrix} 5\text{kN} \cdot \text{m} \\ -5\text{kN} \cdot \text{m} \end{Bmatrix}, \quad \{P_e\}^③ = \begin{Bmatrix} 8\text{kN} \cdot \text{m} \\ -8\text{kN} \cdot \text{m} \end{Bmatrix}$$

$$\{P_e\} = \begin{Bmatrix} 0 \\ 5\text{kN} \cdot \text{m} \\ 3\text{kN} \cdot \text{m} \end{Bmatrix}, \quad \{P_d\} = \begin{Bmatrix} 7\text{kN} \cdot \text{m} \\ 0 \\ 0 \end{Bmatrix}, \quad \{P\} = \{P_d\} + \{P_e\} = \begin{Bmatrix} 7\text{kN} \cdot \text{m} \\ 5\text{kN} \cdot \text{m} \\ 3\text{kN} \cdot \text{m} \end{Bmatrix}$$

四、分析计算题

1.

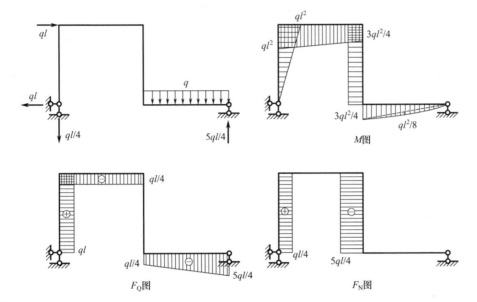

2.

$$m_1 = m, \quad m_2 = m, \quad \delta_{11} = \frac{2l^3}{3EI}, \quad \delta_{12} = \delta_{21} = -\frac{l^3}{3EI}, \quad \delta_{22} = \frac{2l^3}{3EI}$$

$$\omega_1 = \sqrt{\frac{EI}{ml^3}}, \quad \omega_2 = 1.732\sqrt{\frac{EI}{ml^3}}; \quad \frac{Y_{11}}{Y_{21}} = -1, \quad \frac{Y_{12}}{Y_{22}} = 1$$

大 纲 后 记

《结构力学（本）自学考试大纲》是根据《高等教育自学考试专业基本规范（2021年）》的要求，由全国高等教育自学考试指导委员会土木水利矿业环境类专业委员会组织制定的。

全国高等教育自学考试指导委员会土木水利矿业环境类专业委员会对本大纲组织审稿，根据审稿会意见由编者做了修改，最后由土木水利矿业环境类专业委员会定稿。

本大纲由哈尔滨工业大学张金生教授、马晓儒副教授担任主编，参加审稿并提出修改意见的有福州大学祁皑教授、北京建筑大学罗健副教授、河海大学张旭明副教授。

对参与本大纲编写和审稿的各位专家表示感谢。

全国高等教育自学考试指导委员会
土木水利矿业环境类专业委员会
2023 年 5 月

全国高等教育自学考试指定教材

结构力学（本）

全国高等教育自学考试指导委员会　组编

编 者 的 话

全国高等教育自学考试指定教材《结构力学（本）》是根据《结构力学（本）自学考试大纲》的课程内容、考核知识点及考核要求编写的。

本教材的编写原则是，在保证内容的科学性的前提下，力求由浅入深、由简入繁、循序渐进。考虑到参加自学考试人员的多样性，为使更多的人能使用本教材，本教材设置了合适的学习起点，只要具有理论力学和材料力学的知识即可使用本教材。为方便自学学习，本教材每章前设有知识结构图，图中结合自学考试大纲给出了考核知识点的分布和能力层次要求；学习指导安排在小节后或介绍完一个知识点后，学习指导中指明了各知识点的学习要求，并给出了掌握这些知识点所需完成的习题的编号；安排了较多的习题及拓展习题，习题有三种类型，单项选择题、填空题和计算题，所有习题均有参考答案，读者可扫描习题后的二维码查看；另外，本书还配有两套模拟试卷及其参考答案和试题讲解视频，读者可扫描下方二维码查看。

本教材共有 8 章，内容包括：绪论，结构的几何组成分析，静定结构的内力计算，静定结构的位移计算，超静定结构的内力计算，移动荷载作用下的结构计算，矩阵位移法，结构的动力计算。通过上述内容的学习，自学者应掌握杆件结构的内力与位移的计算方法，理解矩阵位移法，理解结构动力计算的基本概念和基本方法。学好本教材可为自学者今后学习相关专业课及从事建筑工程相关工作奠定基础。

本教材由哈尔滨工业大学张金生教授和马晓儒副教授担任主编。

本教材由福州大学祁皑教授担任主审，北京建筑大学罗健副教授、河海大学张旭明副教授参审。他们在审稿过程中提出了许多指导性和具体的意见。

在此对参与本教材编写和审稿工作的同人表示诚挚的感谢！

由于编者水平有限，教材中难免有不足之处，敬请读者批评指正。

编 者
2023 年 5 月

资源索引

模拟试卷（1）

模拟试卷（2）

第1章 绪 论

知识结构图

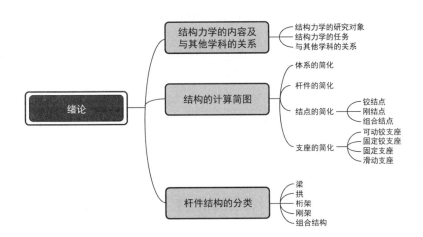

1.1　结构力学的内容及与其他学科的关系

人们的生产、生活和各种研究活动都离不开各种建筑物和构筑物，它们在建造和使用时会受到诸如地震、强风、重力等的作用。为了安全，在设计它们时需要对其做受力分析，结构力学就是研究如何对结构做受力分析的学科。结构是指在建筑物和构筑物中承受荷载、传递荷载，起到骨架作用的部分。如图 1.1（a）所示即为由基础、柱、梁等构成的工业厂房结构。

结构分为杆件结构、板壳结构和实体结构。杆件结构是由杆件组成的结构，板壳结构和实体结构是由板、壳等非杆件构件组成的结构，前者是结构力学的研究对象（本教材所说的结构指的就是杆件结构），后两者是弹性力学的研究对象。

杆件结构是最常见的结构，一般的民用建筑和工业建筑等都可简化为杆件结构。

结构力学的具体任务是：计算结构在各种因素作用下的内力和位移，分析结构的组成规律等。

本教材将在后续各章分别介绍结构的组成、结构的内力计算方法、结构的位移计算方法、移动荷载作用下的结构计算、结构的矩阵分析和结构的动力计算。

学习结构力学需要有理论力学和材料力学的知识。理论力学研究物体运动的一般规律，尽管不涉及物体的变形，但由其得到的一般规律仍可用于结构力学。材料力学主要研究一个杆件的内力和位移，结构力学则是在材料力学的基础上研究杆件结构的内力和位移。

学习结构力学还需要有一些数学方面的知识，如在学习矩阵位移法部分时需要掌握矩阵运算的知识，在学习结构动力计算部分时需要掌握常微分方程方面的知识。

结构力学与钢筋混凝土结构、钢结构、建筑结构抗震设计等后续课程关系密切，结构力学是结构设计的基础。

1.2　结构的计算简图

结构力学是通过计算简图来对结构进行分析计算的。结构的计算简图是指用于代替实际结构进行结构分析的计算模型或图形，是根据要解决的问题而对实际结构做某些简化和理想化。

确定计算简图的原则有两点：①计算简图要能反映实际结构的主要受力性能，满足结构设计需要的足够精度；②便于分析计算。对于工程中常见的结构，已有成熟的计算简图可以利用。对于新型结构，确定其计算简图则需要进行试验、实测和理论分析，并要经受多次实践的检验。确定一个实际结构的计算简图，既要有力学和相关专业知识，又要有一定的经验，在此只简要说明从实际结构到计算简图的简化要点和结果。

1. 体系的简化

实际结构都是空间结构，多数情况下为了简化计算，可以将空间结构按平面结构处理。

图 1.1（a）所示的工业厂房，其主体结构排架图［图 1.1（b）］的计算简图如图 1.1（c）所示。

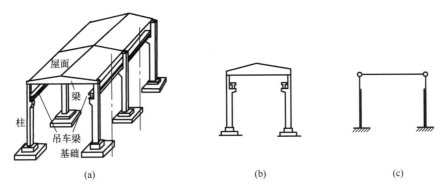

图 1.1　工业厂房结构

2. 杆件的简化

在计算简图中，杆件用其轴线表示。

3. 结点的简化

在计算简图中，将杆件与杆件之间的连接装置简化为结点。根据连接方式的不同，结点通常可分为铰结点、刚结点、组合结点等。

（1）铰结点。铰结点是指所连接的各杆杆端截面可以发生相对转动，不能传递弯矩的结点，如图 1.2（a）所示。

（2）刚结点。刚结点是指所连接的各杆杆端截面不能发生相对转动，可以传递弯矩的结点，如图 1.2（b）所示。刚结点所连接的杆端，变形前夹角为 90°，变形后夹角仍为 90°。

（3）组合结点。组合结点是铰结点和刚结点的组合，也称半铰结点。在组合结点处，有些杆端刚结，有些杆端铰结，如图 1.2（c）所示。

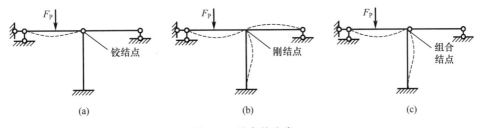

图 1.2　结点的分类

4. 支座的简化

在计算简图中，将结构与地面或支承物连接在一起的装置简化为支座。根据连接方式的不同，支座可分为可动铰支座、固定铰支座、固定支座、滑动支座等。

（1）可动铰支座。可动铰支座连接的杆端可沿水平方向自由移动，可自由转动，但不能竖向移动，可产生竖向支座反力，如图 1.3（a）所示。

(2) 固定铰支座。固定铰支座连接的杆端可自由转动，但不能发生移动，可产生水平和竖向支座反力，如图 1.3（b）所示。

(3) 固定支座。固定支座连接的杆端既不能移动也不能转动，可产生水平和竖向支座反力及支座反力矩，如图 1.3（c）所示。

(4) 滑动支座。滑动支座连接的杆端不能转动，可沿一个方向移动，可产生一个支座反力和支座反力矩，如图 1.3（d）所示。

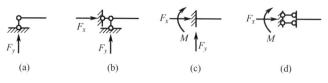

图 1.3　支座的分类

1.3　杆件结构的分类

根据结构计算简图的特征和受力特点，可将杆件结构分为如下 5 类。

(1) 梁。梁是指杆轴线通常为直线，在竖向荷载作用下只产生弯矩和剪力而无轴力的受弯结构，如图 1.4（a）所示。

(2) 拱。拱是指在竖向荷载作用下能产生水平反力，轴力较大，杆轴线通常为曲线的结构，如图 1.4（b）所示。

(3) 桁架。桁架是指所有杆件均为直杆，结点均为铰结点，内力只有轴力的结构，如图 1.4（c）所示。

(4) 刚架。刚架是指由梁、柱组成的，结点通常为刚结点，内力一般既有弯矩和剪力也有轴力的结构，如图 1.4（d）所示。

(5) 组合结构。组合结构是指由刚架构件（内力一般既有弯矩和剪力也有轴力）和桁架构件（内力只有轴力）组合而成的结构，图 1.4（e）所示。

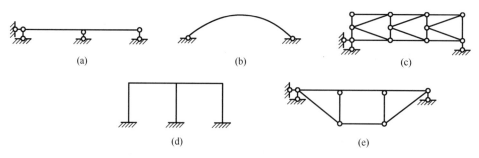

图 1.4　杆件结构的分类

学习指导：通过本章的学习，应了解结构力学的任务和内容，了解结构的计算简图，理解各种结点和支座的约束特点，了解杆件结构的分类。

第2章 结构的几何组成分析

知识结构图

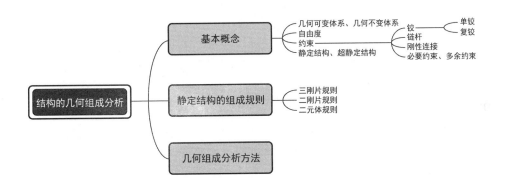

结构可以分成静定结构和超静定结构，它们的计算方法不同。为了确定结构的计算方法，首先须确定结构是属于静定结构还是超静定结构，这与结构的几何组成有关。此外，结构的受力分析过程也会用到结构组成的一些知识，因此在学习结构的内力和位移计算前须先学习结构的几何组成分析。

由于本章只是讨论结构的几何组成，不涉及结构的变形，故假定所有杆件都是刚体。

2.1 基本概念

在讨论结构的几何组成时会涉及一些概念，下面先介绍这些概念。

2.1.1 几何可变体系、几何不变体系

几何形状和位置不能发生变化的体系称为几何不变体系。图 2.1（a）所示体系的形状不变，支座保证其不能上下、左右移动和转动，故为几何不变体系。几何形状或位置能发生变化的体系称为几何可变体系。图 2.1（b）、（c）所示体系均为几何可变体系。

几何不变体系在荷载作用下能平衡，故几何不变体系可作为结构；几何可变体系在一般荷载作用下不能平衡，故不能作为结构。

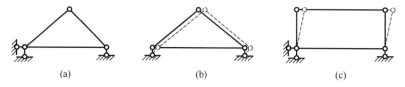

图 2.1 几何不变体系与几何可变体系

一个杆件体系能否作为结构，可以根据其是几何不变体系还是几何可变体系来确定。对于像图 2.1 所示的简单体系，凭直观即可确定其是否可作为结构，而对于较复杂的杆件体系，则需要采用后面介绍的几何组成分析方法来确定。

2.1.2 自由度

确定一个体系的位置所需要的独立坐标的个数称为体系的自由度。平面上的一个点有两个自由度，如图 2.2（a）所示，确定 A 点在平面上的位置需要 x、y 两个坐标。平面上的一个刚片（几何形状不能变化的平面物体）有 3 个自由度，如图 2.2（b）所示，确定刚片的位置需要 x、y、θ 这 3 个坐标。一个杆件也属于刚片，故也有 3 个自由度，如图 2.2（c）所示。

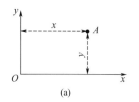 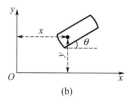 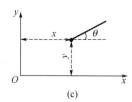

图 2.2 点与刚片的自由度

由自由度的定义可得：几何不变体系的自由度等于零，几何可变体系的自由度大于零。

2.1.3 约束

能减少自由度的装置称为约束。能减少一个自由度的装置称为一个约束。常见的约束有铰、链杆、刚性连接等。

1. 铰

铰也称铰链，是用销钉将两个或多个物体连在一起的一种连接装置。一般将连接两个刚片的铰称为单铰，将连接两个以上刚片的铰称为复铰。

（1）单铰。

图 2.3（a）所示体系是用一个单铰将两个刚片连在一起组成的。未加单铰之前，两个刚片在平面上可自由运动，有 6 个自由度；用铰连接后，两个刚片不能发生相对水平移动和相对竖向移动，只能发生整体的水平、竖向平动和转动以及两个刚片间的相对转动，有 4 个自由度。因此一个单铰能减少两个自由度，相当于两个约束。

（2）复铰。

图 2.3（b）所示体系是 3 个刚片用一个复铰连接而成的体系。未加复铰之前，3 个刚片在平面上有 9 个自由度，加铰后有 5 个自由度。该复铰能减少 4 个自由度，相当于 4 个约束。复铰连接的刚片越多，相应的约束数就越多。若一个复铰连接了 N 个刚片，则该复铰相当于 $(N-1)\times 2$ 个约束，或相当于 $N-1$ 个单铰。

2. 链杆

两端用铰与其他物体相连的杆件称为链杆，图 2.3（c）中的 AB 杆即为链杆。未加链杆时，刚片相对于地面可以自由移动和转动，有 3 个自由度；加链杆后，刚片相对于地面沿 AB 方向不能移动，只能沿与 AB 杆垂直的方向移动和转动，有 2 个自由度，故一个链杆能减少一个自由度，相当于一个约束。如果把链杆 AB 换成曲杆或折杆，如图 2.3（d）所示，其约束作用与直杆相同。

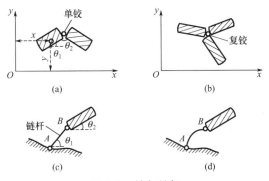

图 2.3 铰与链杆

一个单铰能减少两个自由度，两个链杆也能减少两个自由度，那么一个单铰的作用是否与两个链杆的作用相同呢？连接两个刚片的两个链杆有图 2.4（b）、（c）、（d）3 种情况：图 2.4（b）中两个链杆的作用与图 2.4（a）中的单铰相同；图 2.4（c）中两个链杆的上端可以发生沿链杆垂直方向的移动,故刚片可发生绕瞬心 A 的转动,因此在当前位置,两个链杆与一个在 A 点的铰作用相同,将两个链杆的延长线交点 A 点称为虚铰;图 2.4（d）中的两个链杆平行,可看成是在无穷远处的一个虚铰,刚片可做平动,相当于绕无穷远点做转动。总之,在当前位置,两个链杆与一个单铰的作用可以看成是相同的,均可使所连接的两个刚片绕一点做相对转动。

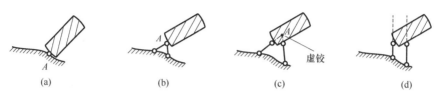

图 2.4　单铰与链杆的关系

3. 刚性连接

刚性连接有刚结点和固定支座。连接两个刚片的刚结点和固定支座均相当于 3 个约束,作用与 3 个不平行也不交于一点的链杆相同,也与一个单铰和一个不通过铰的链杆相同,如图 2.5 所示。

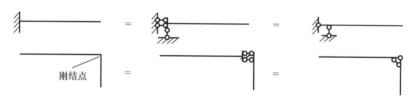

图 2.5　刚结点与固定支座

4. 必要约束、多余约束

约束能减少自由度,但在某些情况下约束并不能起到减少自由度的作用。将能在体系中起到减少自由度作用的约束称为必要约束,不能起到减少自由度作用的约束称为多余约束。图 2.6（a）中的 a 链杆若去掉,体系会发生水平平动,如图 2.6（b）所示,因此 a 链杆为必要约束;图 2.6（a）中的 b 链杆若去掉,体系会发生转动,如图 2.6（c）所示,故 b 链杆也为必要约束;图 2.6（d）中的 c 链杆,无论它是否存在,体系均为几何不变,它并不能减少体系的自由度,故 c 链杆为多余约束。

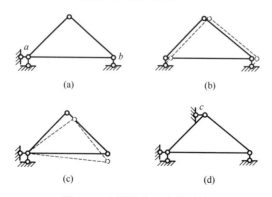

图 2.6　必要约束与多余约束

一个几何不变体系，若其上的所有约束均为必要约束，则称其为无多余约束的几何不变体系，否则称为有多余约束的几何不变体系。图 2.7（a）所示简支梁为无多余约束的几何不变体系；图 2.7（b）所示连续梁为有多余约束的几何不变体系。

2.1.4 静定结构、超静定结构

仅由静力平衡条件可以求出所有约束力和内力的结构称为静定结构，仅由静力平衡条件不能求出所有约束力和内力的结构称为超静定结构，这是在工程力学中已经学过的概念。

如果一个无多余约束的几何不变体系是由 N 个杆件组成的，未加约束时共有 $3N$ 个自由度，因为所有约束均为必要约束，约束个数为 $3N$，在荷载作用下会产生 $3N$ 个约束力。分别取 N 个杆件为隔离体，可以列出 $3N$ 个平衡方程，从而解出所有 $3N$ 个约束力。约束力求出后，再用截面法即可用平衡条件求出内力。因此无多余约束的几何不变体系为静定结构，或者说无多余约束并且几何不变是静定结构的几何特征。图 2.7（a）所示简支梁为无多余约束的几何不变体系，它由一个杆件和 3 个约束组成，在荷载作用下产生 3 个约束力（支座反力）。取梁为隔离体，可列 3 个平衡方程，求解 3 个约束力，再用截面法可求所有内力，故简支梁为静定结构。

对于有多余约束的几何不变体系，由于所能列出的独立平衡方程的个数少于约束个数，故不能用平衡条件求出所有约束力，因此有多余约束的几何不变体系为超静定结构。有多余约束并且几何不变是超静定结构的几何特征。若要确定超静定结构的约束力和内力，还需考虑变形条件。图 2.7（b）所示连续梁为有多余约束的几何不变体系，在荷载作用下产生 4 个约束力（支座反力）。取梁为隔离体，可列 3 个平衡方程，不能求出所有 4 个约束力，故连续梁为超静定结构。

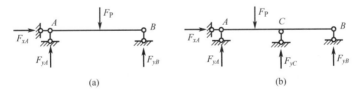

图 2.7　简支梁和连续梁

2.2　静定结构的组成规则

根据静定结构和超静定结构的几何特征可知，在静定结构上加约束即为超静定结构，在静定结构上减约束即为几何可变体系。因此，掌握了静定结构的组成规则，即可判定一个体系是静定结构、超静定结构还是几何可变体系，同时也可以确定哪些约束可看成必要约束，哪些约束可看成多余约束。

根据几何公理，两个杆用铰与地面连接组成的三角形是几何不变的，如图 2.8（a）所示。该铰结三角形的自由度为 0，未加约束时，两个杆有 6 个自由度，3 个铰相当于 6 个约束，所有约束都是必要的，故这样组成的体系是无多余约束的几何不变体系，为静定结构。在此基础上有下面 3 个组成规则。

2.2.1 三刚片规则

将图 2.8（a）中的 AC 杆、BC 杆看作刚片，则有三刚片规则：3 个刚片用 3 个不共线的铰两两相连，构成一个静定结构。图 2.8（b）、（c）、（d）所示体系均为静定结构，它们均由 AC 杆、BC 杆和大地 3 个刚片用不在同一条直线上的 3 个铰连接而成。其中图 2.8（d）中的 D 点、E 点是两个虚铰。

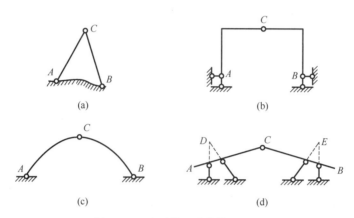

图 2.8　3 个刚片组成的静定结构

如果 3 个铰共线，则不能作为结构。图 2.9 所示体系是由 3 个刚片（AB 杆、BC 杆和基础）用在同一条直线上的 3 个铰连接而成的，图中虚线为 AB 杆、BC 杆无铰相连时可以发生的杆端运动轨迹，在图示位置，B 点可上下移动；加铰后，铰并不约束 B 点的竖向运动，该竖向运动仅受刚性杆杆长不变的约束。若杆件可以伸长，则可以证明当 B 点的竖向位移为微量时，杆的伸长量为二阶微量。若不计二阶微量，则在杆长不变的条件下 B 点可发生竖向微量位移。当 B 点偏离原位置后，两个杆与基础构成三角形则成为几何不变体系。将这样的在原位置上可以发生微小运动，运动后成为几何不变体系的体系，称为瞬变体系。由于瞬变体系在较小的荷载作用下会产生较大的内力，因此不能作为结构。在任意位置均能运动的体系称为常变体系，图 2.6（b）、（c）所示体系即为常变体系。常变体系和瞬变体系都是可变体系。

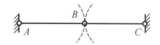

图 2.9　3 个刚片构成的瞬变体系

2.2.2 二刚片规则

仅将图 2.8（a）中的 AC 杆看作刚片，则有二刚片规则：两个刚片用一个铰和一个不通过该铰的链杆相连构成一个静定结构。由于两个链杆相当于一个单铰，故两个刚片用不全平行也不交于一点的 3 个链杆相连也构成静定结构。一个刚性连接相当于 3 个链杆，因此两个刚片用一个刚性连接相连也构成静定结构。图 2.10 所示体系均为静定结构。

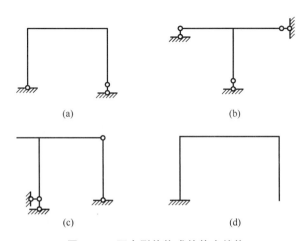

图 2.10 两个刚片构成的静定结构

链杆通过铰，或 3 个链杆平行，或 3 个链杆交于一点，体系为瞬变体系或常变体系。图 2.11（a）所示为瞬变体系，刚片绕 A 点发生微小转动后，链杆不再通过 A 铰；图 2.11（b）所示为瞬变体系，刚片绕 A 点发生微小转动后，3 个链杆不再交于一点；图 2.11（c）所示为瞬变体系，刚片发生微小平动位移后，3 个链杆不再平行；图 2.11（d）所示为常变体系，刚片发生水平运动后，在任何位置 3 个链杆均是平行的，可继续运动。

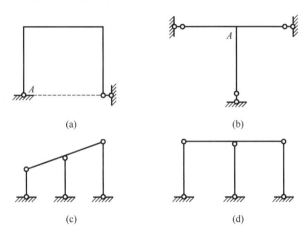

图 2.11 两个刚片构成的瞬变体系和常变体系

2.2.3 二元体规则

二元体规则：在一个体系上加一个二元体不影响体系的自由度。二元体是在体系上用两个不共线的链杆连接一个新结点的装置，图 2.8（a）即可看成是在地面上增加一个二元体构成的。在体系上增加一个点，新增两个自由度，同时再增加两个交于该点的不共线的链杆，将新增的自由度消除，故增加二元体不会增加自由度，也不会增加多余约束。同样的道理，在体系上减少二元体也不会对体系的自由度和多余约束数产生影响。图 2.12（a）所示体系是静定结构，在其上增加二元体 ABC，如图 2.12（b）所示，其仍为静定结构；图 2.12（c）所示体系是在图 2.12（b）上增加二元体构成的，其仍为静定结构。

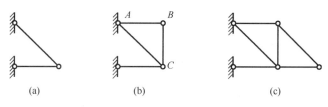

图 2.12 增加二元体构成的静定结构

学习指导：本章内容不单独命题，但会反映在其他章节的考核知识点中。请完成章后习题：1～11。

2.3 几何组成分析方法

对给定的一个体系，利用前述规则进行分析，从而得到该体系是几何不变体系还是几何可变体系的过程称为几何组成分析。下面通过例题介绍几何组成分析方法。

(1) 当体系与地面仅用 3 个不平行也不交于一点的链杆相连时，可只分析去掉链杆后的部分，不影响分析的结论。

【例题 2-1】试对图 2.13（a）所示体系做几何组成分析。

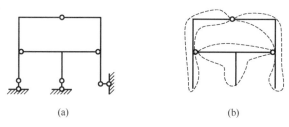

图 2.13 例题 2-1 图

解：体系与地面用 3 个链杆相连，去掉链杆后如图 2.13（b）所示。图 2.13（b）所示为 3 个刚片用不共线的 3 个单铰相连，根据三刚片规则可知其为静定结构。将图 2.13（b）看作一个刚片，在与地面用 3 个链杆相连后得到原体系，根据二刚片规则可知其为静定结构。

本例题用了一次三刚片规则和一次二刚片规则得到结论。

从本例题可见，当体系与地面仅用 3 个不平行也不交于一点的链杆相连时，可只分析去掉链杆后的部分，并不影响分析的结论。

【例题 2-2】试对图 2.14（a）所示体系做几何组成分析。

图 2.14 例题 2-2 图

解：体系与地面用 3 个链杆相连，去掉链杆后如图 2.14（b）所示。图 2.14（b）所示为两个刚片用 4 个链杆相连，根据二刚片规则可知其几何不变，有一个多余约束，故原体系为有一个多余约束的超静定结构。

哪一个约束是多余约束并不确定，这 4 个链杆中的任何一个均可看成多余约束，但只有一个多余约束。例如，在图 2.6 (d) 中，为了理解多余约束而把 c 链杆说成多余约束，实际上图中 7 个链杆中的任何一个均可看成多余约束。

（2）当体系中有二元体时，应先将二元体去掉后再分析。

【例题 2-3】试对图 2.15 (a) 所示体系做几何组成分析（注：图中两个斜杆的交叉点不是刚结点，两个链杆在此处只是叠放，并不相连）。

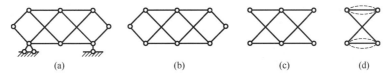

图 2.15　例题 2-3 图

解：体系与地面用 3 个链杆相连，去掉链杆后如图 2.15 (b) 所示。将图 2.15 (b) 两侧的二元体去掉，得到图 2.15 (c) 所示体系，再去掉两个二元体得到图 2.15 (d) 所示体系。根据二元体规则，图 2.15 (b)、(c)、(d) 所示的体系的分析结论是相同的。图 2.15 (d) 所示体系为两个刚片用两个链杆相连，根据二刚片规则可知其为几何常变体系，故原体系为常变体系。

从本例题可见，若体系中有二元体，则应先去掉二元体，这会方便后面的分析。

（3）从一个几何不变部分开始组装，逐步扩大刚片的范围。

【例题 2-4】试对图 2.16 (a) 所示体系做几何组成分析。

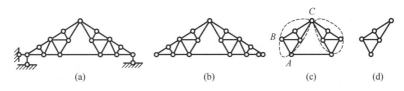

图 2.16　例题 2-4 图

解：体系去掉支座，如图 2.16 (b) 所示。去掉两侧二元体后，得到图 2.16 (c) 所示体系。图 2.16 (c) 中的 ABC 部分是在一个铰结三角形上两次加二元体构成的无多余约束的刚片，如图 2.16 (d) 所示。则图 2.16 (c) 是两个刚片用一个铰和一个链杆连接组成的体系，根据二刚片规则可知其为静定结构，故原体系为静定结构。

从本例题可见，杆件较多时，可试着先从中找到一个刚片，然后利用规则扩大刚片范围，最终可归结为两个或 3 个刚片的组成问题。

【例题 2-5】试对图 2.17 (a) 所示体系做几何组成分析。

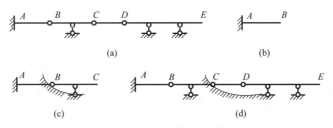

图 2.17　例题 2-5 图

解：AB 杆与地面用固定支座相连，体系为静定结构，如图 2.17（b）所示；将 AB 看成地面的一部分，再用一个铰和一个链杆连接刚片 BC，体系仍为静定结构，如图 2.17（c）所示；再将 BC 部分看成地面的一部分，然后用 3 个链杆与刚片 DE 相连，体系仍为静定结构，如图 2.17（d）所示，故原体系为静定结构。

本例题是从地面这个刚片逐渐扩大范围的。

【例题 2-6】试对图 2.18（a）所示体系做几何组成分析。

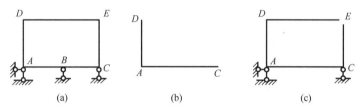

图 2.18　例题 2-6 图

解：取刚片 AC，用刚结点将其与刚片 AD 相连为几何不变体系，如图 2.18（b）所示，再用刚结点连接刚片 CE 和刚片 DE，最后用 3 个链杆与地面相连，如图 2.18（c）所示，体系为静定结构。原体系与图 2.18（c）所示体系相比，在 E 点多了一个刚结点，在 B 点多了一个链杆，故原体系为有 4 个多余约束的超静定结构。

（4）将只用两个铰与其他部分相连的刚片，用连接这两个铰的链杆代替。

【例题 2-7】试对图 2.19（a）所示体系做几何组成分析。

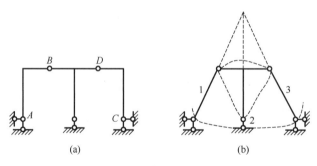

图 2.19　例题 2-7 图

解：根据链杆的定义，刚片 AB 可看作链杆约束，约束作用与连接 A、B 两点的直链杆相同，分析时可用直链杆代替。将刚片 AB、CD 分别用等效链杆 1、链杆 3 代替，如图 2.19（b）所示。图 2.19（b）所示体系是两个刚片用 3 个链杆相连，3 个链杆的延长线交于一点，故体系为瞬变体系。

学习指导：理解静定结构和超静定结构的几何特征，掌握结构的几何组成分析，能判断一个结构是静定结构还是超静定结构。请完成章后习题：12。

一、单项选择题

1. 图 2.20 所示体系（　　）。

A. 均为静定结构　　　　　　　　　B. 均为超静定结构
C. (a)为静定结构,(b)为超静定结构　D. (a)为超静定结构,(b)为静定结构

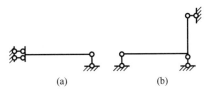

图 2.20　题 1 图

2. 图 2.21 所示体系(　　)。
   A. 均为静定结构　　　　　　　　　B. 均为超静定结构
   C. (a)为静定结构,(b)为超静定结构　D. (a)为超静定结构,(b)为静定结构

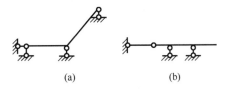

图 2.21　题 2 图

3. 图 2.22 所示体系(　　)。
   A. 均为静定结构　　　　　　　　　B. 均为超静定结构
   C. (a)为静定结构,(b)为超静定结构　D. (a)为超静定结构,(b)为静定结构

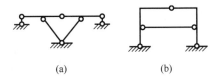

图 2.22　题 3 图

4. 图 2.23 所示体系(　　)。
   A. 均为静定结构　　　　　　　　　B. 均为超静定结构
   C. (a)为静定结构,(b)为超静定结构　D. (a)为超静定结构,(b)为静定结构

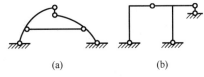

图 2.23　题 4 图

5. 图 2.24 所示体系(　　)。
   A. 均可作为结构　　　　　　　　　B. 均不能作为结构
   C. (a)可作为结构,(b)不能作为结构　D. (a)不能作为结构,(b)可作为结构

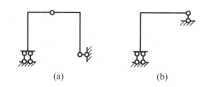

图 2.24 题 5 图

6. 图 2.25 所示体系（　　）。

　　A. 均可作为结构　　　　　　　　B. 均不能作为结构
　　C. （a）可作为结构，（b）不能作为结构　　D. （a）不能作为结构，（b）可作为结构

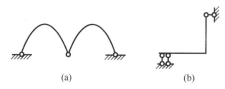

图 2.25 题 6 图

二、填空题

7. 多余约束是从对体系的_____是否有影响的角度看是多余的。
8. 有多余约束并且_____是超静定结构的几何特征。
9. 将超静定结构中的多余约束去掉即得_____结构。
10. 3 个刚片用 3 个单铰两两相连，当_____时组成的体系是静定结构。
11. 在体系上用两个不共线的链杆连接一个新结点的装置称为_____。

三、分析题

12. 试对图 2.26 所示体系做几何组成分析。

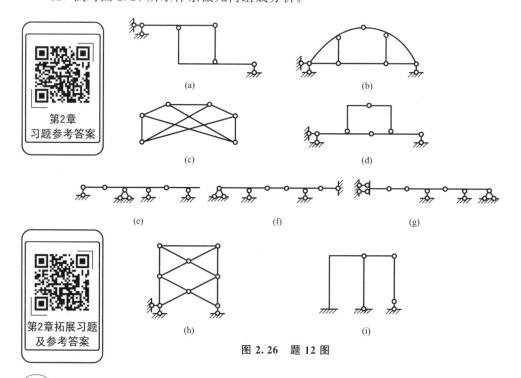

图 2.26 题 12 图

第3章 静定结构的内力计算

知识结构图

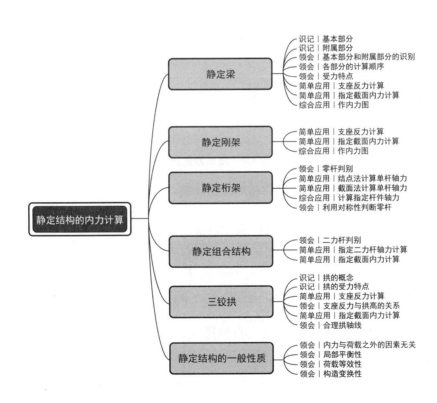

从本章开始学习结构的内力、位移的计算原理和方法。首先学习静定结构的内力计算方法，它是后续内容的基础，也是学好后续内容的关键。静定结构分为静定梁、静定刚架、静定桁架、静定组合结构和三铰拱等类型，下面按结构类型分别介绍静定结构的内力计算方法。

3.1 静 定 梁

静定梁分为单跨静定梁和多跨静定梁。单跨静定梁已在材料力学中详细讲述过，因为它是多跨静定梁和静定刚架计算的基础，在介绍其他类型结构的内力计算之前，先进行单跨静定梁计算的复习是必要的。

3.1.1 单跨静定梁

单跨静定梁的计算包括支座反力计算、指定截面内力计算和作内力图。

1. 支座反力计算

单跨静定梁分为简支梁 [图 3.1 (a)]、悬臂梁 [图 3.1 (b)] 和外伸梁 [图 3.1 (c)]。无论哪种梁，取整体作隔离体均会暴露出两个支座反力和一个反力矩，它们与外荷载构成平面一般力系，由隔离体的 3 个平衡方程即可将它们求出。

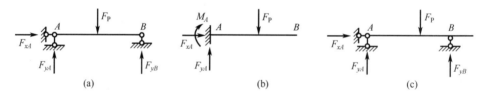

图 3.1 单跨静定梁

【例题 3-1】 试求图 3.2 所示外伸梁的支座反力。

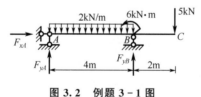

图 3.2 例题 3-1 图

解： 假设反力方向，如图 3.2 所示。取整体为隔离体，列平衡方程如下。

$$\sum F_x = 0 \quad F_{xA} = 0$$

$$\sum M_A = 0 \quad 2\text{kN/m} \times 4\text{m} \times 2\text{m} - 6\text{kN} \cdot \text{m} + 5\text{kN} \times 6\text{m} - F_{yB} \times 4\text{m} = 0$$

$$F_{yB} = 10\text{kN}(\uparrow)$$

$$\sum M_B = 0 \quad F_{yA} \times 4\text{m} - 2\text{kN/m} \times 4\text{m} \times 2\text{m} - 6\text{kN} \cdot \text{m} + 5\text{kN} \times 2\text{m} = 0$$

$$F_{yA} = 3\text{kN}(\uparrow)$$

求出的反力值为正，表示反力方向与假设方向相同。后一个力矩方程也可以用竖向投影方程代替，但列出的 3 个平衡方程中至少要有一个力矩方程，求某力的力矩方程的矩心一般选在其他未知力通过的点上。

2. 指定截面内力计算

计算截面内力一般采用截面法，即用假想的横截面将杆件切断，暴露出截面上的内力，取出一部分作隔离体，由隔离体的平衡条件计算内力。在竖向荷载作用下，梁中只有弯矩和剪力；当有水平荷载作用时也会产生轴力。规定轴力以拉力为正，剪力以绕作用面顺时针方向转动为正，正的轴力、剪力分别如图 3.3（a）、（b）所示。材料力学中规定弯矩以使杆件下侧受拉为正，而在结构力学中不规定截面弯矩的正负号，但要指明使杆件哪侧受拉。在判断弯矩使杆件哪侧受拉时可以这样做，若将表示弯矩的旋转箭头画在杆件外侧并使其凹向对着杆端，则箭头尾部一侧为受拉侧。如图 3.3（c）所示弯矩使杆件下侧受拉。

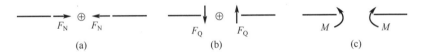

图 3.3　内力符号规定

【例题 3-2】试计算图 3.4（a）所示简支梁跨中 C 点截面的内力。

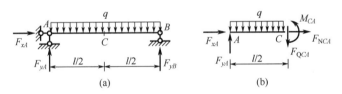

图 3.4　例题 3-2 图

解：经计算，结构的支座反力为：$F_{xA}=0$，$F_{yA}=ql/2$（↑），$F_{yB}=ql/2$（↑）。

将杆件从中间 C 点切开，取 AC 部分为隔离体，假设截面轴力、剪力均为正，弯矩使杆件下侧受拉，如图 3.4（b）所示，截面内力的下角标 CA 表示该内力为 AC 杆 C 端的截面内力。由隔离体的平衡，可得内力方程如下：

$$\sum F_x = 0 \qquad F_{NCA} = 0$$

$$\sum F_y = 0 \qquad F_{yA} - q \times \frac{l}{2} - F_{QCA} = 0 \quad F_{QCA} = 0$$

$$\sum M_C = 0 \qquad F_{yA} \times \frac{l}{2} - q \times \frac{l}{2} \times \frac{l}{4} - M_{CA} = 0 \quad M_{CA} = \frac{1}{8}ql^2 \text{（下侧受拉）}$$

若取杆件的 CB 部分作隔离体，也会得到相同的结果。

3. 作内力图的基本方法

荷载作用下，不同截面的内力是不同的，将表示内力随截面位置变化的表达式称为内力方程，而将表示该变化的图形称为内力图。内力图分为轴力图、剪力图和弯矩图。作内力图的基本方法是先用截面法写出内力方程，然后根据内力方程作内力图。

【例题 3-3】 作图 3.5（a）所示简支梁的内力图。

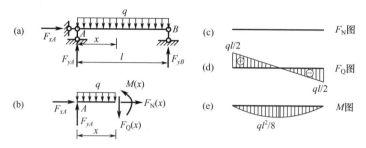

图 3.5 例题 3-3 图

解： 支座反力同例题 3-2。设 A 点为坐标原点，x 轴以向右为正。在坐标为 x 处将简支梁截断，取简支梁左侧为隔离体，标出正的轴力、剪力和使杆件下侧受拉的弯矩，如图 3.5（b）所示。由隔离体的平衡，可得内力方程

$$\sum F_x = 0 \quad F_N(x) = 0$$

$$\sum F_y = 0 \quad F_Q(x) = \frac{1}{2}ql - qx$$

$$\sum M_A = 0 \quad M(x) = \frac{1}{2}q(lx - x^2)$$

由内力方程作出轴力图、剪力图和弯矩图分别如图 3.5（c）、（d）、（e）所示。

轴力图和剪力图画在哪一侧均可，但需标出正负号，弯矩图不标正负号，但要画在杆件受拉侧。此外，还要标出控制点的纵标值，比如剪力图是一条斜直线，由两个纵标值控制；弯矩图是抛物线，由 3 个纵标值控制，即两端的两个 0 值和中点值。

4. 作内力图的简便方法

通常作内力图时并不用基本方法，而是利用内力与荷载之间的微分关系并结合一些用截面法求出的截面内力作内力图，不必写出内力方程。下面介绍作内力图的简便方法，同时总结不同荷载作用下内力图的形状特征。

梁通常是直杆，梁上的荷载一般为横向荷载和力偶。在梁上取长度为 dx 的微段，如图 3.6 所示。由微段的平衡可得

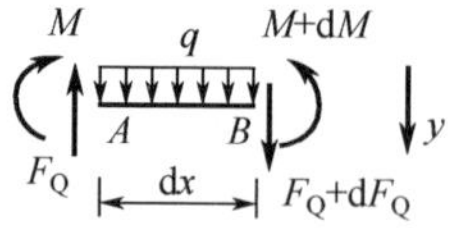

图 3.6 微段受力图

$$\sum F_y = 0 \quad \frac{dF_Q}{dx} = -q \quad (3-1)$$

$$\sum M_A = 0 \quad \frac{dM}{dx} = F_Q \quad (3-2)$$

此即为内力与荷载之间的微分关系，实质上是微段的平衡条件。

由内力与荷载之间的微分关系，可得到下面的结论。

（1）无荷载作用的杆段，$q=0$，由内力与荷载之间的微分关系式（3-1）可知该段杆

件的剪力是常数，剪力图为与轴线平行的直线；由内力与荷载之间的微分关系式(3-2)可知弯矩是线性变化的，弯矩图为斜直线，直线的斜率为剪力值。

（2）均布荷载作用的杆段，q 为常数，由内力与荷载之间的微分关系式(3-1)可知剪力是线性变化的，剪力图为斜直线，斜率等于分布集度 q；由内力与荷载之间的微分关系式(3-2)可知弯矩图为抛物线，剪力为 0 的截面是抛物线的顶点。

根据上面的结论，在作一段杆的内力图时，若内力图是与杆轴平行的直线，则需求一个纵标值；若内力图是斜直线，则需求两个纵标值；若内力图是抛物线，则需求 3 个纵标值或两个纵标值和抛物线顶点位置。只要判断出内力图形状，结合求出的纵标值即可作出内力图，而无须写出内力方程。

下面以悬臂梁为例说明如何利用内力与荷载之间的微分关系作内力图。

① 悬臂梁受集中力作用，如图 3.7（a）所示。杆件中间无荷载，根据内力与荷载之间的微分关系知弯矩图为斜直线，斜直线可根据杆件两端截面的弯矩值画出。为求两端截面的弯矩，取隔离体如图 3.7（b）所示，可求出 A 端截面的弯矩为 $M_{AB}=-F_{P}l$，上侧受拉，B 端截面的弯矩为 $M_{BA}=0$。弯矩图如图 3.7（c）所示。根据内力与荷载之间的微分关系知剪力为常数，等于弯矩图的斜率，弯矩图的斜率等于 $F_{P}l/l$，故剪力等于 F_{P}。剪力图为水平线，如图 3.7（d）所示。剪力的正负号可由将杆件轴线转向弯矩图斜线的旋转方向确定，以顺时针方向转动为正，如图 3.7（e）所示。

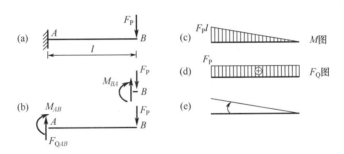

图 3.7　集中力引起的悬臂梁内力图

由此可得到这样的结论：自由端截面的剪力等于自由端作用的集中力，当自由端无力偶作用时，自由端截面的弯矩为零。

② 悬臂梁受均布荷载作用，如图 3.8（a）所示。根据内力与荷载之间的微分关系知弯矩图为抛物线。画出抛物线需要 3 个条件：B 端为自由端且无集中力偶，故 B 端截面弯矩为 0；A 端截面弯矩可由图 3.8（b）所示隔离体的平衡条件求出，$M_{AB}=ql^2/2$，上侧受拉；由于自由端无集中力作用，因此自由端截面的剪力为 0，是抛物线的顶点。由得到的 3 个结果（两个纵标值和抛物线顶点位置）画出弯矩图，如图 3.8（c）所示。根据内力与荷载之间的微分关系知剪力图是斜直线，由两个纵标值确定。B 端截面剪力为 0，A 端截面剪力可用截面法求出，$F_{QAB}=ql$，据此作出剪力图如图 3.8（d）所示。

由此可得到这样的结论：弯矩图曲线的凸向与分布力方向相同。

③ 悬臂梁受集中力偶作用，如图 3.9（a）所示。杆中无外力，弯矩图为直线。由图 3.9（b）所示隔离体求出 A 端的截面弯矩为 $M_{AB}=M_0$，上侧受拉；B 端的截面弯矩为 $M_{BA}=M_0$，上侧受拉。据此作出弯矩图如图 3.9（c）所示。弯矩图的斜率为 0，故剪力

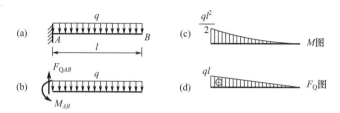

图 3.8 均布荷载引起的悬臂梁内力图

为 0，剪力图如图 3.9（d）所示。

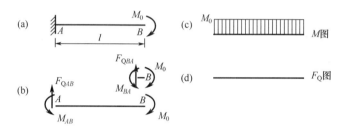

图 3.9 集中力偶引起的悬臂梁内力图

由此可得到这样的结论：当自由端有集中力偶作用时，自由端截面弯矩等于集中力偶值；当杆件中无剪力时，弯矩为常数。

利用上面悬臂梁的结论可以方便地作出外伸梁伸臂部分的内力图。以图 3.10（a）所示外伸梁为例。取伸臂部分为隔离体，如图 3.10（b）所示，将 BC 部分看作悬臂梁，如图 3.10（c）所示。比较图 3.10（b）和图 3.10（c），可见 B 截面内力与悬臂梁支座反力相同，BC 杆受力与悬臂梁相同，内力图也相同，所以外伸梁伸臂部分的内力图可按悬臂梁来作。

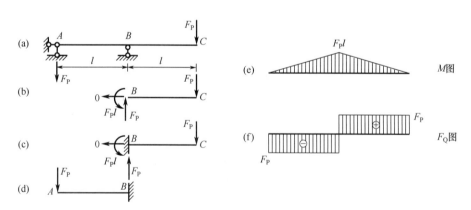

图 3.10 外伸梁内力图

对于非伸臂部分，当杆端有铰时，也可按悬臂梁来作内力图。图 3.10（a）中 AB 杆的 A 端铰结，AB 杆的内力图也可按悬臂梁来作。求出 A 支座反力，其水平反力为 0，竖向反力为 F_P，方向向下。将 AB 杆取出，将其看作左端自由、右端固定的悬臂梁，如图 3.10（d）所示。该悬臂梁的内力图与图 3.9（a）中 AB 杆的内力图相同。作出的该外伸梁的弯矩图、剪力图分别如图 3.10（e）、（f）所示。

下面按上述方法作简支梁的内力图，并说明集中力、集中力偶作用下内力图的形状特征。

集中力作用于简支梁跨中的情况，如图 3.11（a）所示。该简支梁可分成 AC、CB 两段来作内力图。先求出支座反力，如图 3.11（a）所示。这两段杆件的内力图可按图 3.11（b）所示的悬臂梁来作。该简支梁的弯矩图、剪力图分别如图 3.11（c）、（d）所示。

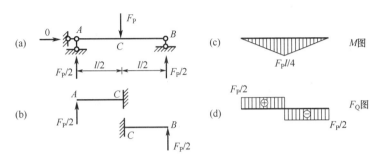

图 3.11　跨中集中力引起的简支梁内力图

由此可得到这样的结论：在集中力作用点处弯矩图会有一个与集中力方向相同的尖点，剪力图会有突变，突变量等于集中力。

集中力偶作用于简支梁跨中的情况，如图 3.12 所示。该简支梁可分成 AC、CB 两段来作内力图。先求出支座反力，如图 3.12（a）所示。这两段杆件的内力图均可看作图 3.12（b）所示的悬臂梁来作。该简支梁的弯矩图、剪力图分别如图 3.12（c）、（d）所示。

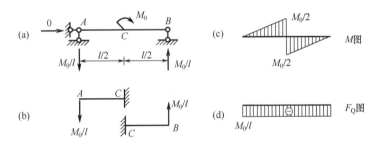

图 3.12　跨中集中力偶引起的简支梁内力图

由此可得到这样的结论：在集中力偶作用点处弯矩图会有一个突变，突变量等于集中力偶，两侧的弯矩图平行，剪力没有变化。

当力偶作用于简支梁梁端时，其内力图作法同上。如作图 3.13（a）所示简支梁内力图时，可先求出支座反力，如图 3.13（a）所示，然后将该简支梁看作图 3.13（b）所示悬臂梁作内力图。该简支梁的弯矩图、剪力图分别如图 3.13（c）、（d）所示。

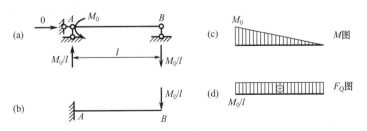

图 3.13　梁端集中力偶引起的简支梁内力图

由此可得到这样的结论：当铰所连接的杆端作用集中力偶时，杆端截面弯矩等于外力偶；当铰所连接的杆端无外力偶时，杆端截面弯矩等于 0。

下面再举两个外伸梁的例子。

【例题 3-4】作图 3.14（a）所示外伸梁的内力图。

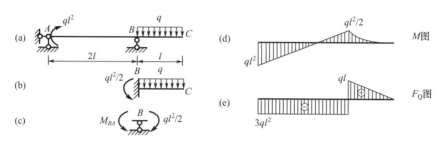

图 3.14　例题 3-4 图

解：先作图 3.14（a）所示外伸梁伸臂部分的内力图，其内力图与图 3.14（b）所示悬臂梁相同。AB 杆中无外力，弯矩图为直线图形，需要求两个纵标值。A 端铰结，有力偶作用，A 端截面弯矩等于外力偶，$M_{AB}=ql^2$，下侧受拉；B 端截面弯矩可由图 3.14（c）所示隔离体的力矩平衡条件求得（为了简洁，在力矩平衡方程中不出现的力不需在隔离体上标出），$M_{BA}=ql^2/2$，上侧受拉。将 AB 杆两端弯矩连以直线即得 AB 杆的弯矩图。AB 杆弯矩图的斜率为 $(ql^2+ql^2/2)/2l$，故 AB 杆剪力为 $3ql/4$，杆轴线顺时针方向转向弯矩图斜线，故剪力为正。该外伸梁的弯矩图、剪力图分别如图 3.14（d）、（e）所示。

【例题 3-5】作图 3.15（a）所示外伸梁的内力图。

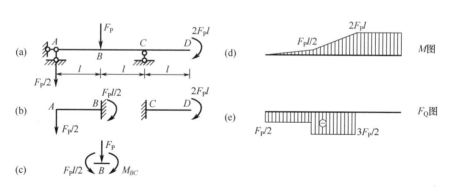

图 3.15　例题 3-5 图

解：图 3.15（a）所示外伸梁分 AB、BC、CD 3 段作内力图。AB、CD 段内力图与图 3.15（b）所示悬臂梁相同。BC 杆中无外力，弯矩图为直线图形，需要求两个纵标值。由图 3.15（c）所示隔离体的平衡条件求得 B 端截面弯矩 $M_{BC}=F_P l/2$，上侧受拉；由 C 点平衡求得 C 端截面弯矩 $M_{CB}=2F_P l$，上侧受拉。将 BC 杆两端弯矩连以直线即得 BC 杆弯矩图。BC 杆弯矩图的斜率为 $(2F_P l - F_P l/2)/l$，故 BC 杆剪力为 $3F_P/2$，杆轴线逆时针方向转向弯矩图斜线，故剪力为负。该外伸梁的弯矩图、剪力图分别如图 3.15（d）、（e）所示。

学习指导：这部分内容虽然在材料力学中学过，但对学习结构力学也是非常重要的，需要认真学习，熟练掌握截面法计算单跨静定梁的支座反力和指定截面的内力，熟练掌握内力图的绘制方法。请完成章后习题：11。

5. 叠加法作弯矩图

根据叠加原理，作多个荷载作用下的内力图时可分别作出每个荷载单独作用下的内力图，然后将各内力图在各截面处的纵标值相加得最终内力图。由于弯矩图更常用，下面仅举例说明叠加法作弯矩图。

【例题 3-6】作图 3.16（a）所示悬臂梁的弯矩图。

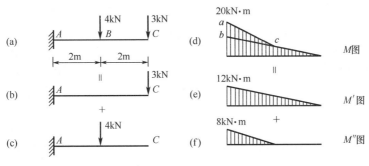

图 3.16　例题 3-6 图

解： 图 3.16（a）所示荷载等于图 3.16（b）、(c) 所示荷载相加。分别作出图 3.16（b）和图 3.16（c）所示荷载情况下的弯矩图，如图 3.16（e）、(f) 所示。将 M' 图和 M'' 图叠加，得原体系弯矩图，如图 3.16（d）所示。

注意：弯矩图叠加是弯矩图的纵标值相加，而不是两个弯矩图图形的简单拼合。M 图中三角形 abc 即是 M'' 图，尽管形状不同但各点的纵标值相同，面积也相同。

【例题 3-7】作图 3.17（a）所示梁的弯矩图。

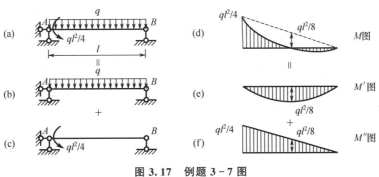

图 3.17　例题 3-7 图

解： 先作出图 3.17（b）、(c) 所示荷载情况下的弯矩图，如图 3.17（e）、(f) 所示。直线与抛物线相加仍为抛物线，只需叠加两个端点和中点的 3 个纵标值，弯矩图如图 3.17（d）所示。M 图 [图 3.17（d）] 中抛物线和斜虚线围成的面积与 M' 图 [图 3.17（e）] 的面积相同（因为纵标值相同）。实际作弯矩图时，图 3.17（e）和图 3.17（f）所示的 M' 图和 M'' 图不需画出，可先在结构上画出 M'' 图的斜虚线，然后以该斜虚线为基线（各点纵标值为 0 的线）叠加上抛物线，将两个图形重叠部分去掉后即为最终弯矩图 [图 3.17（d）]。

6. 分段叠加法作弯矩图

杆件中的任意一段，只要其两端的弯矩是已知的，即可将其取出作为简支梁，用分段叠加法作弯矩图。

【例题 3-8】 试作图 3.18（a）所示简支梁的弯矩图。

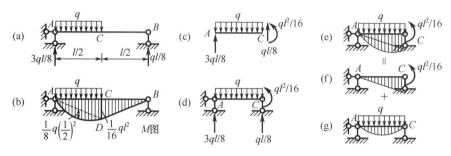

图 3.18 例题 3-8 图

解：求出简支梁的支座反力如图 3.18（a）所示。将该简支梁分成两段作弯矩图。先作 CB 段，作法同前。取隔离体如图 3.18（c）所示，在隔离体上加支座如图 3.18（d）所示，用平衡条件可以验证，这两种荷载情况下的受力相同，故弯矩图也相同，作图 3.18（c）所示荷载情况下的弯矩图可用作图 3.18（d）的弯矩图代替。图 3.18（d）所示荷载情况下的弯矩图作法如图 3.18（e）、（f）、（g）所示。实际作弯矩图时可直接在原结构上作，如图 3.18（b）所示，先作出 CB 杆的弯矩图，将 D 点向弯矩为 0 的 A 端截面画直线，然后以 AD 为基线把均布荷载引起的简支梁的弯矩图画在基线上。

学习指导：叠加法、分段叠加法也是学习结构力学的基础，要熟练掌握叠加法、分段叠加法作弯矩图。请完成章后习题：12。

3.1.2　多跨静定梁

某公路桥梁如图 3.19（a）所示，其计算简图如图 3.19（b）所示。图 3.19（b）所示结构是由若干单跨静定梁组成的静定梁式结构，称为多跨静定梁。将梁上能独立承受荷载的部分称为基本部分，不能独立承受荷载的部分称为附属部分。在图 3.19（b）所示结构中，AB 为基本部分，在竖向荷载作用下，CD 也为基本部分，BC 为附属部分。

图 3.19 多跨静定梁

在计算多跨静定梁的内力时一般将其拆成单跨静定梁计算。多跨静定梁的计算顺序是先算附属部分，后算基本部分。

【例题 3-9】 试计算图 3.20（a）所示多跨静定梁，作内力图。

解：AC 和 FG 为附属部分，CF 为基本部分。先算附属部分 AC 和 FG，后算基本部

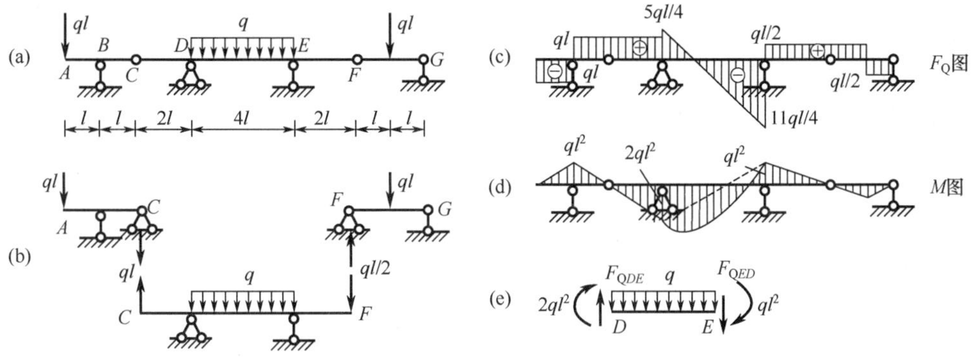

图 3.20 例题 1-9 图

分 CF。计算附属部分时，基本部分可看作附属部分的支座；计算基本部分时，需把附属部分的支座反力反方向作用在基本部分上，如图 3.20（b）所示。作出的剪力图和弯矩图如图 3.20（c）、（d）所示。其中 DE 杆的弯矩图是用叠加法作出的，DE 杆的剪力图是斜直线，需用截面法计算出杆件两端截面的剪力，取 DE 杆为隔离体，如图 3.20（e）所示，列平衡方程，得

$$\sum M_D = 0 \quad 2ql^2 + 4ql \times 2l + ql^2 + F_{QED} \times 4l = 0 \quad F_{QED} = -\frac{11}{4}ql$$

$$\sum F_y = 0 \quad F_{QDE} - F_{QED} - 4ql = 0 \quad F_{QDE} = \frac{5}{4}ql$$

根据计算顺序可推知：当附属部分上无外力时，附属部分不受力。

学习指导：掌握多跨静定梁的内力计算。请完成章后习题：1、6、13、14。

3.2 静定刚架

静定刚架（以下简称"刚架"）是由梁、柱组成，具有刚结点的杆件结构，可以分成悬臂刚架 [图 3.21（a）]、简支刚架 [图 3.21（b）]、三铰刚架 [图 3.21（c）] 和复合刚架 [图 3.21（d）]，其中复合刚架是由前 3 种刚架组合而成的。

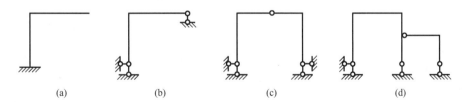

图 3.21 静定刚架分类

刚架的计算包括支座反力计算、指定截面内力计算和作内力图。

3.2.1 支座反力计算

从几何组成来看，悬臂刚架和简支刚架均属于二刚片体系，两个刚片之间有 3 个约

束，取一个刚片作隔离体，由隔离体的 3 个平衡方程可求解 3 个约束力。具体计算方法与计算单跨静定梁支座反力相同。

【例题 3-10】 试求图 3.22 所示刚架的支座反力。

解： 假设反力方向，如图 3.22 所示。取整体为隔离体，由隔离体的平衡条件，有

$$\sum F_x = 0 \quad 10\text{kN} - F_{xB} = 0 \quad F_{xB} = 10\text{kN}(\leftarrow)$$

$$\sum F_y = 0 \quad F_{yA} - 4\text{kN/m} \times 5\text{m} = 0 \quad F_{yA} = 20\text{kN}(\uparrow)$$

$$\sum M_A = 0 \quad 4\text{kN/m} \times 5\text{m} \times 2.5\text{m} - F_{xB} \times 2\text{m} - M_B = 0 \quad M_B = 30\text{kN} \cdot \text{m}(\curvearrowright)$$

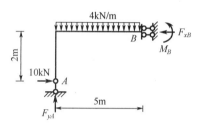

图 3.22　例题 3-10 图

三铰刚架属于三刚片体系，刚片之间有 6 个约束，需取两个隔离体求支座反力。

【例题 3-11】 试求图 3.23（a）所示刚架的支座反力。

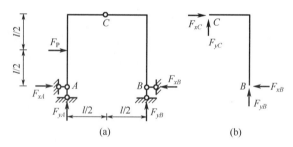

图 3.23　例题 3-11 图

解： 假设反力方向，如图 3.23（a）所示。取整体为隔离体，由隔离体的平衡条件，有

$$\sum M_A = 0 \quad F_P \times l/2 - F_{yB} \times l = 0 \quad F_{yB} = F_P/2(\uparrow)$$

$$\sum F_y = 0 \quad F_{yA} + F_{yB} = 0 \quad F_{yA} = -F_P/2(\downarrow)$$

$$\sum F_x = 0 \quad F_{xA} + F_P - F_{xB} = 0$$

因为整体只可以列出 3 个独立平衡方程，所以不能全部解出 4 个反力。再取 CB 部分作隔离体，如图 3.23（b）所示，列力矩平衡方程，有

$$\sum M_C = 0 \quad F_{xB} \times l - F_{yB} \times l/2 = 0 \quad F_{xB} = F_P/4(\leftarrow)$$

将 $F_{xB} = F_P/4$ 代入整体方程中的第 3 个，可得 $F_{xA} = -3F_P/4$（←）。

复合刚架是由前 3 种刚架按静定结构组成规则组成的，其中可以独立承载的部分为基本部分，不能独立承载的部分为附属部分。复合刚架在计算时与多跨静定梁类似，先算附

属部分，后算基本部分。

【例题 3-12】试求图 3.24（a）所示刚架的支座反力。

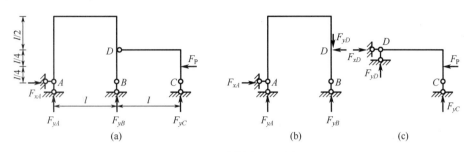

图 3.24　例题 3-12 图

解：刚架左侧为基本部分，右侧为附属部分，均为简支刚架，如图 3.24（b）、（c）所示。先算附属部分的支座反力，为

$$F_{xD} = F_P(\rightarrow), \quad F_{yC} = F_P/4(\uparrow), \quad F_{yD} = -F_P/4(\downarrow)$$

再算基本部分的支座反力，为

$$F_{xA} = F_P(\rightarrow), \quad F_{yA} = F_P/2(\uparrow), \quad F_{yB} = -3F_P/4(\downarrow)$$

因为复合刚架可拆成悬臂刚架、简支刚架和三铰刚架来计算，只要掌握了这些刚架各自的内力计算方法并能将复合刚架拆成这些刚架，即能确定复合刚架的内力，所以后面不再介绍复合刚架的内力计算。

学习指导：熟练掌握静定刚架的支座反力计算。请完成章后习题：15。

3.2.2　指定截面内力计算

刚架中指定截面的内力计算方法与单跨静定梁相同。

【例题 3-13】试求图 3.25（a）所示刚架的 CB 杆 C 端截面的内力和 AC 杆 C 端截面的内力。

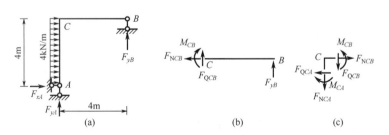

图 3.25　例题 3-13 图

解：求解出支座反力为

$$F_{xA} = -16\text{kN}(\leftarrow), \quad F_{yB} = 8\text{kN}(\uparrow), \quad F_{yA} = -8\text{kN}(\downarrow)$$

取 CB 杆作隔离体，标出截面的正号剪力、轴力，设弯矩使杆件下侧受拉，如图 3.25（b）所示。由隔离体的平衡可求出 CB 杆 C 端截面的内力，为

$$F_{NCB} = 0, \quad F_{QCB} = -8\text{kN}, \quad M_{CB} = 32\text{kN} \cdot \text{m}(下侧受拉)$$

取 C 结点作隔离体，如图 3.25（c）所示。由结点平衡求得 AC 杆 C 端截面的内

力，为

$$F_{NCA} = -F_{QCB} = 8\text{kN}, F_{QCA} = F_{NCB} = 0, M_{CA} = M_{CB} = 32\text{kN}\cdot\text{m}(内侧受拉)$$

3.2.3 作内力图

1. 作内力图的基本方法

作刚架内力图的基本方法是先求出每个杆两端截面的截面内力，然后按作梁的内力图的方法作每个杆的内力图，即可得到刚架内力图。

【**例题 3-14**】作图 3.26（a）所示刚架的内力图。

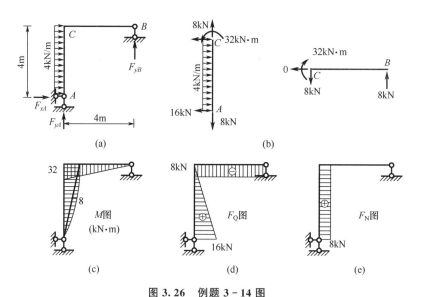

图 3.26 例题 3-14 图

解：已在例题 3-13 中求出了杆端内力，如图 3.26（b）所示。作出内力图如图 3.26（c）、(d)、(e) 所示。

由结点 C 的力矩平衡 [图 3.25（c）] 可知，在连接两个杆的刚结点上若无外力偶作用，则与该结点相连的两个杆端截面的弯矩等值反向，要么都使杆件里侧受拉，要么都使杆件外侧受拉。

2. 作弯矩图的简便方法

内力图中，弯矩图更常用一些，而且当作出弯矩图后也可方便地由其作出剪力图和轴力图，因此下面着重介绍弯矩图的作法。

利用结点的力矩平衡条件、微分关系、叠加法及在前面得到的一些杆端截面的弯矩特点可比较快捷地作出弯矩图。有人将其总结为"分段、定点、连线"六个字，"分段"是指逐段作图，"定点"是指确定杆段两侧截面的弯矩值，"连线"是指按微分关系、叠加法作弯矩图。逐段作图的顺序一般是先作边界处的杆段，后作中间的杆段；先作容易作的杆段，后作受力复杂的杆段。"定点"时可采用如下办法，某截面的弯矩等于该截面一侧的所有外力对该截面的力矩之和，有时利用结点力矩平衡会使确定杆端弯矩更快捷一些。下面结合例题说明。

【例题 3-15】试作图 3.27（a）所示刚架的弯矩图。

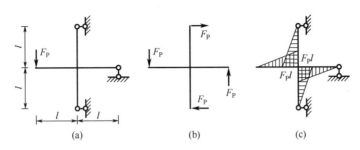

图 3.27　例题 3-15 图

解：求出支座反力如图 3.27（b）所示。分别作每段杆的弯矩图，每段杆弯矩图的作法与悬臂梁弯矩图的作法相同。最终的刚架弯矩图如图 3.27（c）所示。

【例题 3-16】试作图 3.28（a）所示刚架的弯矩图。

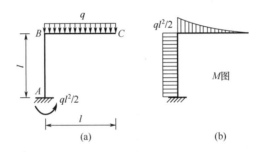

图 3.28　例题 3-16 图

解：BC 杆的弯矩图与悬臂梁的弯矩图相同。AB 杆上无外力，弯矩图为直线。由 B 结点的平衡可知，AB 杆 B 端截面的弯矩等于 BC 杆 B 端截面的弯矩（为 $ql^2/2$），使杆件外侧受拉；由整体平衡可求得 A 端弯矩亦为 $ql^2/2$，使杆件左侧受拉。将两端弯矩连以直线即为 AB 杆的弯矩图。最终的刚架弯矩图如图 3.28（b）所示。

将 AB 杆切开，取上面部分为隔离体，可看出 AB 杆无剪力，弯矩应为常数。当能判断出某杆件无剪力时，由杆件一个截面的弯矩即可画出该杆件的弯矩图。

学习指导：熟练掌握作刚架弯矩图的方法。请完成章后习题：14、15、16。

【例题 3-17】试作图 3.29（a）所示刚架的弯矩图。

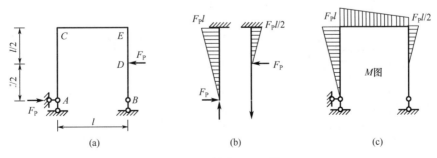

图 3.29　例题 3-17 图

解：先由整体平衡条件求出 A 支座的水平反力，然后将刚架分成 3 段杆作弯矩图。先作 AC、BE 杆的弯矩图，作法见图 3.29（b）。再由 C、E 结点的力矩平衡条件求出 CE 杆两端截面的弯矩，连线即为 CE 杆的弯矩图。最终的刚架弯矩图如图 3.29（c）所示。

【例题 3-18】试作图 3.30（a）所示刚架的弯矩图。

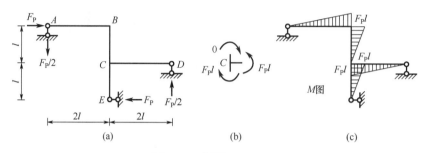

图 3.30　例题 3-18 图

解：求出支座反力，如图 3.30（a）所示。先作 AB、CE、CD 杆的弯矩图，作法同悬臂梁，最后作 CB 杆的弯矩图。由 B 结点的平衡求出 CB 杆 B 端截面的弯矩 $M_{BC}=F_P l$，右侧受拉，由 C 结点的平衡〔图 3.30（b）〕求出 CB 杆 C 端截面的弯矩为 0，连线得 CB 杆的弯矩图。最终的刚架弯矩图如图 3.30（c）所示。

【例题 3-19】试作图 3.31（a）所示刚架的弯矩图。

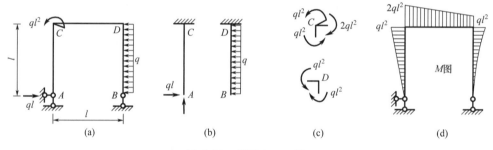

图 3.31　例题 3-19 图

解：求出 A 支座的水平反力，如图 3.31（b）所示。先作 AC、BD 杆的弯矩图，作法同前，也就是将它们看作悬臂梁，如图 3.31（b）所示。最后作 CD 杆的弯矩图，取 C、D 结点作隔离体，如图 3.31（c）所示，求出 CD 杆两端截面的弯矩。将 CD 杆两端截面的弯矩连线得 CD 杆的弯矩图。最终的刚架弯矩图如图 3.31（d）所示。

【例题 3-20】试作图 3.32（a）所示刚架的弯矩图。

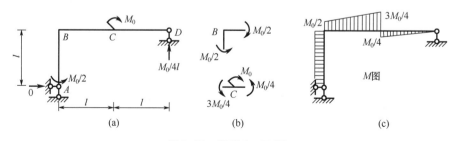

图 3.32　例题 3-20 图

解：求出支座反力，如图3.32（a）所示。先作 AB、CD 杆的弯矩图：AB 杆无剪力，弯矩为常数，A 端铰结有力偶作用，A 截面的弯矩等于外力偶，据此画出 AB 杆的弯矩图；CD 杆的弯矩图的作法同悬臂梁。最后作 CB 杆的弯矩图，由 B、C 结点的平衡求 CB 杆两端截面的弯矩，如图3.32（b）所示，连线得 CB 杆的弯矩图。最终的刚架弯矩图如图3.32（c）所示。

【**例题 3-21**】试作图3.33（a）所示刚架的弯矩图。

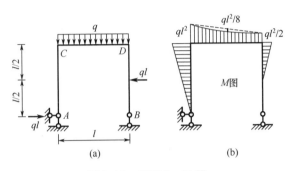

图3.33　例题3-21图

解：先作 AC、BD 杆的弯矩图，作法同悬臂梁。用叠加法作 CD 杆的弯矩图，由 C、D 结点的平衡求出 CD 杆两端截面的弯矩，将两端截面的弯矩连以直线，再以该直线作基线叠加上抛物线。最终的刚架弯矩图如图3.33（b）所示。

学习指导：熟练掌握刚架指定截面内力的计算，熟练掌握作刚架的内力图，特别是掌握作刚架弯矩图的方法。请完成章后习题：7、16、17、18、19。

3. 利用弯矩图作剪力图、利用剪力图作轴力图的方法

第5章的位移法和力矩分配法中只讲了如何作结构的弯矩图，当作出弯矩图后还要作剪力图和轴力图时需采用这里讲的方法。当弯矩图作出后，利用微分关系或杆件的平衡条件可逐段作出剪力图。即当弯矩图是直线图形时，剪力是常数，直线的斜率为剪力值，剪力的正负符号由杆轴线转向弯矩图的方向确定，以顺时针方向转动为正；当弯矩图是抛物线图形时，剪力图是斜直线，由以杆件为隔离体求出的两个杆端剪力来作。剪力图作出后，利用结点平衡条件可求出杆端轴力，据此可作出轴力图。下面举例说明。

【**例 3-22**】已知图3.34（a）所示刚架的弯矩图如图3.34（b）所示，试作剪力图、轴力图。

解：由于 AC 杆的弯矩图是斜直线，因此 AC 杆的剪力为常数，剪力等于弯矩图的斜率（为 $F_P/4$），杆轴线顺时针方向转向弯矩图，剪力为正，据此作出 AC 杆的剪力图。其他杆件剪力图的作法类似。最终的刚架剪力图如图3.34（c）所示。

取 C、E 结点作隔离体，分别如图3.34（d）、（e）所示。由求得的杆端轴力作出最终的刚架轴力图，如图3.34（f）所示。

学习指导：熟练掌握剪力图、轴力图的作法。请完成章后习题：20。

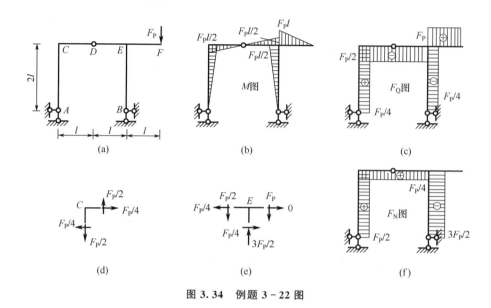

图 3.34　例题 3-22 图

3.3　静定桁架

　　静定桁架（以下简称"桁架"）是由若干直杆用铰连接而成的杆件结构，结构上的荷载均作用在结点上，不产生弯矩和剪力，只有轴力。按几何组成分类，桁架可分成 3 类：简单桁架、联合桁架和复杂桁架。简单桁架是在基础或支撑物上依次增加二元体构成的桁架，如图 3.35（a）所示，或者在一个铰结三角形上依次增加二元体后再与基础相连的桁架，如图 3.35（b）所示；联合桁架是由若干简单桁架联合而成的桁架，如图 3.35（c）所示的桁架是由两个如图 3.35（b）所示桁架联合而成的联合桁架；除简单桁架和联合桁架外的桁架即为复杂桁架，如图 3.35（d）所示。

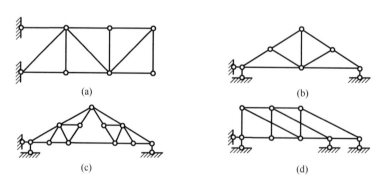

图 3.35　桁架分类

　　桁架内力计算的方法分为结点法和截面法。

3.3.1　结点法

　　将截取一个结点作为隔离体来求内力的方法称为结点法。这时隔离体上的力是平面汇交力系，独立的平衡方程只能列出两个，因此截取的隔离体上的未知力一般不能超过两个。因为简单桁架是逐次增加二元体构成的，若截取隔离体的次序与几何组成时加二元体的次序相反，则每次截取的隔离体上只有两个杆件轴力是未知的，由隔离体的平衡条件即可求出两个未知量，并且能保证每一个平衡方程中只含有一个未知量。

【例题 3-23】试求图 3.36（a）所示桁架的轴力。

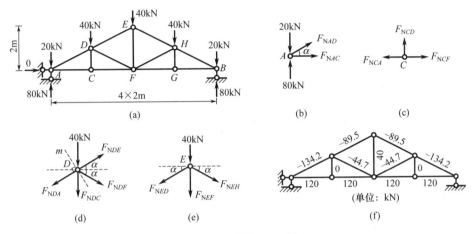

图 3.36　例题 3-23 图

解： 先求出支座反力，如图 3.36（a）所示。这是一个简单桁架，可以认为是从铰结三角形 BGH 上逐次加二元体构成的，最后加上去的二元体是 CAD，故先从 A 结点开始截取结点作隔离体，然后按 $C \to D \to E \to F \to H \to G$ 的次序取结点作隔离体。

（1）取 A 结点为隔离体，在其上标出所有的力，轴力均假定为拉力，离开结点，如图 3.36（b）所示。若求得的结果为正则为拉力，结果为负则为压力。列投影方程，得

$$\sum F_y = 0 \quad 80\text{kN} - 20\text{kN} + F_{NAD} \sin\alpha = 0$$

$$\sum F_x = 0 \quad F_{NAD} \cos\alpha + F_{NAC} = 0$$

将 $\sin\alpha = 1/\sqrt{5} \approx 0.447$、$\cos\alpha = 2/\sqrt{5} \approx 0.894$ 代入上式，求得

$$F_{NAD} = -134.2\text{kN}, \quad F_{NAC} = 120\text{kN}$$

（2）取 C 结点为隔离体，如图 3.36（c）所示，列投影方程，得

$$\sum F_y = 0 \quad F_{NCD} = 0$$

$$\sum F_x = 0 \quad F_{NCF} = F_{NCA} = 120\text{kN}$$

（3）取 D 结点为隔离体，如图 3.36（d）所示。设垂直于 DE 杆的 m 轴，对 m 轴列投影方程，得

$$\sum F_m = 0 \quad F_{NDF} \cos(90° - 2\alpha) + 40\text{kN} \times \cos\alpha + F_{NDC} \times \cos\alpha = 0$$

将 $F_{NCD} = 0$，$\cos(90° - 2\alpha) = \sin2\alpha = 2\sin\alpha\cos\alpha$ 代入上式，得

$$F_{NDF} = -44.7\text{kN}$$

$$\sum F_x = 0 \quad F_{NDE} \cos\alpha + F_{NDF} \cos\alpha - F_{NDA} \cos\alpha = 0$$

$$F_{NDE} = -F_{NDF} + F_{NDA} = -(-44.7\text{kN}) + (-134.2\text{kN}) = -89.5\text{kN}$$

(4) 取 E 结点为隔离体，如图 3.36（e）所示，列投影方程，得

$$\sum F_x = 0 \qquad -F_{NED}\cos\alpha + F_{NEH}\cos\alpha = 0$$

$$F_{NEH} = F_{NED} = -89.5 \text{kN}$$

$$\sum F_y = 0 \qquad 40\text{kN} + F_{NED}\sin\alpha + F_{NEH}\sin\alpha + F_{NEF} = 0$$

$$F_{NEF} = 40 \text{kN}$$

至此，求出了桁架左半部分各杆件的轴力。继续截取 F、H、G 结点可求出桁架右半部分各杆件的轴力。计算出各杆轴力后，可利用 B 结点的平衡来校核计算结果。因为结构是对称的，荷载也是对称的，所以内力也应对称。求出对称轴左半部分各杆件的轴力后，右半部分各杆件的轴力与左半部分对应相等，无须计算。最后将求得的各杆件的轴力标在各杆件旁边，如图 3.36（f）所示。

为了讲述方便，当一个结点上除一个杆件外的其他杆件均共线时，将该杆件称为该结点的结点单杆。结点单杆有两种情况，如图 3.37（a）、（b）所示。结点单杆的轴力由结点的一个平衡方程即可求出。当结点上无荷载时，结点单杆的轴力为零。

将轴力为零的杆称为零杆，具体有 3 种情况，如图 3.37（c）、（d）、（e）所示。在结构中去掉零杆并不会影响其他内力的计算，因此在求解前可先找出零杆并将其去掉，以简化计算。

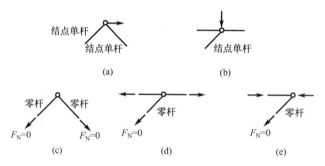

图 3.37 结点单杆、零杆

【例题 3-24】试计算图 3.38（a）所示桁架各杆的轴力。

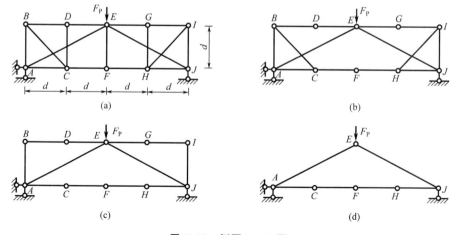

图 3.38 例题 3-24 图

解：CD、HG、EF 杆分别是 D、G、F 结点的结点单杆，由于这些结点上无外力，故这 3 个杆均为零杆，去掉零杆后如图 3.38（b）所示。在图 3.38（b）所示体系中，CB、HI 杆分别是 C、H 结点的结点单杆，仍为零杆，去掉后如图 3.38（c）所示。在图 3.38（c）所示体系中，B、I 结点连接的结点单杆仍为零杆，去掉后如图 3.38（d）所示。J 支座的反力为 $F_P/2$，方向向上。由 J 结点的平衡可得

$$F_{NJE} = -\sqrt{5}F_P/2, \quad F_{NJA} = F_P$$

根据对称性，得 $F_{NAE} = F_{NJE} = -\sqrt{5}F_P/2$。

用结点法计算简单桁架轴力的步骤如下。

（1）计算支座反力。
（2）找出零杆并去掉。
（3）依次截取具有结点单杆的结点，由结点平衡条件求轴力。
（4）校核。

学习指导：熟练掌握结点法，熟练掌握零杆判断方法。请完成章后习题：8、21。

3.3.2　截面法

截面法是截取桁架中包含几个结点的一部分作为隔离体求内力的方法。这时，隔离体上的力构成平面一般力系，可以列出 3 个独立的平衡方程。因此，一般情况下隔离体上暴露出的未知力不应超过 3 个。

【**例题 3 - 25**】试求图 3.39（a）所示桁架中 1、2 杆的轴力。

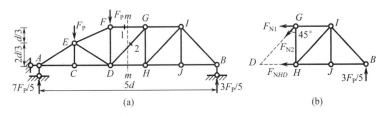

图 3.39　例题 3 - 25 图

解：先求出支座反力，如图 3.39（a）所示。

用 m—m 截面将桁架截断，取右侧为隔离体（取左侧也可以，但左侧受力较右侧复杂，故取右侧），如图 3.39（b）所示。由隔离体的平衡，有

$$\sum F_y = 0 \qquad \frac{3}{5}F_P - F_{N2}\cos45° = 0 \qquad F_{N2} = \frac{3}{5}\sqrt{2}F_P$$

$$\sum M_D = 0 \qquad \frac{3}{5}F_P \times 3d + F_{N1}d = 0 \qquad F_{N1} = -\frac{9}{5}F_P$$

当用截面法求解联合桁架时，一般先用截面法将各简单桁架之间的约束力算出，再用结点法即可求出所有内力，并且在求解时能保证每一个方程只含一个未知量。例如图 3.40（a）是一个联合桁架，求解时可用截面 n—n 将连接两个简单桁架的约束 1、2、3 链杆切断，取隔离体如图 3.40（b）所示，求出这 3 个杆件的轴力后再用结点法求其他杆件的轴力。

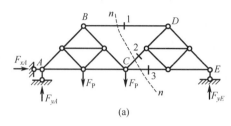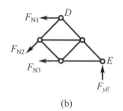

图 3.40　联合桁架的求解

与结点上可能有结点单杆一样，截面上也可能有单杆，将利用隔离体的一个平衡方程即可求出轴力的杆件称为截面单杆。具体有以下 3 种情况。

（1）截面上只有 3 个被截断的杆件，如图 3.41（a）所示，对于 $n—n$ 截面，2、4、5 杆为截面单杆；对于 $m—m$ 截面，1、2、3 杆为截面单杆。

（2）截面上除一个杆件外，其他均交于一点，如图 3.41（b）所示，对于 $m—m$ 截面，1、2 杆为截面单杆。

（3）截面上除一个杆件外，其他均平行，如图 3.41（c）所示，1 杆为截面单杆。

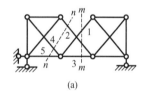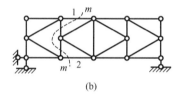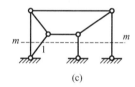

图 3.41　截面单杆

用截面法求指定杆件的轴力，一般情况下比用结点法方便。当所求杆件为截面单杆时，用截面法可直接求解；当所求杆件不是截面单杆时，可与结点法配合来求解。

【例题 3-26】讨论图 3.42 所示的各桁架中 1 杆轴力的求解方法。

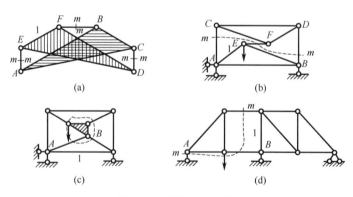

图 3.42　例题 3-26 图

解：图 3.42（a）属于联合桁架。从几何组成角度来说，它是由两个刚片通过 3 个链杆相连组成的，应选将这 3 个链杆截断的截面，如图 3.42（a）所示。取任何一个刚片作隔离体均可求出 FB 杆的轴力。再截取 F 结点作隔离体，用结点法求出 1 杆的轴力。

图 3.42（b）先选 $m—m$ 截面，取 CDF 作隔离体，用截面法求 EF 杆的轴力，再截取

E 结点作隔离体，用结点法求出 1 杆的轴力。

图 3.42 (c) 先求支座反力；AB 杆是图示截面的截面单杆，用截面法求出后，再截取 A 结点用结点法求出 1 杆的轴力。

图 3.42 (d) 所示桁架右侧是基本部分，左侧是附属部分。先算附属部分，后算基本部分。取 m—m 截面，将附属部分取出作隔离体，求出 A 支座的反力。再取整体作隔离体，求出 B 支座的反力，即可由 B 结点的平衡求出 1 杆的轴力。

学习指导：熟练掌握截面法，熟练掌握求指定杆件轴力的方法。请完成章后习题：3、22。

3.3.3 利用对称性判断零杆

将几何形状和支承情况对某轴对称的结构称为对称结构，该轴称为对称轴。图 3.43 所示结构均是对称结构。作用在对称结构上的荷载分为对称荷载、反对称荷载和一般荷载。作用在对称轴两侧、大小相等、方向和作用点对称的荷载称为对称荷载，如图 3.43 (a)、(b) 所示；作用在对称轴两侧、大小相等、作用点对称、方向反对称的荷载称为反对称荷载，图 3.43 (c)、(d) 所示。其中图 3.43 (d) 所示荷载可看成两个 $F_P/2$ 分别作用于对称轴两侧。

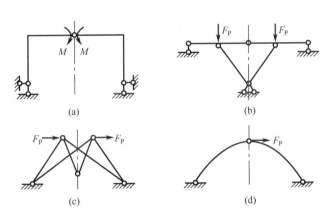

图 3.43 对称结构、对称荷载和反对称荷载

对称结构在对称荷载作用下，内力是对称的；在反对称荷载作用下，内力是反对称的。利用这一点，对称结构在对称荷载和反对称荷载作用下可只计算半边结构的内力，就像例题 3-23 那样。对于对称桁架还可以利用对称性来判断零杆，有以下两种情况。

(1) 在对称荷载情况下，若对称轴上有图 3.44 (a) 所示结点，且该结点处无外力，则两个斜杆为零杆。原因是它们只有等于零才能既满足平衡条件又满足对称条件，如图 3.44 (b)、(c) 所示。

(2) 在反对称荷载情况下，通过并垂直对称轴的杆件、与对称轴重合的杆件，轴力为零，如图 3.44 (d) 所示。原因同上。

【例题 3-27】试求图 3.45 (a) 所示桁架中各杆轴力。

解： 这是一个复杂桁架，支承不对称，但是支座反力求出后，将水平链杆去掉，该桁架则为对称结构，如图 3.45 (b) 所示。图 3.45 (b) 上的荷载可分解为对称荷载和反对

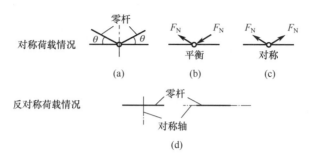

图 3.44 对称轴处的零杆

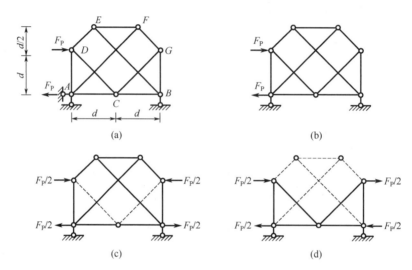

图 3.45 例题 3-27 图

称荷载,如图 3.45(c)、(d)所示。分别计算图 3.45(c)和图 3.45(d)所示两种情况下桁架中各杆的轴力,然后相加,即得原结构的轴力。

利用对称性可判断出图 3.45(c)、(d)中的零杆,图中用虚线画的杆均为零杆。零杆去掉后不难计算各杆轴力。各杆轴力分别为

$$F_{NAC}=\frac{1}{2}F_P,\ F_{NCB}=-\frac{1}{2}F_P,\ F_{NAD}=0,\ F_{NDE}=-\frac{\sqrt{2}}{2}F_P,\ F_{NEF}=-F_P,$$

$$F_{NFG}=-\frac{\sqrt{2}}{2}F_P,\ F_{NGB}=-F_P,\ F_{NEB}=\frac{\sqrt{2}}{2}F_P,\ F_{NFA}=\frac{\sqrt{2}}{2}F_P$$

学习指导:理解对称结构、对称荷载、反对称荷载的概念,能将一般荷载分解为对称荷载和反对称荷载,掌握利用对称性判断桁架零杆的方法。请完成章后习题:23。

3.4 静定组合结构

由链杆和梁式杆组成的结构称为静定组合结构(以下简称"组合结构")。链杆是只受轴力作用的杆件,也称二力杆;梁式杆是除受轴力外还承受弯矩和剪力的杆件。

计算组合结构的关键是正确区分两类杆件,只有无荷载作用的两端铰结的直杆才是二

力杆。二力杆被截断后，截面上只有轴力；梁式杆被截断后，截面上一般有弯矩、剪力和轴力。

计算时，一般要先计算二力杆的轴力，计算方法与桁架相同；然后计算梁式杆的内力，计算方法与刚架相同。

【例题 3-28】 计算图 3.46（a）所示组合结构的内力，并作内力图。

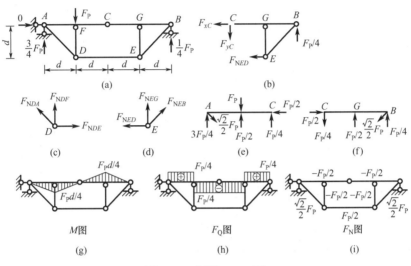

图 3.46 例题 3-28 图

解：AC、CB 杆为梁式杆，其他为二力杆。求出支座反力如图 3.46（a）所示。图 3.46（a）所示组合结构是由刚片 ACD 和刚片 CBE 用一个铰一个链杆组成的静定结构，计算时将两个刚片间的约束截开，取右侧为隔离体，如图 3.46（b）所示。由隔离体的平衡，得

$$F_{xC}=-F_P/2, F_{yC}=F_P/4, F_{NED}=F_P/2$$

用结点法计算二力杆轴力，取 D、E 结点为隔离体，如图 3.46（c）、(d) 所示，解得

$$F_{NEB}=\sqrt{2}F_P/2, F_{NEG}=-F_P/2, F_{NDF}=-F_P/2, F_{NDA}=\sqrt{2}F_P/2$$

将外力、支座反力和求得的轴力标在 AC、CB 杆上，如图 3.46（e）、(f) 所示，按刚架作内力图的方法可作出弯矩图和剪力图，如图 3.46（g）、(h) 所示。将各杆的轴力标在杆边即为轴力图，如图 3.46（i）所示。

对于组合结构，求解时需注意：用截面法时，一般不要将梁式杆截断，否则隔离体上暴露出的未知力会超过 3 个；用结点法时，截取的结点应是只与二力杆相连的结点，否则结点上的未知力会超过两个。

当对求解结构内力无从下手时，可从结构的几何组成分析入手。若结构是由两个刚片组成的，则应选其中一个刚片作隔离体；若结构是由 3 个刚片组成的，则一般应取两次隔离体；若结构是多次运用规则组成的，则结构计算顺序应与结构组成顺序相反。下面举例说明。

例如，图 3.47（a）所示结构是由两个刚片组成的，用 m—m 截面将其截开，任取一个刚片为隔离体即可求解。图 3.47（b）所示结构，AB 杆上有荷载，故不是二力杆，结

构属于三刚片体系，用 $m—m$ 和 $n—n$ 截面截出两个隔离体如图 3.47（c）所示，由隔离体 AB 可求出 F_{yA}，再由隔离体 AC 可求出 F_{xC}、F_{yC} 和 F_{xA}，再回到隔离体 AB，可求出其上的另外两个约束力。

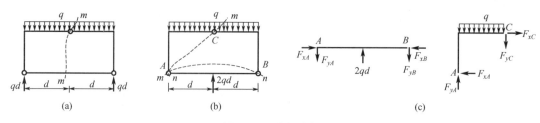

图 3.47　分析途径

再如，图 3.48（a）所示结构是由两个刚片和 3 个链杆组成的，用 $m—m$ 截面将其截开，任取一个刚片为隔离体即可求解。图 3.48（b）所示结构，DF 杆上有荷载，故不是二力杆，结构属于多次用静定结构组成规则组成的结构，可看成先由 DF、FBE 两个刚片用 F 铰和 DE 链杆构成刚片 $EDFB$，再用 D 铰和 AE 链杆将其与另一个刚片 ACD 相连。用 $m—m$ 截面将后加的刚片截取为隔离体，如图 3.48（c）所示。刚片 ACD 计算完成后，再计算刚片 $EDFB$。刚片 $EDFB$ 又是由两个刚片组成的，再用 $n—n$ 截面截取一个隔离体来计算，如图 3.48（d）所示。

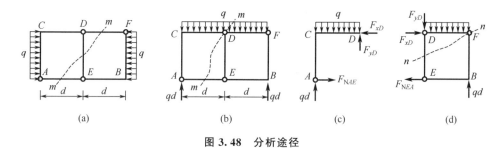

图 3.48　分析途径

学习指导：理解组合结构的组成，掌握组合结构的内力计算。请完成章后习题：2、24。

3.5　三铰拱

3.5.1　拱的概念与受力特点

拱是在竖向荷载作用下会产生水平反力的曲杆结构。图 3.49（a）所示结构，虽然是曲杆结构，但在竖向荷载作用下水平反力等于零，所以不是拱，其弯矩图与图 3.49（b）所示的同跨同荷载的简支梁完全相同，该结构一般称为曲梁。若在图 3.49（a）所示结构的右支座处增加水平链杆，如图 3.50（a）所示，则水平链杆中会产生指向中间的水平反力，故图 3.50（a）所示结构为拱。

在竖向荷载作用下，水平链杆中产生的水平反力指向中间，也称其为水平推力。水平

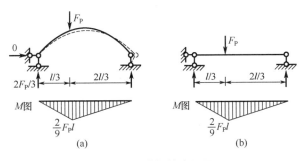

图 3.49 曲梁的弯矩图

反力使拱的上侧受拉,而荷载使拱的下侧受拉,它们共同作用,从而使拱的弯矩比梁的弯矩小许多,如图 3.50 所示。拱的轴力要比曲梁的轴力大,拱主要承受轴力。拱的轴力大、弯矩小,使得截面上的应力分布比较均匀,因而可以节省材料,同时也能减轻自重,适用于大跨结构。

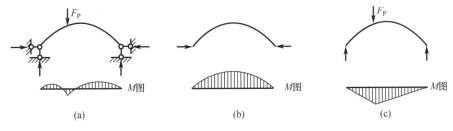

图 3.50 拱的弯矩图

图 3.50(a)所示的超静定拱,在其上加一个铰则成为静定拱,如图 3.51(a)所示,一般称之为三铰拱。有时也用拉杆的拉力代替支座的水平反力,如图 3.51(b)所示,其受力特点和计算方法与图 3.51(a)所示三铰拱相同。

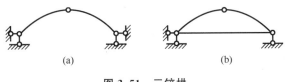

图 3.51 三铰拱

3.5.2 三铰拱的计算

下面只讨论对称三铰拱在竖向荷载作用下的计算。

1. 支座反力计算

三铰拱属于三刚片体系,需截取两个隔离体来求支座反力。对于图 3.52(a)所示三铰拱,先取整体为隔离体,有

$$\sum M_B = 0 \qquad F_{P1}b_1 + F_{P2}b_2 - F_{VA}l = 0 \qquad F_{VA} = \frac{1}{l}(F_{P1}b_1 + F_{P2}b_2)$$

取与三铰拱跨度相同、荷载相同的简支梁,如图 3.52(b)所示,列同样的方程,可得

$$F_{VA}^0 = \frac{1}{l}(F_{P1}b_1 + F_{P2}b_2)$$

可见，三铰拱的竖向反力与相应简支梁（跨度相同、荷载相同）的竖向反力相同，即 $F_{VA} = F_{VA}^0$。再取三铰拱的左半部分为隔离体，如图 3.52 (c) 所示，列力矩方程求水平反力，得

$$\sum M_C = 0 \quad F_{VA} \times \frac{l}{2} - F_{P1}\left(\frac{l}{2} - a_1\right) - F_{HA}f = 0$$

$$F_{HA} = \frac{1}{f}\left[F_{VA} \times \frac{l}{2} - F_{P1}\left(\frac{l}{2} - a_1\right)\right] \tag{3-5}$$

在相应简支梁的对应截面截开，取左侧为隔离体，如图 3.52 (d) 所示，列同样的方程，得

$$M_C^0 = F_{VA}^0 \times \frac{l}{2} - F_{P1}\left(\frac{l}{2} - a_1\right)$$

代入式(3-5)，得

$$F_{HA} = \frac{1}{f}M_C^0$$

再由整体平衡，可得

$$F_{HB} = F_{HA} = F_H = \frac{1}{f}M_C^0 \tag{3-6}$$

将水平反力记作 F_H，称之为三铰拱的水平推力，其等于相应简支梁跨中截面的弯矩除以拱的高度。当荷载与三铰拱的跨度确定后，三铰拱的水平推力与拱高成反比，并且与拱轴线的形状无关。

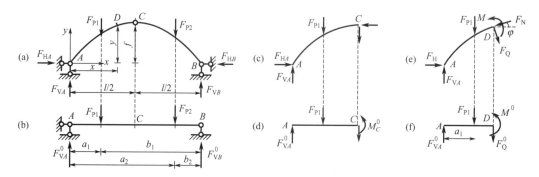

图 3.52 三铰拱的计算

可见，竖向荷载作用下三铰拱的支座反力可利用相应简支梁计算。

2. 指定截面内力计算

与支座反力一样，拱的内力也可利用相应简支梁来计算。以求图 3.52 (a) 所示三铰拱的 D 截面内力为例，将 D 截面截开，取左侧为隔离体，如图 3.52 (e) 所示，设拱轴线在 D 点的切线与 x 轴的夹角为 φ。由于拱中轴力一般为压力，因此规定轴力以压力为正。列力矩方程，得

$$\sum M_D = 0 \quad F_{VA}x - F_H y - F_{P1}(x - a_1) - M = 0 \tag{3-7}$$

$$M = F_{VA}x - F_H y - F_{P1}(x - a_1)$$

对图 3.52（f）所示的相应简支梁隔离体，列同样的方程，得
$$M^0 = F_{VA}^0 x - F_{P1}(x - a_1)$$
代入式(3-7)，得
$$M = M^0 - F_H y \tag{3-8}$$
此即为三铰拱弯矩的计算公式。

对图 3.52（e）所示隔离体列投影方程，得
$$F_Q = (F_{VA} - F_{P1})\cos\varphi - F_H \sin\varphi \tag{3-9}$$
$$F_N = (F_{VA} - F_{P1})\sin\varphi + F_H \cos\varphi \tag{3-10}$$
对图 3.52（f）所示的相应简支梁的隔离体列竖向投影方程，得
$$F_Q^0 = F_{VA}^0 - F_{P1}$$
代入式(3-9)、式(3-10)，得
$$F_Q = F_Q^0 \cos\varphi - F_H \sin\varphi \tag{3-11}$$
$$F_N = F_Q^0 \sin\varphi + F_H \cos\varphi \tag{3-12}$$
这是三铰拱截面剪力和轴力的计算公式。式中的 φ 根据给定的拱轴线方程来算，当截面在右半部分时，取负值。

【例题 3-29】求图 3.53（a）所示三铰拱的支座反力及 K 截面的弯矩、剪力和轴力。已知：跨度 $l=16\text{m}$，拱高 $f=4\text{m}$，拱轴线方程为 $y = \dfrac{4f}{l^2}(lx - x^2)$，其他数据如图 3.53 所示。

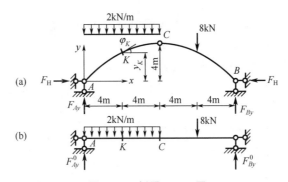

图 3.53 例题 3-29 图

解：(1) 求相应简支梁 [图 3.53（b）] 的支座反力、C 截面的弯矩、K 截面的弯矩和剪力。

$$\sum M_B = 0 \quad F_{Ay}^0 \times 16\text{m} - 2\text{kN/m} \times 8\text{m} \times 12\text{m} - 8\text{kN} \times 4\text{m} = 0$$

解得
$$F_{Ay}^0 = 14\text{kN}(\uparrow)$$

$$\sum F_y = 0 \quad F_{Ay}^0 + F_{By}^0 - 2\text{kN/m} \times 8\text{m} - 8\text{kN} = 0$$

解得
$$F_{By}^0 = 10\text{kN}(\uparrow)$$

用截面法求得 C 截面的弯矩、K 截面的弯矩和剪力分别为
$$M_C^0 = 48\text{kN}\cdot\text{m} \quad M_K^0 = 40\text{kN}\cdot\text{m} \quad F_{QK}^0 = 6\text{kN}$$

(2) 求三铰拱的支座反力。

三铰拱的竖向反力与简支梁相同，即

$$F_{Ay}=F_{Ay}^0=14\text{kN}(\uparrow) \qquad F_{By}=F_{By}^0=10\text{kN}(\uparrow)$$

三铰拱的水平推力按式(3-6)计算，为

$$F_H=M_C^0/f=48\text{kN}\cdot\text{m}/4\text{m}=12\text{kN}$$

(3) 求三铰拱 K 截面的弯矩、剪力、轴力。

将 $x=4\text{m}$ 代入拱轴线方程，得 K 点的纵标，为

$$y_K=\frac{4\times 4\text{m}}{(16\text{m})^2}[16\text{m}\times 4\text{m}-(4\text{m})^2]=3\text{m}$$

根据拱轴线方程确定轴线斜率，为

$$\frac{dy}{dx}=\tan\varphi_K=\frac{4f}{l^2}(l-2x)$$

将 $x=4\text{m}$ 代入上式，得

$$\tan\varphi_K=0.5$$

因此，$\varphi_K=26.565°$，$\cos\varphi_K=0.894$，$\sin\varphi_K=0.447$。

利用式(3-8)、式(3-11)、式(3-12)计算三铰拱 K 截面的弯矩、剪力、轴力，分别为

$$M_K=M_K^0-F_H y_K=40\text{kN}\cdot\text{m}-12\text{kN}\times 3\text{m}=4\text{kN}\cdot\text{m}$$

$$F_{QK}=F_{QK}^0\cos\varphi_K-F_H\sin\varphi_K=6\text{kN}\times 0.894-12\text{kN}\times 0.447=0$$

$$F_{NK}=F_{QK}^0\sin\varphi_K+F_H\cos\varphi_K=6\text{kN}\times 0.447+12\text{kN}\times 0.894=13.41\text{kN}$$

3. 作内力图

三铰拱的内力图采用描点法绘制。首先沿跨度将拱分成若干等份，在拱轴线上得到一系列分点，再按下述步骤计算各分点截面的内力。

(1) 根据拱轴线方程确定各分点到基线的高度 y。
(2) 根据拱轴线方程计算各分点处的拱轴线切线与 x 轴的夹角 φ。
(3) 计算 $\sin\varphi$、$\cos\varphi$。
(4) 计算相应简支梁各分点对应截面的弯矩和剪力 M^0、F_Q^0。
(5) 计算三铰拱的水平推力 F_H。
(6) 按式(3-8)、式(3-11)、式(3-12)计算各分点截面的内力。

最后将算得的各截面内力用光滑的曲线相连，并标出正负号和纵标值，即得内力图。

3.5.3 三铰拱的合理拱轴线

拱的弯矩由式(3-8)确定，即

$$M=M^0-F_H y \tag{3-13}$$

当荷载和拱的高度确定后，F_H 是与拱轴线方程无关的常数，M^0 是与拱轴线方程无关的截面位置的函数，而 M 是与拱轴线方程有关的截面位置的函数。若调整拱轴线方程 y 使得式(3-13)等于零，即各截面的弯矩均为零，则此时截面上只有轴力，截面上的应力是均匀分布的，因而材料可以得到充分利用，是最经济、最理想的状态，将这种使拱处于无弯矩状态的拱轴线称为合理拱轴线。

由式(3-13)可得合理拱轴线方程为

$$y(x) = \frac{M^0(x)}{F_H} \qquad (3-14)$$

式中，M^0 为相应简支梁的弯矩方程；F_H 为三铰拱的水平推力。

【例题 3-30】 已知三铰拱的高度为 f，跨度为 l，试求在满跨竖向均布荷载（荷载分布集度为 q）作用下的合理拱轴线。

解： 在例题 3-3 中已求得相应简支梁的弯矩方程为

$$M^0(x) = \frac{1}{2} q(lx - x^2)$$

跨中截面的弯矩为 $ql^2/8$，由式(3-6)可求得水平推力

$$F_H = \frac{ql^2}{8f}$$

代入式(3-14)，可得合理拱轴线方程为

$$y(x) = \frac{4f}{l^2}(lx - x^2)$$

这是抛物线方程，即对称三铰拱在满跨竖向均布荷载作用下的合理拱轴线是抛物线。需要指出的是，一种合理拱轴线只对应一种荷载，当荷载发生变化时，合理拱轴线也将随之改变，比如在均匀静水压力作用下的合理拱轴线是圆弧线。

学习指导：理解三铰拱的受力特点，掌握用截面法计算支座反力和截面内力，理解合理拱轴线的概念。请完成章后习题：4、5、9、10。

3.6 静定结构的一般性质

静定结构是无多余约束的几何不变体系，其上所有约束均是维持平衡所必需的，由静力平衡条件可以确定所有约束的约束力和内力，并且其解是唯一的和有限的。据此可以得到静定结构的一般性质。

(1) 内力与荷载之外的因素无关。静定结构的内力与变形无关，因而与截面的尺寸、截面的形状及材料的物理性质无关。

(2) 局部平衡性。当结构的局部能平衡荷载时，其他部分不受力。图 3.54（a）所示结构，其上只有 AB 部分上有内力，其他部分内力为零；图 3.54（b）中只有 1、2 杆有轴力，其他杆均为零杆；图 3.54（c）是具有基本部分和附属部分的静定结构，AB 为基本部分，BC 为附属部分，荷载作用在基本部分上，基本部分可以平衡外力，附属部分不受力。

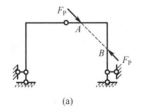
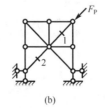
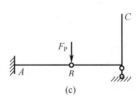

(a)   (b)   (c)

图 3.54 局部平衡

(3) 荷载等效性。若将作用在结构中的一个几何不变部分上的荷载做等效变换，即用一个与其合力相同的荷载代替它，则其他部分的内力不变。图 3.55 所示结构，图 3.55（a）

和图 3.55（b）中两个荷载是静力等效荷载，所引起的 AC 部分内力相同。

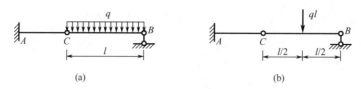

图 3.55　荷载等效性

（4）构造变换性。若将结构中的一个几何不变部分换成另一个几何不变部分，则其他部分的内力不变。图 3.56（a）所示桁架中的几何不变部分 ABC 用图 3.56（b）所示另一个几何不变部分替换，则这两个结构中的 1、2、3、4 杆的内力相同。

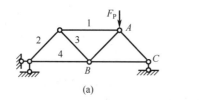
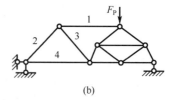

图 3.56　构造变换性

（5）支座移动、温度变化不会产生内力。

学习指导：理解静定结构的一般性质。

习　题

一、单项选择题

1. 图 3.57 所示多跨静定梁的附属部分是（　　）。

　　A. AB 部分　　B. BC 部分　　C. CD 部分　　D. DE 部分

图 3.57　题 1 图

2. 图 3.58 所示结构 BC 杆轴力等于（　　）。

　　A. 0　　B. $-F_P/4$　　C. $-F_P/2$　　D. $-F_P$

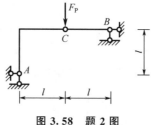

图 3.58　题 2 图

3. 图3.59所示桁架中（ ）。
    A. 1杆轴力为拉力，2杆轴力为压力
    B. 1、2杆轴力均为压力
    C. 1杆轴力为压力，2杆轴力为拉力
    D. 1、2杆轴力均为拉力

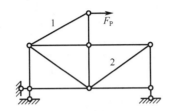

图3.59　题3图

4. 增大图3.60所示三铰拱的拱高，则（ ）。
    A. 竖向反力不变，拉杆轴力减小
    B. 竖向反力不变，拉杆轴力增大
    C. 竖向反力增大，拉杆轴力不变
    D. 竖向反力减小，拉杆轴力不变

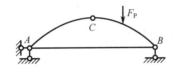

图3.60　题4图

5. 三铰拱在竖向集中力作用下，合理拱轴线是（ ）。
    A. 二次抛物线　　B. 圆弧线　　C. 悬链线　　D. 折线

二、填空题

6. 多跨静定梁的基本部分是指_____的部分。

7. 图3.61所示结构A支座水平反力等于_____。

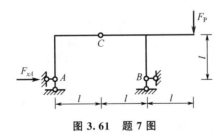

图3.61　题7图

8. 图3.62所示桁架有_____个零杆。

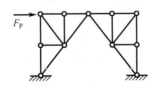

图3.62　题8图

9. 图3.63所示三铰拱，拱轴线方程为 $y=4fx(l-x)/l^2$，跨度 $l=16$m，拱高 $f=4$m，水平推力=_____，C铰右侧截面的弯矩=_____、剪力=_____、轴力=_____。

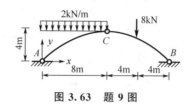

图 3.63 题 9 图

10. 图 3.64 所示三铰拱的拱轴线为半径为 R 的半圆，C 截面的弯矩＝＿＿＿＿＿、剪力＝＿＿＿＿＿、轴力＝＿＿＿＿＿。

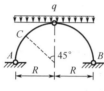

图 3.64 题 10 图

三、计算题

11. 作图 3.65 所示梁的弯矩图和剪力图。

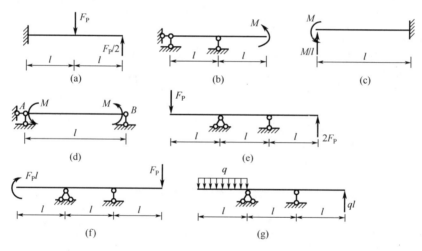

图 3.65 题 11 图

12. 试作图 3.66 所示梁的弯矩图。

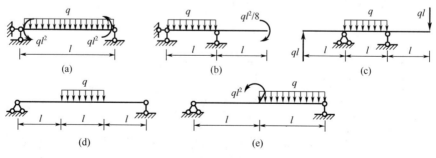

图 3.66 题 12 图

13. 试作图 3.67 所示多跨静定梁的弯矩图、剪力图。

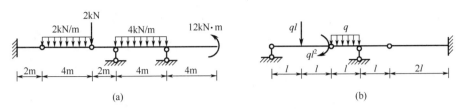

图 3.67 题 13 图

14. 不求支座反力直接作图 3.68 所示多跨静定梁的弯矩图。

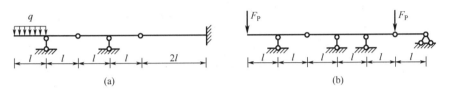

图 3.68 题 14 图

15. 试求图 3.69 所示结构的支座反力。

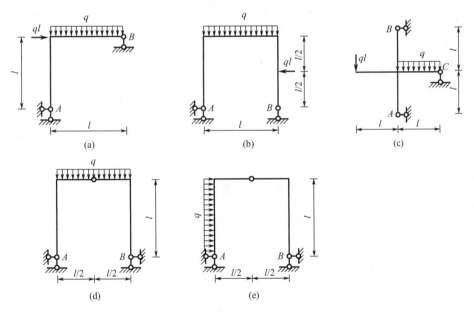

图 3.69 题 15 图

16. 试作图 3.70 所示结构的弯矩图。
17. 试作图 3.71 所示结构的弯矩图。
18. 试找出图 3.72 所示结构弯矩图的错误。
19. 试作习题 15 中各结构的弯矩图。
20. 试作习题 15 中图 3.69（a）、（b）、（c）各结构的剪力图、轴力图。
21. 试用结点法求图 3.73 所示桁架各杆的轴力。

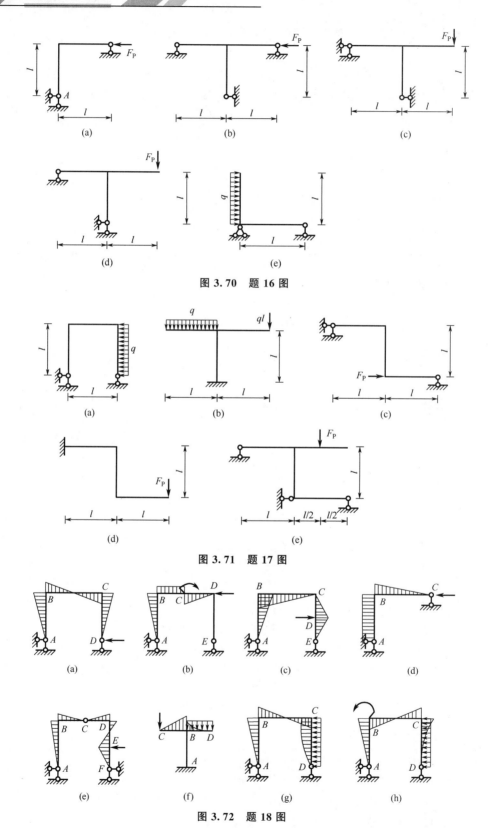

图 3.70 题 16 图

图 3.71 题 17 图

图 3.72 题 18 图

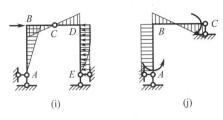

(i)   (j)

图 3.72 题 18 图（续）

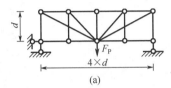 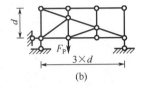

(a)   (b)

图 3.73 题 21 图

22. 试用截面法求图 3.74 所示桁架指定杆件的轴力。

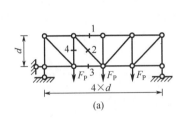 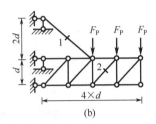

(a)   (b)

图 3.74 题 22 图

23. 试利用对称性求图 3.75 所示桁架指定杆件的轴力。

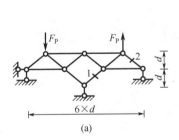 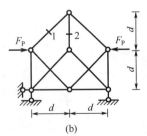

(a)   (b)

图 3.75 题 23 图

24. 试作图 3.76 所示组合结构的内力图。

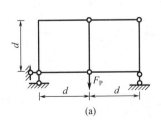 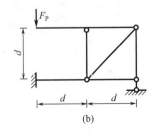

(a)   (b)

图 3.76 题 24 图

第4章
静定结构的位移计算

知识结构图

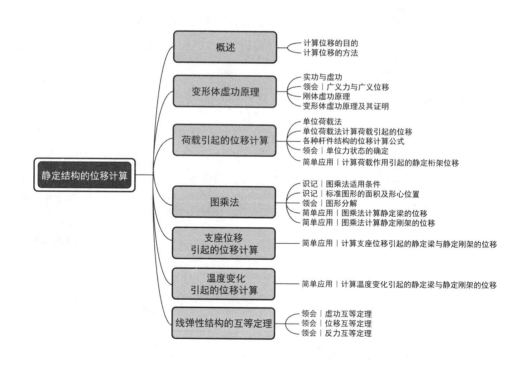

4.1 概　　述

结构在荷载或其他外部因素作用下会发生形状的改变，结构各截面的位置也会随之改变，将结构上各截面位置的变化称为位移。位移分为线位移和角位移（转角）。

1. 计算位移的目的

（1）验算结构的刚度。

结构既要满足强度要求，也要满足一定的刚度要求。结构在施工和使用时位移不能过大，否则会影响结构的施工或使用。要控制结构的位移必须会计算结构的位移。

（2）为计算超静定结构做准备。

超静定结构的计算要考虑变形条件，需要会计算结构的位移。

（3）为学习结构力学其他内容奠定基础。

结构的动力计算、稳定分析等均需要结构位移计算的知识。

2. 计算位移的方法

本章介绍的位移计算的方法是单位荷载法。由于单位荷载法的理论基础是变形体虚功原理，因此本章先介绍变形体虚功原理，然后介绍单位荷载法，接着介绍如何用单位荷载法计算荷载、温度变化、支座位移引起的位移，最后介绍基于变形体虚功原理的线弹性结构的互等定理。

4.2 变形体虚功原理

在介绍变形体虚功原理前先学习几个概念并简单介绍刚体虚功原理。

4.2.1 实功与虚功

功是一个物理量，是力对物体在空间的作用效应的度量。当力的大小、方向不变时，力做的功等于力与力的作用点沿力的方向上的位移的乘积，即

$$W = F_P \Delta \tag{4-1}$$

功是一个标量，当力与位移方向一致时力做正功，否则做负功。

结构上的外力在结构的位移上做功分为两种情况：力在自身引起的位移上做的功称为实功；力在其他原因引起的位移上做的功称为虚功。例如，图 4.1（a）所示结构在荷载 F_{P1} 作用下产生位移 Δ_{11}，F_{P1} 在 Δ_{11} 上做的功为实功，其值为

$$W_{11} = \frac{1}{2} F_{P1} \Delta_{11} \tag{4-2}$$

荷载在做实功的过程中是变化的，力的值从零缓慢增加到 F_{P1}，位移也相应从零增加到 Δ_{11}。若荷载不是缓慢施加而是突然施加的话，结构会发生振动，这时的荷载需作为动荷载考虑，属于动力学讨论的问题。变力做的功需用积分计算，对于线弹性结构，积分结

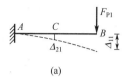 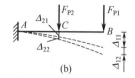 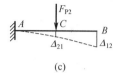

图 4.1 实功与虚功

果为式(4-2)。因为本章只涉及虚功,所以实功的计算不做进一步说明。

若在图 4.1(a)上再加荷载 F_{P2},如图 4.1(b)所示,F_{P1} 作用点又产生新的位移 Δ_{12}。因为 Δ_{12} 不是做功的力 F_{P1} 引起的而是 F_{P2} 引起的,故 F_{P1} 在 Δ_{12} 上做的功为虚功,Δ_{12} 称为虚位移。因为做虚功时力值不变,所以该虚功为

$$W_{12}=F_{P1}\Delta_{12}$$

为了看起来方便,将图 4.1(b)中 F_{P1} 做虚功对应的虚位移状态单独画出来,如图 4.1(c)所示。位移用 Δ_{ij} 表示,规定两个下角标中的前一个表示该位移是哪一个力对应的位移,后一个表示该位移是由哪个力引起的,即前角标表示位置,后角标表示原因。

4.2.2 广义力与广义位移

做虚功的力可能不止一个集中力,有时可能是一个力系。一个力系做的总虚功也可以写成式(4-1)那样的形式,即

$$W=P\Delta$$

式中,P 为广义力;Δ 为广义位移。

本章涉及的广义力有下面几种情况。

1. 两个等值、反向、共线的集中力

图 4.2(a)所示体系上的力在图 4.2(b)所示虚位移上做的虚功为

$$W=F_P\Delta_A+F_P\Delta_B=F_P(\Delta_A+\Delta_B)=F_P\Delta_{AB}$$

式中,Δ_{AB} 为与该广义力对应的广义位移,表示 A、B 两点的相对水平位移。

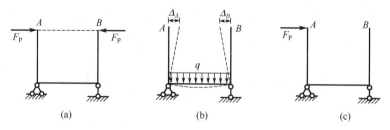

图 4.2 集中力对应的广义位移

2. 一个集中力

图 4.2(c)所示体系上的力在图 4.2(b)所示虚位移上做的虚功为

$$W=F_P\Delta_A$$

式中,Δ_A 为广义位移,是 A 点的水平位移。

3. 一个力偶

图 4.3（a）所示体系上的力偶在图 4.3（b）所示虚位移上做的虚功为

$$W = M\theta_A$$

式中，θ_A 为广义位移，是 A 截面的转角。

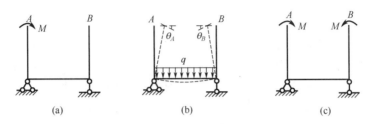

图 4.3 力偶对应的广义位移

4. 两个等值、反向的力偶

图 4.3（c）所示体系上的力偶在图 4.3（b）所示虚位移上做的虚功为

$$W = M\theta_A + M\theta_B = M(\theta_A + \theta_B) = M\theta_{AB}$$

式中，θ_{AB} 为广义位移，是 A、B 两截面的相对转角。

学习指导：注意理解虚功的含义。这里的"虚"并没有虚假的含义，只是说明力做功时的位移不是由做功的力引起的。

4.2.3 刚体虚功原理

对于具有理想约束（约束力在虚位移过程中不会做功的约束）的刚体或刚体体系，平衡的充分必要条件为：作用于刚体或刚体体系上的外力在任意虚位移上做的总虚功恒等于零，也即有如下虚功方程成立。

$$W = 0 \tag{4-3}$$

刚体虚功原理所表达的含义为：如果刚体或刚体体系是平衡的，那么当其发生虚位移时刚体或刚体体系上的外力在虚位移上做的总虚功一定为零；如果刚体或刚体体系发生虚位移时其上的外力在虚位移上做的总虚功等于零，那么刚体或刚体体系一定是平衡的。

因为静定结构的内力、约束力与结构的变形无关，所以可将静定结构看成刚体按刚体虚功原理计算内力和约束力。

【例题 4-1】试用刚体虚功原理计算图 4.4（a）所示体系的支座反力 F_{yB}。

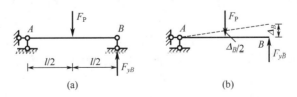

图 4.4 例题 4-1 图

解： 将结构看成刚体。为求 B 支座反力，可将 B 支座去掉用反力代替，令去掉约束后的体系发生虚位移,如图 4.4(b)所示。根据几何关系可知,荷载作用点的虚位移是 B 点虚位移的 1/2 且与荷载作用方向相反。因为体系是平衡的,根据刚体虚功原理,虚功方程式(4-3)成立,即

$$W = F_{yB}\Delta_B - F_P\frac{\Delta_B}{2} = 0$$

解虚功方程,得

$$F_{yB} = \frac{1}{2}F_P(\uparrow)$$

用平衡方程也可解出同样的结果。可见,虚功方程与平衡方程是等价的,用平衡方程可以计算的问题用虚功方程同样可以计算。用刚体虚功原理求内力或约束力,相当于把平衡时各力之间的关系问题变成了各力作用点虚位移之间的几何关系问题。

4.2.4 变形体虚功原理及其证明

对于处于平衡状态的变形体,当发生虚位移时,变形体所受外力在虚位移上做的总虚功 δW_e,恒等于变形体各微段外力在微段变形位移上做的虚功之和 δW_i,也即恒有如下虚功方程成立。

$$\delta W_e = \delta W_i \tag{4-4}$$

原理中提到的一些概念将在下面证明中解释。

为了方便说明,用图 4.5(a)所示简支梁代表一个处于平衡状态的变形体,图中虚线表示由其他原因产生的虚位移。体系上的外力在虚位移上做的总虚功记为 δW_e。将体系分割成若干微段,取出其中一段,如图 4.5(b)所示。微段两侧截面上有截面内力,其与微段上的体系外力统称为微段外力。下面计算各微段外力在虚位移上做的虚功之和,可按两种方法计算:一种方法在计算时反映虚位移的变形连续性条件,另一种方法在计算时反映变形体的平衡条件。

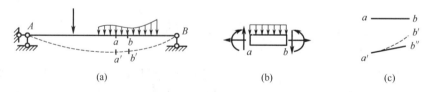

图 4.5 变形体虚功原理

(1) 微段外力可以分为两部分:微段的截面内力和微段上的体系外力。微段外力从原平衡位置 ab 到虚位移 $a'b'$ 处做的虚功也可以分为两部分:微段的截面内力做的虚功和微段上的体系外力做的虚功,即

$$dW = dW_n + dW_e \tag{4-5}$$

式中,dW、dW_n、dW_e 分别为微段外力、微段的截面内力、微段上的体系外力在虚位移上做的虚功。

将体系上各微段外力做的虚功相加,记作 W,得

$$W = \int dW = \int dW_n + \int dW_e = W_n + W_e \tag{4-6}$$

式中积分符号表示对体系各微段求和。因为虚位移是连续的,两个相邻微段的截面位移相同,而这两个截面的内力等值反向,所以微段的截面内力做的虚功相加后,正负相消,等于零,即 $W_n=0$。而微段上的体系外力在虚位移上做的虚功,相加后即是体系上的外力在虚位移上做的虚功 δW_e,因此,式(4-6)可以写成如下形式。

$$W = \delta W_e \tag{4-7}$$

(2) 微段虚位移可以分解成两个过程:刚体位移和变形位移。如图4.5(c)所示,微段先发生刚体位移从 ab 运动到 $a'b''$,然后发生变形从 $a'b''$ 变形到 $a'b'$;微段外力做的虚功也分为在刚体位移上做的虚功和在变形位移上做的虚功,即

$$dW = dW_g + dW_i \tag{4-8}$$

式中,dW_g、dW_i 分别为微段外力在刚体位移和变形位移上做的虚功。因为体系是平衡的,所以任一微段也是平衡的,根据刚体虚功原理,平衡力系在刚体位移上做的虚功等于零,即 $dW_g=0$。式(4-8)成为

$$dW = dW_i$$

对各微段求和,得

$$W = \int dW = \int dW_i = W_i$$

其中,W_i 为体系各微段外力在微段变形位移上做的虚功之和,记作 δW_i,即

$$W = \delta W_i \tag{4-9}$$

由式(4-7)和式(4-9),可得到虚功方程式(4-4)。

从上面证明过程可见,变形体虚功原理适用于任何变形体。只要满足"体系是平衡的"和"虚位移是连续的"这样两个条件,虚功方程式(4-4)就一定成立。为了方便,也可以将虚功方程解释为外力虚功等于内力虚功。

学习指导:理解虚功、广义力、广义位移的概念,了解刚体虚功原理,理解变形体虚功原理。请完成章后习题:1、2、3。

4.3 荷载引起的位移计算

4.3.1 单位荷载法

利用变形体虚功原理可以得到求位移的单位荷载法。为求图4.6(a)所示的荷载引起的位移 Δ,在结构上加一个与所求位移相对应的单位广义力,如图4.6(b)所示,称为单位力状态。单位力状态是一个平衡的力状态,图4.6(a)所示荷载引起的位移对单位力来说是虚位移状态。由变形体虚功原理可以得出,图4.6(b)上的外力在图4.6(a)位移上做的虚功应等于图4.6(b)上各微段外力在图4.6(a)对应的微段虚变形上做的虚功之和,即

$$\delta W_e = \delta W_i \tag{4-10}$$

其中外力虚功为

$$\delta W_e = 1 \times \Delta \tag{4-11}$$

将式(4-11)代入式(4-10),得

$$\Delta = \delta W_i \tag{4-12}$$

只要能算出 δW_i,即能由式(4-12)算出位移。这种求位移的方法称为单位荷载法。

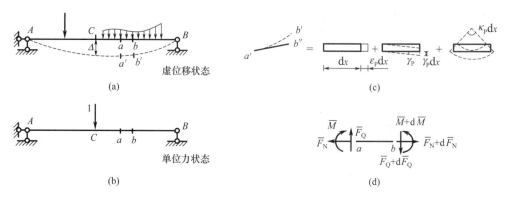

图 4.6 单位荷载法示意图

4.3.2 单位荷载法计算荷载引起的位移

下面讨论 δW_i 的计算。将结构划分成微段,取出其中的 ab 段,微段长度为 $\mathrm{d}x$。从虚位移状态中取出 ab 段,其弹性变形可以分解为轴向变形、剪切变形和弯曲变形,如图 4.6(c)所示;从单位力状态中取出的 ab 段上有微段外力,如图 4.6(d)所示。单位力状态的微段外力在虚位移状态的微段变形上做的虚功,略去高阶微量后,为

$$\mathrm{d}W_i = \overline{F}_N \varepsilon_P \mathrm{d}x + \overline{F}_Q \gamma_P \mathrm{d}x + \overline{M} \kappa_P \mathrm{d}x \tag{4-13}$$

式中,$\overline{F}_N$、$\overline{F}_Q$、$\overline{M}$ 分别为单位力状态中由单位力引起的截面轴力、剪力和弯矩;ε_P、γ_P、κ_P 分别为虚位移状态中由荷载引起的线应变、切应变和曲率。

根据材料力学中推导出的由荷载引起的线弹性变形计算公式,微段变形分别为

$$\varepsilon_P = \frac{F_{NP}}{EA} \tag{4-14}$$

$$\gamma_P = \frac{kF_{QP}}{GA} \tag{4-15}$$

$$\kappa_P = \frac{M_P}{EI} \tag{4-16}$$

式中,E 为弹性模量;G 为切变模量;A 为截面面积;I 为截面惯性矩;k 为切应变的截面形状系数;F_{NP}、F_{QP}、M_P 分别为虚位移状态中由荷载引起的截面轴力、剪力和弯矩。

将式(4-14)~式(4-16)代入式(4-13),得

$$\mathrm{d}W_i = \frac{\overline{F}_N F_{NP}}{EA}\mathrm{d}x + \frac{k\overline{F}_Q F_{QP}}{GA}\mathrm{d}x + \frac{\overline{M} M_P}{EI}\mathrm{d}x \tag{4-17}$$

将各微段的内力变形功相加,也就是将式(4-17)沿杆长积分,得

$$\delta W_i = \int \frac{\overline{F}_N F_{NP}}{EA}\mathrm{d}x + \int \frac{k\overline{F}_Q F_{QP}}{GA}\mathrm{d}x + \int \frac{\overline{M} M_P}{EI}\mathrm{d}x \tag{4-18}$$

将式(4-18)代入式(4-12),得

$$\Delta = \int \frac{\overline{F}_N F_{NP}}{EA} dx + \int \frac{k\overline{F}_Q F_{QP}}{GA} dx + \int \frac{\overline{M} M_P dx}{EI} \qquad (4-19)$$

当结构中有多个杆件时，式(4-19)变为

$$\Delta = \sum \int \frac{\overline{F}_N F_{NP}}{EA} dx + \sum \int \frac{k\overline{F}_Q F_{QP}}{GA} dx + \sum \int \frac{\overline{M} M_P dx}{EI} \qquad (4-20)$$

求和符号表示对所有杆件求和，积分符号表示对一个杆件求和。式(4-20)即为荷载引起的位移计算公式。因为公式推导中用到了材料力学中的线弹性变形计算公式，所以式(4-20)仅能用于线弹性结构的位移计算。另外，它只能用于由直杆组成的结构的位移计算。

4.3.3　各种杆件结构的位移计算公式

1. 桁架

因为桁架结构中无弯矩、剪力，由式(4-20)得桁架的位移计算公式为

$$\Delta = \sum \int \frac{\overline{F}_N F_{NP}}{EA} dx = \sum \frac{\overline{F}_N F_{NP}}{EA} \int dx = \sum \frac{\overline{F}_N F_{NP} l}{EA} \qquad (4-21)$$

式中，l 为杆件长度。

式(4-21)是依据桁架中的一个等截面杆件上的轴力、截面面积是常数，与截面位置 x 无关而推导得到的。

2. 刚架

对于由细长杆件组成的刚架，位移主要是由于杆件的弯曲变形造成的，剪切变形和轴向变形对位移的影响很小，可以略去不计（见例题4-3），因此刚架的位移计算公式为

$$\Delta = \sum \int \frac{\overline{M} M_P dx}{EI} \qquad (4-22)$$

3. 组合结构

组合结构的位移计算公式为

$$\Delta = \sum \int \frac{\overline{M} M_P dx}{EI} + \sum \frac{\overline{F}_N F_{NP} l}{EA} \qquad (4-23)$$

式(4-23)中的前一个求和是对结构中所有的弯曲杆进行的，后一个求和仅对结构中的拉、压杆进行。

4.3.4　单位力状态的确定

用单位荷载法计算位移时，首先需确定单位力状态。根据前面的介绍，位移计算公式的左端为单位力在所求位移上做的虚功，因此所加的单位力与所求的位移必须满足广义力与广义位移的对应关系，它们相乘应是虚功。例如，若求图4.7（a）所示结构 A 点的水平位移、A 截面的转角、A 和 B 两点的相对水平位移、A 和 B 两截面的相对转角，则相应的单位力状态分别如图4.7（b）、（c）、（d）、（e）所示。

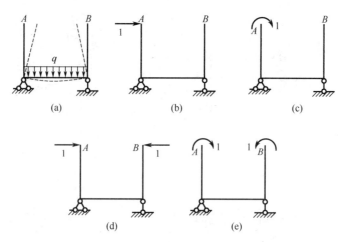

图 4.7 单位力状态

【例题 4-2】计算图 4.8（a）所示桁架 A 点的竖向位移，$EA=$ 常数。

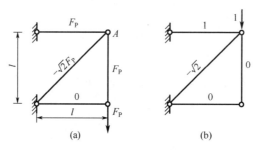

图 4.8 例题 4-2 图

解：（1）确定单位力状态，如图 4.8（b）所示。

（2）求出两种状态的轴力，如图 4.8（a）、（b）所示。

（3）用桁架的位移计算公式(4-21)计算位移。

$$\Delta_{yA} = \sum \frac{\overline{F}_N F_{NP} l}{EA}$$

$$= \frac{1}{EA}[1 \times F_P \times l + (-\sqrt{2}) \times (-\sqrt{2} F_P) \times \sqrt{2} l] = (1+2\sqrt{2})\frac{F_P l}{EA}(\downarrow)$$

计算结果为正，说明 A 点的竖向位移与单位力的方向相同，即方向向下。原因是位移计算公式的左端为单位力做的虚功，虚功为正说明力与位移方向一致。

【例题 4-3】试求图 4.9（a）所示悬臂梁（矩形截面）A 点的竖向位移（考虑剪切变形的影响）。

解：单位力状态如图 4.9（b）所示。

取隔离体如图 4.9（c）、（d）所示，由隔离体的平衡求得

$$M_P = \frac{1}{2}qx^2, \ F_{QP} = -qx, \ F_{NP} = 0$$

$$\overline{M} = x, \ \overline{F}_Q = -1, \ \overline{F}_N = 0$$

将上述结果代入位移计算公式(4-20)，得

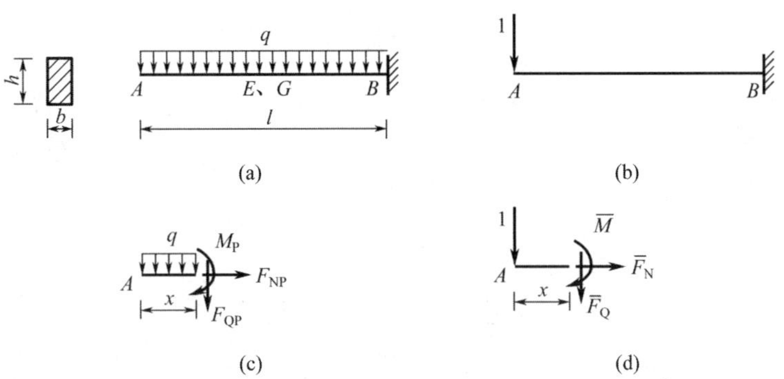

图 4.9 例题 4-3 图

$$\Delta_{yA} = \sum \int \frac{\overline{F}_N F_{NP}}{EA}dx + \sum \int \frac{k\overline{F}_Q F_{QP}}{GA}dx + \sum \int \frac{\overline{M}M_P dx}{EI}$$

$$= \frac{k}{GA}\int_0^l (-qx)(-1)dx + \frac{1}{EI}\int_0^l \frac{1}{2}qx^2 \cdot x dx$$

$$= \frac{kql^2}{2GA} + \frac{ql^4}{8EI}(\downarrow)$$

借助本例题的结果比较一下弯曲变形与剪切变形对位移的影响。上面结果中的前一项是剪切变形引起的位移，用 Δ_Q 表示；后一项是弯曲变形引起的位移，用 Δ_M 表示，二者的比值为

$$\frac{\Delta_Q}{\Delta_M} = \frac{4EIk}{GAl^2} \tag{4-24}$$

其中，$A=bh$，$I=bh^3/12$，矩形截面 $k=1.2$；若是钢筋混凝土梁，则 $E/G=2.5$；设高跨比 $h/l=1/10$。将以上内容代入式(4-24)，得

$$\frac{\Delta_Q}{\Delta_M} = \left(\frac{h}{l}\right)^2 = \frac{1}{100}$$

可见，对于细长杆件，剪切变形引起的位移与弯曲变形引起的位移相比很小，可以略去不计。当高跨比较大时，如 $h/l=1/2$，则比值增加到 $1/4$，这时就不能略去剪切变形的影响了。后面的结构，若不指明，均为细长杆件组成的结构。

从例题 4-3 可见，求刚架的位移需要做积分运算，当杆件较多时计算会比较烦琐。下面介绍的图乘法可以用弯矩图面积和形心的计算代替积分运算，从而使位移计算简化。

学习指导：熟练掌握单位荷载法，掌握荷载引起的桁架位移的计算。请完成章后习题：6、11、12。

4.4　图　乘　法

对于由等截面杆件组成的刚架，EI 等于常数，位移计算公式(4-22)可以写成

$$\Delta = \sum \int \frac{\overline{M}M_P dx}{EI} = \sum \frac{1}{EI}\int \overline{M}M_P dx \tag{4-25}$$

下面讨论积分 $\int \overline{M}M_P dx$ 的计算，设

$$S = \int \overline{M} M_P \mathrm{d}x \qquad (4-26)$$

式中，$\overline{M}$ 为单位力引起的弯矩，是线性函数；M_P 为荷载引起的弯矩。设它们对应的弯矩图如图 4.10 所示。

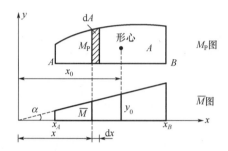

图 4.10 图乘法示意图

从 $\overline{M}$ 图可见，$\overline{M} = x\tan\alpha$，将其代入式(4-26)，得

$$S = \int_{x_A}^{x_B} x\tan\alpha \cdot M_P \mathrm{d}x = \tan\alpha \int_{x_A}^{x_B} x M_P \mathrm{d}x \qquad (4-27)$$

式中，$M_P \mathrm{d}x$ 为 M_P 图的微面积 $\mathrm{d}A$，$xM_P\mathrm{d}x = x\mathrm{d}A$ 为 $\mathrm{d}A$ 对 y 轴的面积矩。于是，$\int_{x_A}^{x_B} x M_P \mathrm{d}x$ 为所有微面积对 y 轴的面积矩之和，等于整个面积对 y 轴的面积矩。设 M_P 图的面积为 A，形心距 y 轴的距离为 x_0，则该面积矩为 $x_0 A$。将其代入式(4-27)，得

$$S = \tan\alpha \int_{x_A}^{x_B} x M_P \mathrm{d}x = \tan\alpha \cdot x_0 A \qquad (4-28)$$

从图 4.10 中可见，$\tan\alpha \cdot x_0 = y_0$ 为 M_P 图的面积形心对应的 $\overline{M}$ 图的纵标值，代入式(4-28)，得

$$S = y_0 A \qquad (4-29)$$

这样就把积分运算问题转化成了计算面积和形心处纵标的问题，将按式(4-29)计算积分的过程称作图乘，这种方法称作图乘法。将式(4-29)代入位移计算公式(4-25)，得到图乘法计算位移的公式为

$$\Delta = \sum \frac{Ay_0}{EI} \qquad (4-30)$$

应用式(4-30)求位移的条件如下。

(1) 等截面直杆组成的结构。

(2) 两个弯矩图中需有一个是直线图形，纵标 y_0 取自该直线图形。

图乘结果的符号由面积 A 与 y_0 是否在杆件的同侧确定，同侧为正，否则为负。

用图乘法计算位移需知道弯矩图图形的面积和形心位置。常见弯矩图的图形有三角形、矩形和抛物线，其中三角形和矩形的面积及形心位置大家比较熟悉。常见抛物线图形的面积和形心位置如图 4.11 所示。图中的抛物线称为标准抛物线，图 4.11 (a) 为对称图形，图 4.11 (b)、(c) 中的顶点位于端部。不满足这些条件的抛物线不能用图中的面积计算公式及形心位置。

【例题 4-4】试求图 4.12 (a) 所示悬臂梁 A 点的竖向位移。

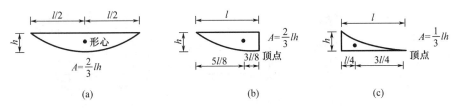

图 4.11 常见抛物线图形的面积和形心位置

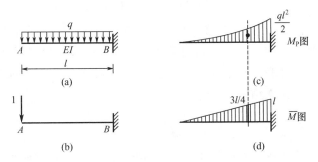

图 4.12 例题 4-4 图

解:(1)确定单位力状态,如图 4.12(b)所示。

(2)作荷载引起的弯矩图(M_P 图)和单位力引起的弯矩图($\overline{M}$ 图),分别称作荷载弯矩图和单位弯矩图,如图 4.12(c)、(d)所示,其中 M_P 图是标准抛物线。

(3)用图乘法计算位移的公式(4-30)计算位移,得

$$\Delta_A = \sum \frac{Ay_0}{EI} = \frac{1}{EI}\left(\frac{1}{3}l \cdot \frac{ql^2}{2}\right)\left(\frac{3}{4}l\right) = \frac{ql^4}{8EI}(\downarrow)$$

M_P 图与 M_P 图形心对应的 $\overline{M}$ 图纵标在杆件同侧,图乘结果为正。计算结果为正,表明位移与单位力方向一致,方向向下。

【例题 4-5】 试求图 4.13(a)所示柱子 A 点的水平位移。

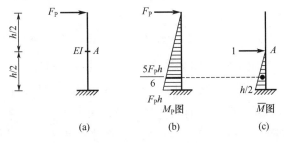

图 4.13 例题 4-5 图

解: 单位力状态如图 4.13(c)所示。作出 M_P 图和 $\overline{M}$ 图,分别如图 4.13(b)、(c)所示。因为 M 图是折线图形,故不能用图 4.13(b)的面积乘图 4.13(c)的纵标。M_P 图是一根直线,可取图 4.13(c)的面积和图 4.13(b)的纵标计算,为

$$\Delta_A = \sum \frac{Ay_0}{EI} = \frac{1}{EI}\left(\frac{1}{2} \cdot \frac{h}{2} \cdot \frac{h}{2}\right)\left(\frac{5}{6}F_P h\right) = \frac{5F_P h^3}{48EI}(\rightarrow)$$

【例题 4-6】 试求图 4.14(a)所示结构 A、B 两点的相对水平位移。

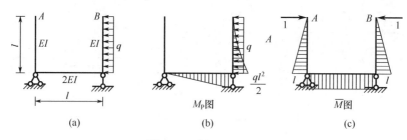

图 4.14 例题 4-6 图

解：单位力状态如图 4.14（c）所示，作 M_P 图和 $\overline{M}$ 图，分别如图 4.14（b）、（c）所示。此结构有 3 个杆件，图乘时需分别图乘然后相加。由于左边竖向杆件图乘结果为零，因此只需将右边竖向杆件和水平杆件作图乘运算，然后相加。需注意水平杆件和竖向杆件的抗弯刚度是不同的。图乘结果为

$$\Delta = \sum \frac{Ay_0}{EI} = \frac{1}{EI}\left(\frac{1}{3}l \cdot \frac{ql^2}{2}\right)\left(\frac{3}{4}l\right) + \frac{1}{2EI}\left(\frac{1}{2}l \cdot \frac{ql^2}{2}\right)l = \frac{ql^4}{4EI}(\rightarrow \leftarrow)$$

计算结果为正，表示位移方向与单位力方向相同，即 A、B 两点是相互靠近的。

学习指导：记住图 4.11 所示图形的面积及形心位置，记住图乘法求位移的计算公式和应用条件，熟练掌握图乘法。请完成章后习题：7、8、13、14。

在做图乘计算时，若弯矩图的图形较复杂，可将其分解成简单图形后再图乘，下面举例说明。

【**例题 4-7**】试计算图 4.15（a）所示简支梁 B 截面的转角 θ_B。

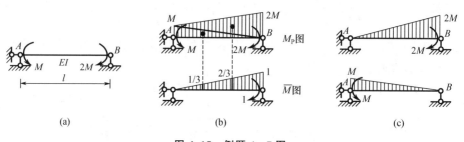

图 4.15 例题 4-7 图

解：单位力状态，M_P 图和 $\overline{M}$ 图如图 4.15（b）所示。M_P 图为梯形，可以分解为两个三角形，如图 4.15（c）所示。图 4.15（b）中 M_P 图与 $\overline{M}$ 图的图乘结果等于图 4.15（c）中两个弯矩图分别与 $\overline{M}$ 图图乘结果的和。计算时，图 4.15（c）的两个弯矩图不需画出，只需在 M_P 图中分割即可，如图 4.15（b）所示。图乘结果为

$$\theta_B = \sum \frac{Ay_0}{EI} = \frac{1}{EI}\left[\left(\frac{1}{2} \cdot l \cdot M\right)\left(\frac{1}{3}\right) + \left(\frac{1}{2} \cdot l \cdot 2M\right)\left(\frac{2}{3}\right)\right] = \frac{5Ml}{6EI}(\;)$$

本例题的 M_P 图也可以分解为一个矩形和一个三角形，如图 4.16 所示。图乘结果为

$$\theta_B = \sum \frac{Ay_0}{EI} = \frac{1}{EI}\left[(l \cdot M)\left(\frac{1}{2}\right) + \left(\frac{1}{2} \cdot l \cdot M\right)\left(\frac{2}{3}\right)\right] = \frac{5Ml}{6EI}(\;)$$

【**例题 4-8**】试计算图 4.17（a）所示简支梁 A 截面的转角 θ_A。

解：单位力状态、M_P 图和 $\overline{M}$ 图如图 4.17（b）所示。M_P 图可分解为两个三角形，

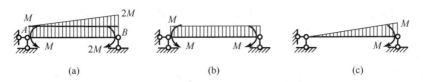

图 4.16　例题 4-7 中荷载弯矩图的另一种分解方式

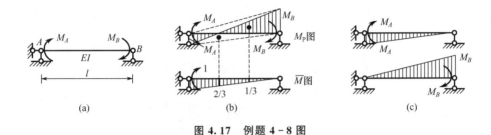

图 4.17　例题 4-8 图

如图 4.17（c）所示，对应 M_P 图中杆件上侧和下侧的两个用虚线和杆轴线构成的三角形，分别与 $\overline{M}$ 图图乘，并求和，得

$$\theta_A = \sum \frac{Ay_0}{EI} = \frac{1}{EI}\left[\left(\frac{1}{2}\cdot l\cdot M_A\right)\left(\frac{2}{3}\right) - \left(\frac{1}{2}\cdot l\cdot M_B\right)\left(\frac{1}{3}\right)\right] = \frac{l}{3EI}M_A - \frac{l}{6EI}M_B$$

式中，第二项取负值是因为图形的面积与纵标在杆件两侧。本例题的 M_P 图也可以分解为一个矩形和一个三角形，如图 4.18 所示。

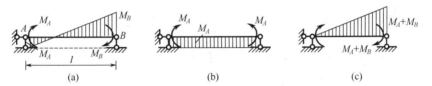

图 4.18　例题 4-8 中荷载弯矩图的另一种分解方式

同样，可计算出 B 端截面的转角 θ_B 为

$$\theta_B = =-\frac{l}{6EI}M_A + \frac{l}{3EI}M_B$$

本例题的这两个结果将用于第 7 章。

【例题 4-9】试计算图 4.19（a）所示简支梁 B 截面的转角 θ_B。

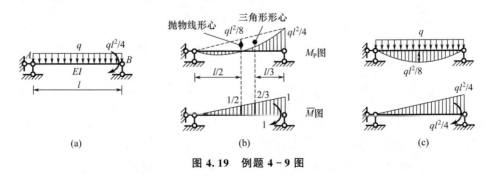

图 4.19　例题 4-9 图

解：单位力状态、M_P 图和 $\overline{M}$ 图如图 4.19（b）所示。M_P 图是由图 4.19（c）所示两

个弯矩图用叠加法作出的。由于图乘时需将 M_P 图分解,因此又回到叠加前的图 4.19(c) 中的两个弯矩图。可见,弯矩图分解是第 3 章所介绍的叠加法作弯矩图的逆过程。像例题 4-8 一样,分解可直接在原弯矩图上进行,如图 4.19(b)所示。图 4.19(b)中的抛物线在基线下侧,与 $\overline{M}$ 图图乘时取负值。图乘结果为

$$\theta_B = \sum \frac{Ay_0}{EI} = \frac{1}{EI}\left[\left(\frac{2}{3}\cdot l \cdot \frac{ql^2}{8}\right)\left(-\frac{1}{2}\right) + \left(\frac{1}{2}\cdot l \cdot \frac{ql^2}{4}\right)\left(\frac{2}{3}\right)\right] = \frac{ql^3}{24EI}(\curvearrowright)$$

【例题 4-10】试计算图 4.20(a)所示简支梁 C 点的竖向位移 Δ_C。

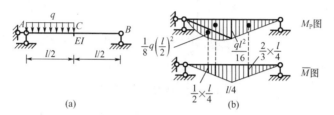

图 4.20 例题 4-10 图

解:单位力状态、M_P 图和 $\overline{M}$ 图如图 4.20(b)所示。M_P 图是用分段叠加法作出的(见例题 3-8)。$\overline{M}$ 图是折线,不能直接用 M_P 图的面积乘 $\overline{M}$ 图的纵标,而应将 AB 杆分为 AC 和 CB 两段,每段的 $\overline{M}$ 图均为直线,分别图乘然后相加。AC 段图乘时,需将 M_P 图分解为一个三角形和一个标准抛物线,如图 4.20(b)所示。图乘结果为

$$\Delta_C = \sum \frac{Ay_0}{EI}$$

$$= \frac{1}{EI}\left[\left(\frac{1}{2}\cdot \frac{l}{2}\cdot \frac{ql^2}{16}\right)\left(\frac{2}{3}\cdot \frac{l}{4}\right) + \left(\frac{2}{3}\cdot \frac{l}{2}\cdot \frac{ql^2}{8}\right)\left(\frac{1}{2}\cdot \frac{l}{4}\right) + \right.$$

$$\left.\left(\frac{1}{2}\cdot \frac{l}{2}\cdot \frac{ql^2}{16}\right)\left(\frac{2}{3}\cdot \frac{l}{4}\right)\right]$$

$$= \frac{5ql^4}{768EI}(\downarrow)$$

【例题 4-11】试求图 4.21(a)所示刚架 D 铰两侧截面的相对转角 θ(EI=常数)。

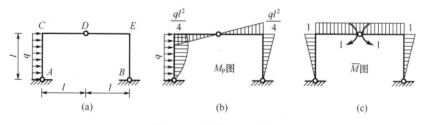

图 4.21 例题 4-11 图

解:M_P 图在 AC 杆上是二次抛物线,但不是标准抛物线,因为 AC 杆上端的剪力不等于零,C 点不是抛物线的顶点,所以不能按图 4.11(b)所示图形确定图形的面积及形心位置。AC 杆图乘时,需将 M_P 图分解为一个三角形和一个标准抛物线。4 个杆件从左到右分别图乘,得

$$\theta = \sum \frac{Ay_0}{EI}$$
$$= \frac{1}{EI}\left[\left(\frac{1}{2}\cdot l\cdot\frac{ql^2}{4}\right)\left(-\frac{2}{3}\right)+\left(\frac{2}{3}\cdot l\cdot\frac{ql^2}{8}\right)\left(-\frac{1}{2}\right)+\left(\frac{1}{2}\cdot l\cdot\frac{ql^2}{4}\right)(-1)+\right.$$
$$\left.\left(\frac{1}{2}\cdot l\cdot\frac{ql^2}{4}\right)(1)+\left(\frac{1}{2}\cdot l\cdot\frac{ql^2}{4}\right)\left(\frac{2}{3}\right)\right]$$
$$= -\frac{ql^3}{24EI}\ (\ )(\ )$$

计算结果为负，表示位移方向与单位力方向相反，即 D 铰两侧截面发生使上侧夹角增大的相对转角。

学习指导：熟练掌握图形分解。请完成章后习题：15、16。

4.5　支座位移引起的位移计算

静定结构在支座发生位移时不会产生内力，杆件也不会发生变形，结构只发生刚体位移。对于简单结构，支座位移引起的位移可通过几何方法确定，例如图 4.22（a）所示结构，支座 A 的转动引起的 B 点的竖向位移为 θl；图 4.22（b）所示梁，支座 B 的竖向位移引起的 C 点的竖向位移为 2Δ。当结构复杂时，用几何方法确定位移一般不太方便，而用变形体虚功原理将求位移的几何问题转换为受力分析问题会比较方便。下面仍用单位荷载法来计算支座位移引起的位移。

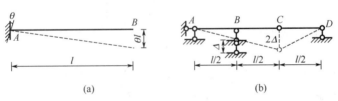

图 4.22　支座位移

若求图 4.23（a）所示位移 Δ，确定单位力状态如图 4.23（b）所示，设单位力引起的发生位移的支座的反力以与支座位移方向一致为正。图 4.23（b）上的外力在图 4.23（a）虚位移上做的虚功为

$$\delta W_e = 1\times\Delta + \overline{F}_R\times c$$

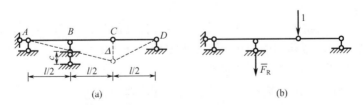

图 4.23　单位荷载法求支座位移引起的位移

因为图 4.23（a）无变形，故图 4.23（b）中各微段外力在图 4.23（a）微段变形上做的虚功之和 δW_i 为零。由虚功方程式(4-4)，得

$$1\times\Delta+\overline{F}_R\times c=0$$

解得

$$\Delta=-\overline{F}_R\times c \qquad (4-31)$$

当结构上发生位移的支座不止一个时，式(4-31) 变为

$$\Delta=-\sum\overline{F}_{Ri}\times c_i \qquad (4-32)$$

式(4-32) 为静定结构支座位移引起位移的计算公式，式中求和符号表示对所有发生位移的支座求和，$\overline{F}_{Ri}$ 为单位力引起的第 i 个发生位移的支座中的反力，与支座位移方向一致为正，c_i 为支座位移。

【例题 4-12】 试求图 4.24（a）所示结构 C 点的竖向位移。

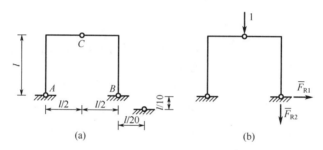

图 4.24　例题 4-12 图

解：单位力状态如图 4.24（b）所示，解得发生位移的支座的反力，为

$$\overline{F}_{R1}=-\frac{1}{4},\ \overline{F}_{R2}=-\frac{1}{2}$$

将 $\overline{F}_{R1}$、$\overline{F}_{R2}$ 的数值代入位移计算公式(4-32)，得

$$\Delta=-\sum\overline{F}_{Ri}\times c_i=-\left[\left(-\frac{1}{4}\right)\left(\frac{l}{20}\right)+\left(-\frac{1}{2}\right)\left(\frac{l}{10}\right)\right]=\frac{5}{80}l(\downarrow)$$

学习指导：掌握支座位移引起的位移计算。请完成章后习题：17、18。

4.6　温度变化引起的位移计算

温度变化不会引起静定结构中产生内力，但会引起温度变形，使结构发生位移。单位荷载法计算位移的一般公式为式(4-12)，即

$$\Delta=\delta W_i$$

式中，δW_i 为单位力状态上的各微段外力在由引起位移的外部作用所引起的微段变形上做的虚功之和。现在引起位移的外部作用是温度变化，若要用式(4-12) 求位移，需先确定温度变化引起的微段变形。下面举例说明。

图 4.25（a）所示结构，外侧温度改变了 t_1 度，内侧温度改变了 t_2 度，设 $t_2>t_1$ 并均大于零，欲求 C 点的竖向位移。在图 4.25（a）中取出长为 $\mathrm{d}x$ 的微段，如图 4.25（b）所示。微段上侧表面和下侧表面的伸长量分别为 $\alpha t_1 \mathrm{d}x$ 和 $\alpha t_2 \mathrm{d}x$。其中 α 为材料的线膨胀系数，表示单位长度杆件温度升高一度时的伸长量。杆件轴线处温度的改变量 t_0 和杆件两侧温度的改变量的差值 Δt 为

$$t_0 = \frac{h_1 t_2 + h_2 t_1}{h}, \quad \Delta t = t_2 - t_1$$

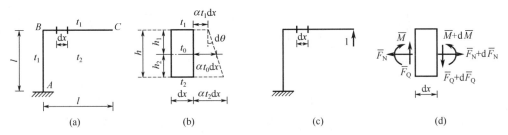

图 4.25 微段的温度变形和微段上的力

对于上下对称的截面，轴线在中间，这时 t_0 为

$$t_0 = \frac{t_2 + t_1}{2}$$

轴线处的伸长量为 $\alpha t_0 dx$。微段两侧截面的相对转角为

$$d\theta = \frac{\alpha t_2 - \alpha t_1}{h} dx = \frac{\alpha \Delta t}{h} dx$$

由图 4.25（b）可见，微段无剪切变形。

图 4.25（c）所示的单位力状态上的微段外力如图 4.25（d）所示。图 4.25（d）中的微段外力在图 4.25（b）的微段变形上做的虚功为

$$dW_i = \overline{F}_N \alpha t_0 dx + \overline{F}_Q \times 0 + \overline{M} \frac{\alpha \Delta t}{h} dx$$

对结构上的各微段取和，得

$$\delta W_i = \sum \left[\int_0^l \overline{F}_N \alpha t_0 dx + \int_0^l \overline{M} \frac{\alpha \Delta t}{h} dx \right] \quad (4-33)$$

将式（4-33）代入式（4-12），得

$$\Delta = \sum \left[\int_0^l \overline{F}_N \alpha t_0 dx + \int_0^l \overline{M} \frac{\alpha \Delta t}{h} dx \right] \quad (4-34)$$

一般情况下，由于 α、t_0、$\overline{F}_N$、Δt、h 对一个杆件来说是常数，因此式（4-34）可以写成

$$\Delta = \sum \left[\overline{F}_N \alpha t_0 \int_0^l dx + \frac{\alpha \Delta t}{h} \int_0^l \overline{M} dx \right] \quad (4-35)$$

式中，前一个积分的结果是杆件长度 l，后一个积分的结果是 $\overline{M}$ 图的面积 $A_{\overline{M}}$，因此

$$\Delta = \sum \overline{F}_N \alpha t_0 l + \sum \frac{\alpha \Delta t}{h} A_{\overline{M}} \quad (4-36)$$

式中，$\overline{F}_N$ 为单位力状态的轴力，以拉力为正；t_0 为杆轴处的温度改变量，以升高为正；$A_{\overline{M}}$ 为 $\overline{M}$ 图的面积，当 Δt 与 $\overline{M}$ 引起相同的弯曲变形时，Δt 与 $A_{\overline{M}}$ 的乘积取正值，反之取负值。式（4-36）即为温度变化引起的位移计算公式。

【例题 4-13】图 4.26（a）所示刚架，施工时的温度为 20℃。试求在冬季外侧温度为 -10℃、内侧温度为 0℃ 时 C 点的竖向位移。已知：$l = 4$m，$\alpha = 10^{-5}$，杆件均为截面高度 $h = 0.4$m 的矩形截面。

解：由已知条件可算得外侧与内侧温度的改变量分别为

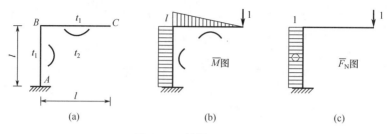

图 4.26 例题 4-13 图

$$t_1 = -10℃ - 20℃ = -30℃, \quad t_2 = 0℃ - 20℃ = -20℃$$

杆件轴线处温度的改变量和杆件两侧温度的改变量的差值，对两个杆件均分别为

$$t_0 = (t_1 + t_2)/2 = -25℃, \quad \Delta t = t_2 - t_1 = 10℃$$

将 l、α、h、t_0 和 Δt 的数值代入式(4-36)，得

$$\Delta = \sum \overline{F}_N \alpha t_0 l + \sum \frac{\alpha \Delta t}{h} A_{\overline{M}}$$

$$= (-1) \times 10^{-5} \times (-25) \times 4 + (-1) \times \frac{1}{0.4} \times 10^{-5} \times 10 \times \frac{1}{2} \times 4 \times 4 +$$

$$(-1) \times \frac{1}{0.4} \times 10^{-5} \times 10 \times 4 \times 4$$

$$= -0.005\text{m}(\uparrow)$$

式中，后两项的正负号是根据 Δt 与 $\overline{M}$ 引起的弯曲变形是否相同确定的。两个杆件在温度和单位力作用下引起的弯曲变形均相反 ［如图 4.26（a）、（b）中画在杆侧的曲线所示］，因此均取负号。

学习指导：理解用单位荷载法求温度变化引起的位移的方法，会算简单结构由温度变化引起的位移。请完成章后习题：5、9、19。

4.7 线弹性结构的互等定理

由变形体虚功原理可以推得线弹性结构的几个普遍定理，它们是虚功互等定理、位移互等定理、反力互等定理和位移反力互等定理。由于前 3 个定理在后面的章节中会用到，故下面仅介绍前 3 个定理。

4.7.1 虚功互等定理

以下用简支梁代表任意线弹性结构，使其处于两种受力状态，如图 4.27 所示。将状态 2 看作虚位移，根据变形体虚功原理，状态 1 上的力在状态 2 虚位移上做的虚功等于状态 1 各微段外力在状态 2 变形上做的虚功，即

$$F_{P1}\Delta_{12} = \sum \left(\int \frac{M_1 M_2}{EI} dx + \int \frac{kF_{Q1}F_{Q2}}{GA} dx + \int \frac{F_{N1}F_{N2}}{EA} dx \right)$$

若将状态 1 看作虚位移，则有

$$F_{P2}\Delta_{21} = \sum \left(\int \frac{M_2 M_1}{EI} dx + \int \frac{kF_{Q2}F_{Q1}}{GA} dx + \int \frac{F_{N2}F_{N1}}{EA} dx \right)$$

上面两式的等号右侧相等,故有

图 4.27 虚功互等定理

$$F_{P1}\Delta_{12} = F_{P2}\Delta_{21} \qquad (4-37)$$

由式(4-37)可见:同一线弹性结构处于两种受力状态,状态 1 上的力在状态 2 相应位移上做的虚功等于状态 2 上的力在状态 1 相应位移上做的虚功,此即为虚功互等定理。

4.7.2 位移互等定理

将式(4-37)写成

$$\frac{\Delta_{21}}{F_{P1}} = \frac{\Delta_{12}}{F_{P2}} \qquad (4-38)$$

对于线弹性结构,式(4-38)等号两侧的比值为常数,分别记作 δ_{21}、δ_{12},称为位移影响系数,即

$$\frac{\Delta_{21}}{F_{P1}} = \delta_{21}, \quad \frac{\Delta_{12}}{F_{P2}} = \delta_{12} \qquad (4-39)$$

由式(4-38)可知这两个位移影响系数相等,即

$$\delta_{21} = \delta_{12} \qquad (4-40)$$

根据式(4-39),δ_{21} 可看成单位力 ($\overline{F}_{P1}=1$) 引起的与 $\overline{F}_{P2}$ 对应的位移,δ_{12} 可看成单位力 ($\overline{F}_{P2}=1$) 引起的与 $\overline{F}_{P1}$ 对应的位移,如图 4.28 所示。因此,式(4-40)可以表述为:当线弹性结构处于两种单位力状态时,状态 1 上的单位力引起的与状态 2 上的单位力对应的位移等于状态 2 上的单位力引起的与状态 1 上的单位力对应的位移,此即为位移互等定理。

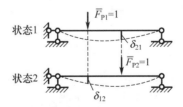

图 4.28 位移互等定理

4.7.3 反力互等定理

对图 4.29 (a) 所示的同一线弹性结构的两种支座位移状态应用虚功互等定理,有

$$F_{R21}\Delta_2 = F_{R12}\Delta_1$$

或

$$\frac{F_{R21}}{\Delta_1}=\frac{F_{R12}}{\Delta_2} \tag{4-41}$$

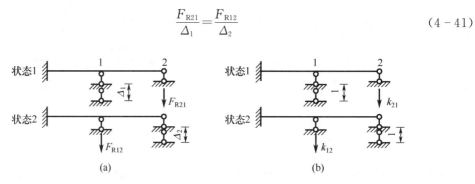

图 4.29 反力互等定理

对于线弹性结构，式(4-41)等号两侧的比值为常数，分别记作 k_{21}、k_{12}，称为反力影响系数，即

$$\frac{F_{R21}}{\Delta_1}=k_{21},\ \frac{F_{R12}}{\Delta_2}=k_{12} \tag{4-42}$$

由式(4-41)可知这两个反力影响系数相等，即

$$k_{21}=k_{12} \tag{4-43}$$

根据式(4-42)，k_{21}可看成 1 支座发生单位位移（$\Delta_1=1$）引起的 2 支座的反力，k_{12}可看成 2 支座发生单位位移（$\Delta_2=1$）引起的 1 支座的反力，如图 4.29（b）所示。因此，式(4-43)可以表述为：同一结构处于两种支座单位位移状态，1 支座发生单位位移引起的 2 支座的反力等于 2 支座发生单位位移引起的 1 支座的反力，此即为反力互等定理。

学习指导：理解位移互等定理和反力互等定理，不要求证明。请完成章后习题：4、10。

一、单项选择题

1. 与图 4.30 所示结构上的广义力相对应的广义位移为（　　）。
　　A. B 点的水平位移　　　　　　B. A 点的水平位移
　　C. AB 杆的转角　　　　　　　D. AB 杆与 AC 杆的相对转角

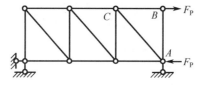

图 4.30 题 1 图

2. 图 4.31 所示结构加 F_{P1} 引起位移 Δ_{11}、Δ_{21}，再加 F_{P2} 又产生新的位移 Δ_{12}、Δ_{22}，整个过程中做虚功的力和相应的虚位移是（　　）。
　　A. F_{P1} 和 Δ_{11}　　B. F_{P1} 和 Δ_{12}　　C. F_{P2} 和 Δ_{21}　　D. F_{P2} 和 Δ_{22}

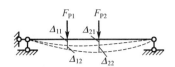

图 4.31 题 2 图

3. 变形体虚功原理适用于（　　）。

　　A. 线弹性结构　　　　　　B. 任何变形体系

　　C. 静定结构　　　　　　　D. 杆件结构

4. 同一结构处于如图 4.32 所示的两种单位力状态，图中（　　）。

　　A. $\theta_1 = \theta_4$　　　B. $\theta_2 = \theta_6$　　　C. $\Delta_2 = \Delta_5$　　　D. $\theta_3 = \Delta_5$

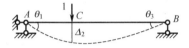

图 4.32 题 4 图

5. 矩形截面简支梁，截面高度为 h，跨长为 l，线膨胀系数为 α，下侧温度升高 t 度，上侧温度不变，由此引起的梁中点截面竖向位移为（　　）。

　　A. $\dfrac{1}{8h}\alpha t l^2$（↑）　　　　　B. $\dfrac{1}{8h}\alpha t l^2$（↓）

　　C. $\dfrac{1}{16h}\alpha t l^2$（↑）　　　　D. $\dfrac{1}{16h}\alpha t l^2$（↓）

二、填空题

6. 计算荷载引起的梁与刚架的位移时，一般不计_____变形对位移的影响。

7. 用图乘法计算位移时，要求杆件需是_____。

8. 若使图 4.33 所示结构的 A 点竖向位移为零，则应使 F_{P1} 与 F_{P2} 的比值 $F_{P1}/F_{P2}=$ _____。

9. 图 4.34 所示结构中，AB 杆的温度上升 t 度，已知线膨胀系数为 α，则 C 点的竖向位移为_____。

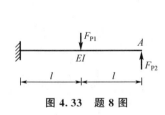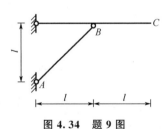

图 4.33 题 8 图　　　　　图 4.34 题 9 图

10. 虚功互等定理适用于_____。

三、计算题

11. 试求图 4.35 所示桁架 A 点的竖向位移。已知各杆截面相同，$A=1.5\times10^{-2}\,\mathrm{m}^2$，$E=210\mathrm{GPa}$。

12. 试求图 4.36 所示桁架 A 点的竖向位移（$EA=$ 常数）。

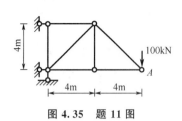

图 4.35 题 11 图

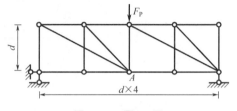

图 4.36 题 12 图

13. 试求图 4.37 所示结构的指定位移：图 4.37（a）A 截面的转角和中点的竖向位移；图 4.37（b）A 点的竖向位移；图 4.37（c）A 点的竖向位移。

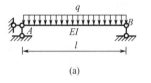
(a)

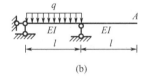
(b)

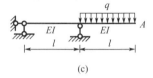
(c)

图 4.37 题 13 图

14. 试求图 4.38 所示结构的指定位移：图 4.38（a）A 点的水平位移；图 4.38（b）A 点的竖向位移；图 4.38（c）A 铰两侧截面的相对转角；图 4.38（d）A、B 两点的相对水平位移。

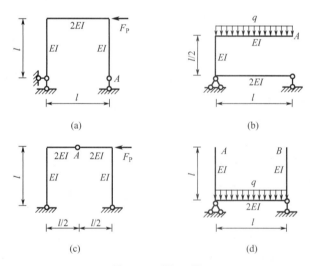

图 4.38 题 14 图

15. 试求图 4.39 所示结构的指定位移：图 4.39（a）A 点的竖向位移；图 4.39（b）A 截面的转角；图 4.39（c）A 点的竖向位移。

16. 试求图 4.40 所示结构 A、B 两截面的相对竖向位移、相对水平位移和相对转角。已知：$q=10\text{kN/m}$，$l=5\text{m}$，$EI=2.6\times 10^5 \text{kN}\cdot\text{m}^2$。

17. 试求图 4.41 所示结构由于支座位移产生的 A 点的水平位移。已知：$c_1=1\text{cm}$，$c_2=2\text{cm}$，$c_3=0.001\text{rad}$。

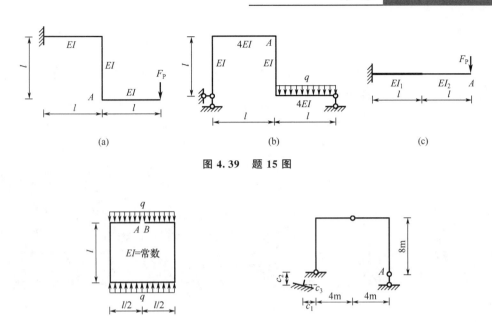

图 4.39　题 15 图

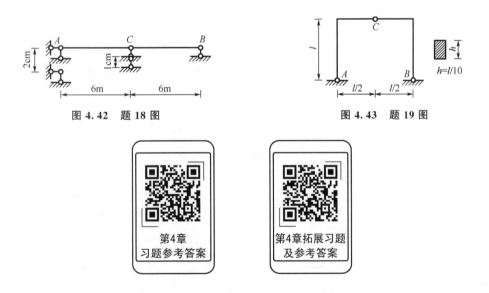

图 4.40　题 16 图

图 4.41　题 17 图

18. 试求图 4.42 所示结构支座位移引起的 C 铰两侧截面的相对转角。

19. 图 4.43 所示结构内部温度升高 t 度，外侧温度不变，试求 C 点的竖向位移。

图 4.42　题 18 图

图 4.43　题 19 图

第4章
习题参考答案

第4章拓展习题
及参考答案

第5章 超静定结构的内力计算

知识结构图

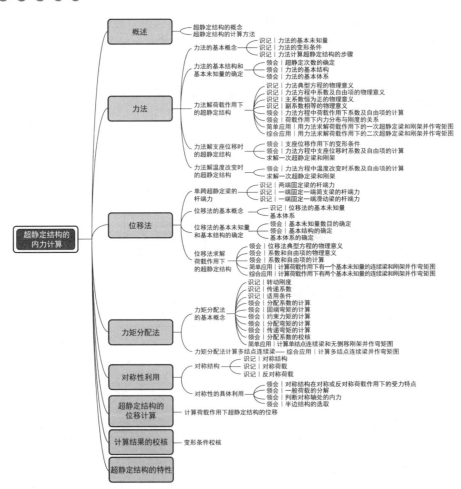

第5章 超静定结构的内力计算

5.1 概 述

5.1.1 超静定结构的概念

本书第2章中已给出了超静定结构的概念,即由静力平衡条件不能确定所有内力的结构称为超静定结构。不能由平衡条件确定内力的原因是超静定结构含有多余约束,多余约束不是体系维持平衡必需的约束。计算超静定结构既要考虑平衡条件,又要考虑变形条件。

5.1.2 超静定结构的计算方法

计算超静定结构的方法有力法、位移法、力矩分配法、矩阵位移法等。力法和位移法是基本方法,力法以多余约束力作为基本未知量,即先求出多余约束力,然后计算其他内力;位移法以结构中的结点位移作为基本未知量,即先求结构的结点位移然后求内力。力法和位移法这两种方法在解算过程中都要求解以基本未知量为未知数的代数方程组,当基本未知量较多时,不宜采用手算。力矩分配法是一种渐进解法,解算中无需求解方程组,适合于手算。矩阵位移法是适合于编制计算机程序的方法,将在第7章进行介绍。

5.2 力 法

5.2.1 力法的基本概念

下面以作图 5.1(a)所示单跨超静定梁弯矩图为例,介绍力法的基本概念。

图 5.1(a)所示超静定梁与图 5.1(b)所示静定悬臂梁相比多一个 B 支座,B 支座是多余约束。设 B 支座的反力为 X_1,若 X_1 已知,则梁中内力可按静力平衡条件计算,因此计算图 5.1(a)超静定梁的关键是确定 X_1。下面讨论 X_1 的计算方法。

首先将支座 B 去掉,代之以 X_1,如图 5.1(c)所示,该体系称为力法的基本体系。将基本体系上解除约束点的位移记作 Δ_1。若要使基本体系与原体系受力相同,需使基本体系的位移与原体系相等,即

$$\Delta_1 = 0 \tag{5-1}$$

式(5-1)称为力法的变形条件。基本体系的位移 Δ_1 是荷载与 X_1 共同作用产生的,按叠加原理可分开计算然后相加,如图 5.1(c)、(d)、(e)所示,即

$$\Delta_1 = \delta_{11} X_1 + \Delta_{1P} \tag{5-2}$$

结合式(5-1),有

$$\delta_{11} X_1 + \Delta_{1P} = 0 \tag{5-3}$$

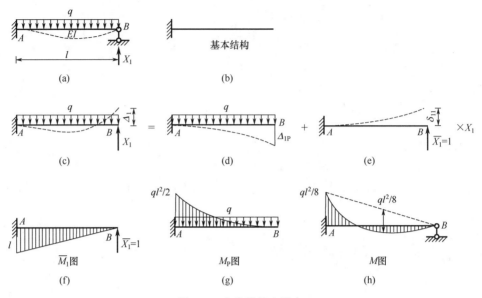

图 5.1 力法的基本概念

式(5-3)所示方程称为力法方程。方程中的系数 δ_{11} 和自由项 Δ_{1P} 分别为 $\overline{X}_1=1$ 和荷载单独作用下引起的 B 点的位移，与 X_1 方向一致为正，可由图乘法计算。作出 $\overline{X}_1=1$ 和荷载单独作用下引起的弯矩图，如图 5.1（f）、(g) 所示，分别称为单位弯矩图和荷载弯矩图。由图乘法可知，图 5.1（f）是求图 5.1（g）荷载引起的位移 Δ_{1P} 的单位力状态，两个弯矩图图乘即得 Δ_{1P}。

$$\Delta_{1P}=\frac{1}{EI}\left(\frac{1}{3}\times l\times \frac{ql^2}{2}\right)\times\left(-\frac{3}{4}l\right)=-\frac{ql^4}{8EI}$$

为求图 5.1（f）中 $\overline{X}_1=1$ 引起的位移 δ_{11} 需确定单位力状态，而单位力状态与图 5.1（f）状态相同，故图 5.1（f）所示单位弯矩图自身相乘即得 δ_{11}。

$$\delta_{11}=\frac{1}{EI}\left(\frac{1}{2}\times l\times l\right)\times \frac{2}{3}l=\frac{l^3}{3EI}$$

将求得的 Δ_{1P}、δ_{11} 代入式(5-3)，有

$$\frac{l^3}{3EI}X_1-\frac{ql^4}{8EI}=0$$

解方程，得

$$X_1=\frac{3}{8}ql$$

求出 X_1 后即可按静定结构的计算方法计算原体系。因为这时的基本体系与原体系受力相同，故可用计算基本体系来代替计算原体系。基本体系在荷载和 $\overline{X}_1=1$ 单独作用下的弯矩图已经画出，根据叠加原理，基本体系在荷载和 X_1 共同作用下引起的弯矩可由式(5-4)计算。

$$M=\overline{M}_1 X_1+M_P \tag{5-4}$$

据此求出 A 端截面弯矩为

$$M_{AB} = lX_1 - \frac{1}{2}ql^2 = l \times \frac{3}{8}ql - \frac{1}{2}ql^2 = -\frac{1}{8}ql^2$$

结构弯矩图如图 5.1（h）所示。

从上面的求解过程来看，最先求出的是多余约束力 X_1，故称其为力法的基本未知量，这也是该方法被称为力法的原因。所有计算均是在静定结构——图 5.1（b）所示悬臂梁上进行的，该静定结构称为力法的基本结构，在其上作用荷载和多余约束力后称为基本体系。当基本体系满足力法的变形条件式（5-1）时，即与原体系变形一致，受力相同。

总结上面的过程，可知力法的计算步骤如下。

（1）确定力法的基本体系。
（2）建立力法的变形条件，写出力法方程。
（3）求系数和自由项。
（4）解力法方程。
（5）叠加法作弯矩图。

【例题 5-1】试用力法计算图 5.2（a）所示结构，作弯矩图。

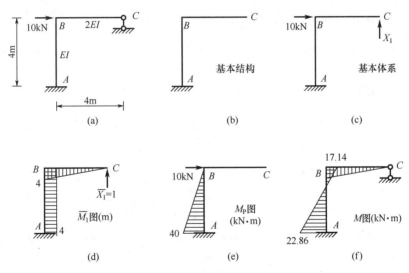

图 5.2　例题 5-1 图

解：（1）确定力法的基本体系。

图 5.4（a）所示结构去掉 C 支座后是一个静定的悬臂刚架，如图 5.4（b）所示，故可选悬臂刚架为力法的基本结构，C 支座的支座反力 X_1 为力法的基本未知量，设 X_1 的方向向上，力法的基本体系如图 5.4（c）所示。

（2）建立力法的变形条件，写出力法方程。

根据基本体系 C 点的竖向位移应等于原体系 C 点的竖向位移，可知力法的变形条件为

$$\Delta_1 = 0$$

基本体系 C 点的竖向位移 Δ_1 等于荷载单独引起的 C 点的竖向位移 Δ_{1P} 与多余未知量 X_1 单独引起的 C 点的竖向位移 $\delta_{11}X_1$ 之和。根据力法的变形条件，得力法方程

$$\delta_{11}X_1 + \Delta_{1P} = 0$$

（3）求系数和自由项。

力法方程中的系数 δ_{11} 和自由项 Δ_{1P} 均为基本结构 C 点的竖向位移，为用图乘法求这些位移需分别作出基本结构在 $\overline{X}_1=1$ 和荷载单独作用下的弯矩图。单位弯矩图和荷载弯矩图分别如图 5.2（d）、（e）所示。

$\overline{M}_1$ 图自乘，得

$$\delta_{11}=\frac{1}{2EI}\left(\frac{1}{2}\times 4\mathrm{m}\times 4\mathrm{m}\right)\times\left(\frac{2}{3}\times 4\mathrm{m}\right)+\frac{1}{EI}(4\mathrm{m}\times 4\mathrm{m})\times 4\mathrm{m}=\frac{224\mathrm{m}^3}{3EI}$$

$\overline{M}_1$ 图与 M_P 图互乘，得

$$\Delta_{1P}=\frac{1}{EI}\left(\frac{1}{2}\times 4\mathrm{m}\times 40\mathrm{kN\cdot m}\right)\times(-4\mathrm{m})=-\frac{320\mathrm{kN\cdot m}^3}{EI}$$

（4）解力法方程。

$$\frac{224\mathrm{m}^3}{3EI}X_1-\frac{320\mathrm{kN\cdot m}^3}{EI}=0$$

$$X_1=\frac{30}{7}\mathrm{kN}(\uparrow)$$

（5）叠加法作弯矩图。

根据叠加公式 $M=\overline{M}_1 X_1+M_P$，算得杆端截面弯矩为

$$M_{AB}=4\mathrm{m}\times X_1-40\mathrm{kN\cdot m}=4\mathrm{m}\times\frac{30}{7}\mathrm{kN}-40\mathrm{kN\cdot m}\approx -22.86\mathrm{kN\cdot m}$$

$$M_{BA}=-4\mathrm{m}\times X_1+0=-4\mathrm{m}\times\frac{30}{7}\mathrm{kN}\approx -17.14\mathrm{kN\cdot m}$$

$$M_{BC}=4\mathrm{m}\times X_1+0=4\mathrm{m}\times\frac{30}{7}\mathrm{kN}\approx 17.14\mathrm{kN\cdot m}$$

据此作出的弯矩图如图 5.2（f）所示。

读者在做习题时可仿照例题 5-1，文字说明部分不需写出，基本结构不必画出。做习题时必须写出和画出的有：基本体系、力法的变形条件、力法方程、单位弯矩图、荷载弯矩图、系数和自由项的计算结果、力法方程的解、最终弯矩图。

学习指导：理解力法的解题思路，理解基本体系、基本结构、基本未知量、变形条件等概念，熟练掌握力法的解题过程，熟练掌握具有 1 个力法未知量的超静定梁及刚架的计算。请完成章后习题：14。

5.2.2　力法的基本结构和基本未知量的确定

力法的基本结构是将超静定结构中的多余约束去掉后得到的结构，多余约束力为力法的基本未知量。超静定结构中有多少个多余约束，哪些约束可看作多余约束是力法求解的关键。

将超静定结构中多余约束的个数称为超静定次数，若一个结构有 N 个多余约束则称该结构为 N 次超静定结构。确定超静定次数的基本方法是第 2 章讲的几何组成分析方法。确定了超静定次数的同时也就得到了力法的基本结构和基本未知量。

【例题 5-2】确定图 5.3（a）所示结构的超静定次数、力法的基本结构和基本未知量。

第5章 超静定结构的内力计算

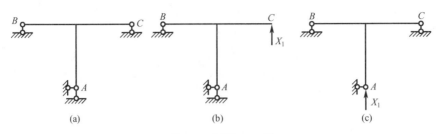

图 5.3 例题 5-2 图

解：图 5.3（a）所示结构是由两个刚片用 4 个链杆相连构成的，根据二刚片规则，该结构是有一个多余约束的几何不变体系，超静定次数为 1。

图 5.3（a）所示结构去掉一个多余约束即得力法的基本结构，除 A 支座的水平链杆是必要约束不能去掉外，其余 3 个竖向链杆中的任何 1 个都可以去掉。如去掉 C 支座得图 5.3（b）所示的力法的基本结构，C 支座的反力为力法的基本未知量；或去掉 A 支座的竖向链杆得图 5.3（c）所示的力法的基本结构，A 支座的竖向反力为力法的基本未知量。

从此例可见，力法的基本结构并不唯一。但无论如何取力法的基本结构，其基本未知量的个数是一样的，都等于超静定次数。

若已知与超静定结构形状相同的静定结构，则通过与静定结构的对比即可确定超静定结构的超静定次数。

【例题 5-3】 确定图 5.4（a）所示结构的超静定次数、力法的基本结构和基本未知量。

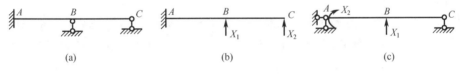

图 5.4 例题 5-3 图

解：图 5.4（b）所示悬臂梁是静定结构，图 5.4（a）所示结构比悬臂梁多两个竖向链杆，故其超静定次数为 2。悬臂梁作为力法的基本结构，B、C 支座的反力为力法的基本未知量。

简支梁也是静定的，如图 5.4（c）所示。与简支梁对比，图 5.4（a）所示结构固定支座比固定铰支座多一个限制转动的约束，且在 B 点多一个竖向链杆，故图 5.4（a）为二次超静定结构。简支梁作为力法的基本结构，B 支座反力和 A 支座反力矩为力法的基本未知量。

换一个角度，如果将超静定结构通过拆除约束，得到静定结构，那么拆掉约束的个数就是超静定次数。对于上例，拆掉两个可动铰支座得到悬臂梁，悬臂梁是静定的，故原结构是二次超静定结构。

【例题 5-4】 确定图 5.5（a）所示结构的超静定次数、力法的基本结构和基本未知量。

解：将图 5.5（a）所示结构拆掉一个固定支座得到图 5.5（b）所示的静定悬臂刚架。一个固定支座相当于 3 个约束，故原结构的超静定次数是 3。图 5.5（b）所示悬臂刚架为力法的基本结构，D 支座的两个反力和一个反力矩是力法的基本未知量。

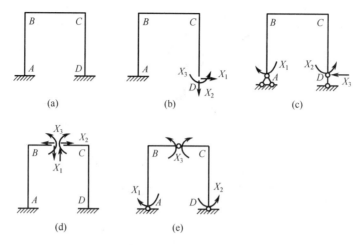

图 5.5 例题 5-4 图

图 5.5（a）所示结构也可以拆成静定的简支刚架，如图 5.5（c）所示。拆掉的约束是限制 A 截面转动的约束、限制 D 截面转动的约束和限制 D 点水平位移的约束，对应的约束力是 A 支座和 D 支座的反力矩及 D 支座的水平反力，它们即是力法的基本未知量。

图 5.5（a）所示结构也可以拆成图 5.5（d）所示的两个悬臂刚架，也就是将 BC 杆在中间处切断。在一个杆件的中间切断相当于拆除 3 个约束，对应的约束力是截面弯矩、剪力和轴力。

图 5.5（a）所示结构还可以拆成图 5.5（e）所示的三铰刚架。固定支座换成固定铰支座相当于解除一个约束，对应的约束力是反力矩；在杆件中间加一个铰，相当于解除一个约束，对应的约束力是截面弯矩。

学习指导：熟练掌握超静定次数的确定，并能正确选取力法的基本结构和基本未知量。请完成章后习题：1、2、15。

5.2.3 力法解荷载作用下的超静定结构

在 5.2.1 节中通过一次超静定结构的计算说明了力法的基本概念及计算步骤。下面以二次超静定结构为例进一步说明力法计算荷载作用下的多次超静定结构。

图 5.6（a）所示结构为二次超静定刚架。取图 5.6（b）所示悬臂刚架为力法的基本结构，其基本体系如图 5.6（c）所示，X_1、X_2 为力法的基本未知量，Δ_1、Δ_2 是基本体系在 C 点的位移，与 X_1、X_2 方向一致为正。若要使基本体系与原体系位移相同，应使基本体系在解除约束处 C 点的位移等于原体系 C 点的位移，即力法的变形条件为

$$\left.\begin{array}{l}\Delta_1=0\\ \Delta_2=0\end{array}\right\} \quad (5-5)$$

基本体系上的位移 Δ_1、Δ_2 是 X_1、X_2 和荷载共同引起的，等于它们分别作用引起的位移相加。设 $\overline{X}_1=1$ 引起的与 X_1 对应的位移为 δ_{11}、与 X_2 对应的位移为 δ_{21}，如图 5.6（d）所示；$\overline{X}_2=1$ 引起的与 X_1 对应的位移为 δ_{12}、与 X_2 对应的位移为 δ_{22}，如图 5.6（e）

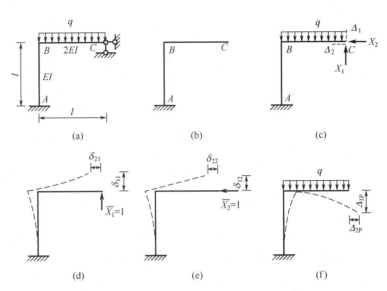

图 5.6 力法解二次超静定刚架

所示。对于线弹性结构，荷载增加 n 倍，位移也增加 n 倍。所以 X_1 单独作用引起的 C 点的竖向位移等于 $\delta_{11}X_1$、水平位移等于 $\delta_{21}X_1$；X_2 单独作用引起的 C 点的竖向位移等于 $\delta_{12}X_2$、水平位移等于 $\delta_{22}X_2$。荷载单独作用引起的位移记作 Δ_{1P}、Δ_{2P}，如图 5.6（f）所示。X_1、X_2 和荷载共同引起的位移为

$$\left.\begin{array}{l}\Delta_1=\delta_{11}X_1+\delta_{12}X_2+\Delta_{1P}\\ \Delta_2=\delta_{21}X_1+\delta_{22}X_2+\Delta_{2P}\end{array}\right\} \quad (5-6)$$

由式（5-5），得

$$\left.\begin{array}{l}\delta_{11}X_1+\delta_{12}X_2+\Delta_{1P}=0\\ \delta_{21}X_1+\delta_{22}X_2+\Delta_{2P}=0\end{array}\right\} \quad (5-7)$$

这就是荷载作用下二次超静定结构的力法方程，也称为力法典型方程，只要是荷载作用下的二次超静定结构，力法方程在形式上都是一样的。方程中的系数 δ_{ij} 表示 $\overline{X}_j=1$ 引起的基本结构上与 X_i 对应的位移。当 $i=j$ 时，δ_{ij} 称为主系数；当 $i\neq j$ 时，δ_{ij} 称为副系数。主系数恒大于零，副系数满足互等关系 $\delta_{ij}=\delta_{ji}$（位移互等定理）。主系数和副系数统称为柔度系数，它们是体系常数，与外部作用无关。Δ_{iP} 为荷载引起的基本结构上与 X_i 对应的位移，为自由项。柔度系数和自由项均以与基本未知量的方向相同为正。

力法方程中的柔度系数和自由项均为基本结构的位移，可利用第 4 章介绍的位移计算方法计算。下面计算力法方程中的柔度系数和自由项。

在力法基本结构上分别作出 $\overline{X}_1=1$、$\overline{X}_2=1$ 单独作用下引起的单位弯矩图，分别如图 5.7（a）、(b）所示，作出荷载单独作用下引起的荷载弯矩图，如图 5.7（c）所示。$\overline{M}_1$ 图自乘得 δ_{11}，$\overline{M}_2$ 图自乘得 δ_{22}，$\overline{M}_1$ 图与 $\overline{M}_2$ 图相乘得 δ_{12} 与 δ_{21}，$\overline{M}_1$ 图与 M_P 图相乘得 Δ_{1P}，$\overline{M}_2$ 图与 M_P 图相乘得 Δ_{2P}，它们分别为

$$\delta_{11}=\frac{1}{2EI}\left(\frac{1}{2}l\cdot l\right)\left(\frac{2}{3}l\right)+\frac{1}{EI}(l\cdot l)l=\frac{7l^3}{6EI}$$

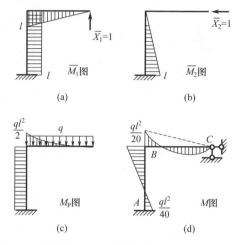

图 5.7 单位弯矩图、荷载弯矩图及结构弯矩图

$$\delta_{22}=\frac{1}{EI}\left(\frac{1}{2}l\cdot l\right)\left(\frac{2}{3}l\right)=\frac{l^3}{3EI}$$

$$\delta_{12}=\delta_{21}=\frac{1}{EI}\left(\frac{1}{2}l\cdot l\right)l=\frac{l^3}{2EI}$$

$$\Delta_{1P}=\frac{1}{2EI}\left(\frac{1}{3}l\cdot\frac{ql^2}{2}\right)\left(-\frac{3}{4}l\right)+\frac{1}{EI}\left(l\cdot\frac{ql^2}{2}\right)(-l)=-\frac{9ql^4}{16EI}$$

$$\Delta_{2P}=\frac{1}{EI}\left(l\cdot\frac{ql^2}{2}\right)\left(-\frac{1}{2}l\right)=-\frac{ql^4}{4EI}$$

求出柔度系数和自由项后，代入力法方程（5-7），有

$$\left.\begin{aligned}\frac{7l^3}{6EI}X_1+\frac{l^3}{2EI}X_2-\frac{9ql^4}{16EI}=0\\ \frac{l^3}{2EI}X_1+\frac{l^3}{3EI}X_2-\frac{ql^4}{4EI}=0\end{aligned}\right\} \quad (5-8)$$

解方程，得

$$\left.\begin{aligned}X_1=\frac{9}{20}ql\\ X_2=\frac{3}{40}ql\end{aligned}\right\}$$

如果结果为正，则说明多余未知力的方向与假设的方向相同；如果结果为负，则说明多余未知力的方向与假设的方向相反。

求出多余约束力后，即可按静定结构的计算方法来计算基本体系，基本体系的内力与原体系的内力相同。若只作弯矩图，用下面的叠加公式会更方便。

$$M=\overline{M}_1X_1+\overline{M}_2X_2+M_P$$

由此式计算出各杆端弯矩（以绕杆端顺时针转向为正），为

$$M_{AB}=lX_1+lX_2-\frac{ql^2}{2}=l\times\frac{9}{20}ql+l\times\frac{3}{40}ql-\frac{ql^2}{2}=\frac{1}{40}ql^2$$

$$M_{BA}=(-l)X_1+\frac{ql^2}{2}=(-l)\times\frac{9}{20}ql+\frac{ql^2}{2}=\frac{1}{20}ql^2$$

$$M_{BC} = lX_1 - \frac{ql^2}{2} = l \times \frac{9}{20}ql - \frac{ql^2}{2} = -\frac{1}{20}ql^2$$

据此画出弯矩图，如图 5.7（d）所示。

从方程式（5-8）可见，方程各项均含有 $\frac{1}{EI}$，消去后使得结果中不含有 EI，最终算得的内力也不含 EI，但各杆的刚度比值不会消去。这说明，荷载作用下的超静定结构的内力与各杆刚度的绝对值无关，而只与各杆刚度的相对值有关。改变各杆刚度，只要保证各杆刚度的相对值不变，内力就不变。图 5.8 所示的两个结构的内力是相同的。

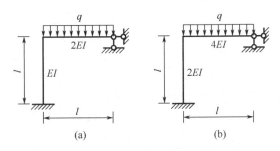

图 5.8 刚度不同的两个结构

【例题 5-5】试用力法计算图 5.9（a）所示结构，作弯矩图。

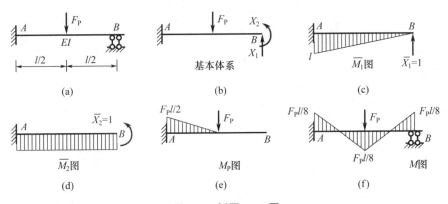

图 5.9 例题 5-5 图

解：（1）取基本体系如图 5.9（b）所示。

（2）建立力法方程。

$$\left.\begin{array}{l}\delta_{11}X_1 + \delta_{12}X_2 + \Delta_{1P} = 0\\ \delta_{21}X_1 + \delta_{22}X_2 + \Delta_{2P} = 0\end{array}\right\}$$

（3）求柔度系数和自由项。

作单位弯矩图、荷载弯矩图，如图 5.9（c）、（d）、（e）所示。用图乘法求柔度系数和自由项，有

$$\delta_{11} = \frac{l^3}{3EI}, \ \delta_{22} = \frac{l}{EI}, \ \delta_{12} = \delta_{21} = \frac{l^2}{2EI}, \ \Delta_{1P} = -\frac{5F_P l^3}{48EI}, \ \Delta_{2P} = -\frac{F_P l^2}{8EI}$$

（4）解力法方程。

$$\left.\begin{array}{l}\dfrac{l^3}{3EI}X_1+\dfrac{l^2}{2EI}X_2-\dfrac{5F_Pl^3}{48EI}=0\\ \dfrac{l^2}{2EI}X_1+\dfrac{l}{EI}X_2-\dfrac{F_Pl^2}{8EI}=0\end{array}\right\}$$

$$\left.\begin{array}{l}X_1=\dfrac{1}{2}F_P\\ X_2=-\dfrac{1}{8}F_Pl\end{array}\right\}$$

（5）叠加法作弯矩图。

由叠加法作出弯矩图，如图 5.9（f）所示。

学习指导：熟练掌握用力法解荷载作用下的内力。理解力法典型方程的物理意义及柔度系数、自由项的物理意义。请完成章后习题：3、9、16、17。

5.2.4　力法解支座位移时的超静定结构

用力法计算由支座位移引起的内力，过程与计算荷载引起的内力类似，下面以图 5.10 举例说明。

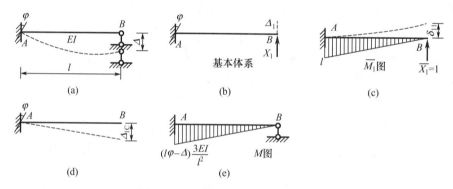

图 5.10　支座位移引起的内力计算

图 5.10（a）所示超静定梁，A 支座转动 φ，B 支座移动 Δ，现求其内力并作弯矩图。选基本体系如图 5.10（b）所示，X_1 为力法的基本未知量。基本体系 B 点的位移 Δ_1 应等于原体系 B 点的位移。原体系在 B 点有向下的位移 Δ，Δ_1 与 X_1 方向一致为正，即向上为正。因此有力法的变形条件

$$\Delta_1=-\Delta \tag{5-9}$$

Δ_1 是基本结构由支座位移和 X_1 共同作用引起的位移，因此

$$\delta_{11}X_1+\Delta_{1C}=-\Delta \tag{5-10}$$

其中，δ_{11} 为 $\overline{X}_1=1$ 产生的位移，作出单位弯矩图如图 5.10（c）所示，用图乘法计算，得

$$\delta_{11}=\dfrac{l^3}{3EI}$$

Δ_{1C} 为支座位移产生的位移，如图 5.10（d）所示，可用第 4 章支座位移引起的位移计算方法计算，得

$$\Delta_{1C} = -\sum \overline{F}_{Ri} c_i = -l\varphi$$

将 δ_{11} 和 Δ_{1C} 的计算结果代入式(5-10)，解得

$$X_1 = (l\varphi - \Delta)\frac{3EI}{l^3}$$

因为基本体系是静定结构，支座位移不产生内力，最终弯矩图由单位弯矩图 $\overline{M}_1$ 乘以 X_1 获得，如图 5.10（e）所示。

由上面计算结果可以看出：超静定结构由于支座位移引起的内力与刚度 EI 的绝对值成正比。

对于本例题，如果 $\varphi=0$、$\Delta=1$，可得图 5.11（a）所示支座位移情况的弯矩图；如果 $\Delta=0$、$\varphi=1$，可得图 5.11（b）所示支座转动情况的弯矩图。这两种弯矩图是后面位移法要用到的，列于表 5-1 中。

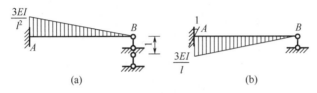

图 5.11 支座单位位移引起的弯矩图

5.2.5 力法解温度改变时的超静定结构

力法解温度改变时的超静定结构的内力的计算过程与前面类似，下面举例说明。

【例题 5-6】图 5.12（a）所示结构，EI 等于常数，内部温度升高 $35℃$，外侧温度升高 $25℃$，杆件截面为矩形，截面高度 $h=l/10$。试用力法计算该结构，作弯矩图。

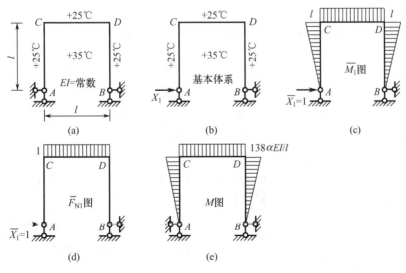

图 5.12 例题 5-6 图

解：(1) 取基本体系，如图 5.12（b）所示。

(2) 写出力法方程。

$$\delta_{11}X_1+\Delta_{1t}=0$$

(3) 求柔度系数和自由项。

作单位弯矩图，如图 5.12（c）所示。$\overline{M}_1$ 图自乘得

$$\delta_{11}=\frac{1}{EI}\left[\left(\frac{1}{2}l\cdot l\right)\left(\frac{2}{3}l\right)+(l\cdot l)l+\left(\frac{1}{2}l\cdot l\right)\left(\frac{2}{3}l\right)\right]=\frac{5l^3}{3EI}$$

自由项 Δ_{1t} 为温度改变引起的基本结构的位移，用第 4 章所介绍的单位荷载法求温度改变引起的位移计算公式计算，即

$$\Delta_{1t}=\sum\alpha t_0 l\overline{F}_{N1}+\sum\frac{\alpha\Delta t A_{\overline{M}}}{h}$$

其中，$t_0=30℃$，$\Delta t=10℃$。作出单位轴力图，如图 5.12（d）所示。将 $\overline{X}_1=1$ 引起的各杆轴力、弯矩图的面积及 t_0、Δt 的值代入上式，求得

$$\Delta_{1t}=\alpha\times 30\times l\times(-1)-\frac{\alpha\times 10}{h}\left(\frac{1}{2}l\cdot l+l\cdot l+\frac{1}{2}l\cdot l\right)=-230\alpha l$$

(4) 解力法方程。

将柔度系数和自由项代入力法方程，得

$$\frac{5l^3}{3EI}X_1-230\alpha l=0$$

解得

$$X_1=138\frac{\alpha EI}{l^2}$$

(5) 作弯矩图。

对于静定的基本结构，温度改变不会引起内力，故最终弯矩图由下式确定。

$$M=\overline{M}_1 X_1$$

作出的弯矩图如图 5.12（e）所示。

由此例题可以看出，温度改变引起的内力与杆件的刚度成正比，刚度增大内力也随之增大。

学习指导：了解力法求解支座位移、温度改变引起的内力的计算过程。能正确写出力法的变形条件和力法典型方程，会计算自由项。请完成章后习题：4、10、18、19。

5.3 位移法

位移法是解算超静定结构的另一种基本方法，它以结构的结点位移作为基本未知量。有些结构用力法计算时基本未知量较多，而用位移法计算时未知量会较少。

5.3.1 单跨超静定梁的杆端力

位移法是基于用力法计算出的单跨超静定梁在荷载或支座位移作用下的杆端力。杆端力是指一段杆件两侧的截面弯矩和剪力。常见单跨超静定梁的杆端力列于表 5-1。

第5章 超静定结构的内力计算

表 5-1 常见单跨超静定梁的杆端力

作用情况	编号	两端固定梁	编号	一端固定一端铰支梁	编号	一端固定一端滑动梁
支座转动	1	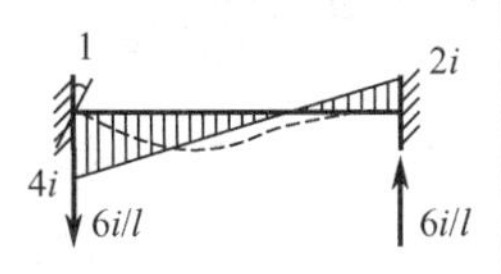 $4i$，$2i$，$6i/l$，$6i/l$	2	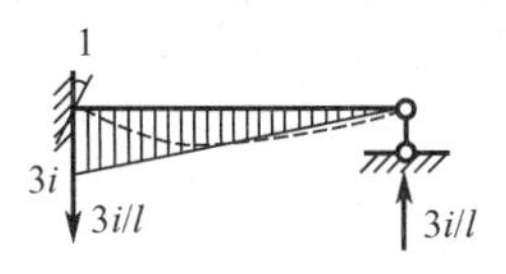 $3i$，$3i/l$，$3i/l$	3	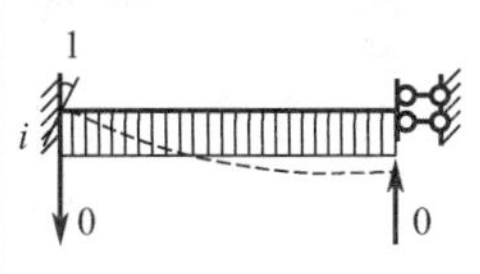 i，0，0
支座移动	4	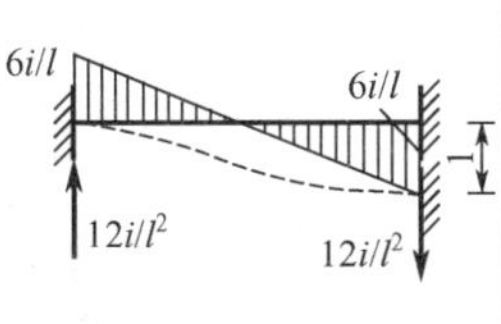 $6i/l$，$6i/l$，$12i/l^2$，$12i/l^2$	5	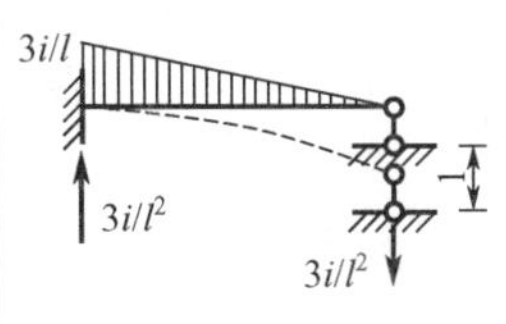 $3i/l$，$3i/l$，$3i/l^2$	6	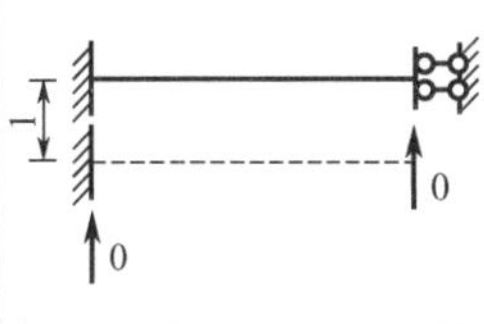 0
集中力作用	7	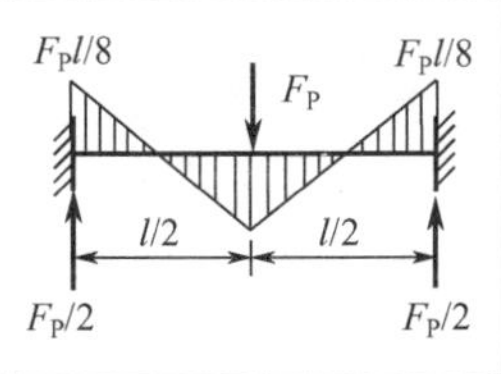 $F_Pl/8$，$F_Pl/8$，$F_P/2$，$F_P/2$	8	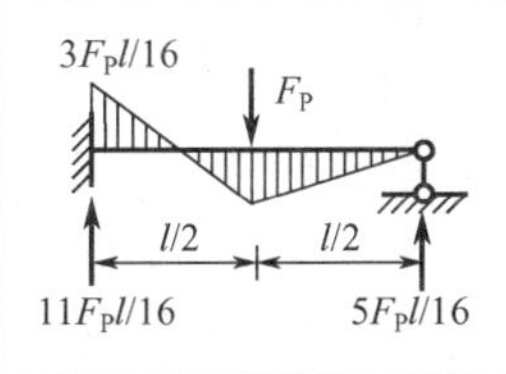 $3F_Pl/16$，$11F_P/16$，$5F_Pl/16$	9	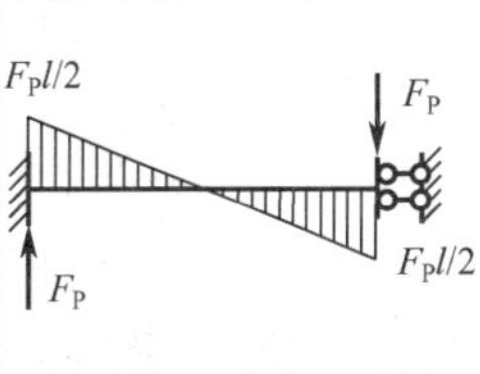 $F_Pl/2$，F_P，$F_Pl/2$
均布力作用	10	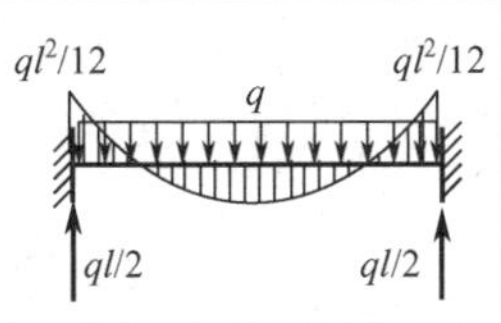 $ql^2/12$，$ql^2/12$，$ql/2$，$ql/2$	11	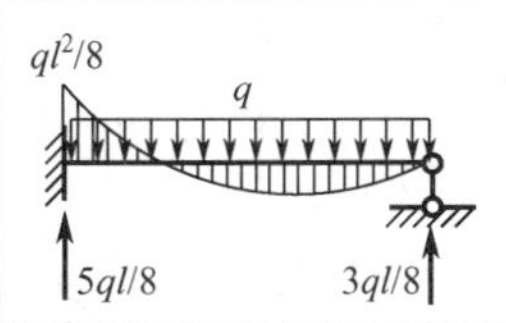 $ql^2/8$，$5ql/8$，$3ql/8$	12	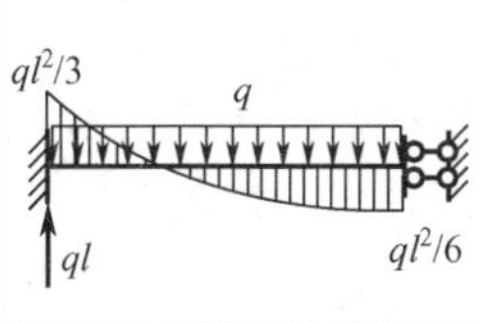 $ql^2/3$，ql，$ql^2/6$

注：$i = \dfrac{EI}{l}$，称为线刚度。

表 5-1 中所列出的单跨超静定梁的杆端弯矩要牢记，在上节、本节、下节及第 7 章和第 8 章中均要用到。

学习指导：记忆表 5-1 中的内容时，对于弯矩图，结合微分关系，只要记住杆端弯矩即可，弯矩图画在哪一侧可根据外部作用引起的弹性变形来判断。对于弯矩图为一条直线的情况，可根据斜线的斜率为剪力来确定两端剪力，其他情况的杆端剪力可由荷载和杆端弯矩用平衡条件计算。结合着做习题，记住它们并不困难。请完成章后习题：13、20。

5.3.2 位移法的基本概念

下面以作图 5.13（a）所示两跨连续梁的弯矩图为例，介绍位移法的基本概念。

图 5.13（a）所示连续梁在荷载作用下产生弹性变形，如图中虚线所示，在 B 截面有截面转角 Δ_1。如果 Δ_1 已知，那么梁的弯矩图可借助表 5-1 所提供的杆端力作出。AB 杆上无荷载作用，B 端截面有转角 Δ_1，其变形与图 5.13（b）相同，故内力相同。而图 5.13（b）的弯矩图可利用表 5-1 中编号为 2 的弯矩图作出，如图 5.13（c）所示。BC 杆上有荷载作用，B 端截面有转角 Δ_1，其内力与图 5.13（d）所示梁的内力相同。而图 5.13（d）所示梁有支座位移和分布力作用，可以分开计算然后相加，如图 5.13（d）、（e）、（f）所示。图 5.13（e）的弯矩图可利用表 5-1 中编号为 11 的弯矩图作出，而图 5.13（f）的弯矩图

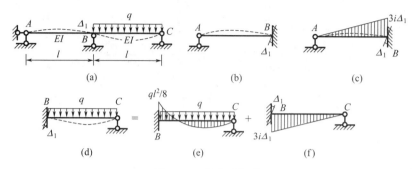

图 5.13 位移法概念

作法同 AB 杆。可见，只需求出截面转角 Δ_1，并借助表 5-1 即能作出弯矩图。下面讨论截面转角 Δ_1 的求解方法。

在 B 结点加一个限制转动的约束——刚臂，原结构由图 5.14（a）转化成图 5.14（b）所示结构，该结构称为位移法的基本结构。刚臂在计算简图中用▽表示，它是限制转动的约束，无论在结构的任何地方加这种约束，加约束的截面均不能发生角位移。需要注意的是，刚臂仅能约束转动，相当于一个约束，不能限制线位移，这一点与固定支座不同，固定支座相当于 3 个约束，既限制角位移也限制线位移。在基本结构中，AB 杆的 B 端不能转动，B 支座使 B 端也不能移动，AB 杆相当于左端铰支右端固定的单跨梁。同样，BC 杆相当于左端固定右端铰支的单跨梁。

在基本结构上加荷载，如图 5.14（c）所示，与原结构相比，B 结点不能转动，刚臂产生对体系的约束反力矩。为了消除附加刚臂的影响，需放松约束，即令刚臂转动，在计算简图中，用↬表示使刚臂沿箭头方向转动，如图 5.14（d）所示。图 5.14（d）称为位移法的基本体系。随着刚臂的转动，刚臂的反力矩 F_1 也在变化。当刚臂转动了 Δ_1 时，刚臂不起作用，反力矩为零，即

$$F_1 = 0$$

这时基本体系的受力、变形与原结构一致，内力相同。这样即将计算原结构在荷载作用下的问题转化成了计算基本结构在外荷载和刚臂转动共同作用下的问题。

基本体系上有两种外部作用，一种是外荷载，另一种是刚臂转动。将这两种外部作用分开计算，然后相加。外荷载单独作用时，其弯矩图可利用表 5-1 绘制，称为荷载弯矩图，记作 M_P 图，如图 5.14（f）所示。刚臂转动时，也可利用表 5-1 绘制弯矩图。绘制刚臂转动 Δ_1 时的弯矩图，可先绘制刚臂转动 $\overline{\Delta}_1 = 1$ 时的弯矩图，如图 5.14（e）所示，该弯矩图称为单位弯矩图，记作 $\overline{M}_1$ 图。基本结构在外荷载及刚臂转动 Δ_1 共同作用下的刚臂反力矩应等于这两种外部作用单独引起的反力矩之和，即

$$F_1 = k_{11}\Delta_1 + F_{1P} = 0 \tag{5-11}$$

式（5-11）称为位移法方程，其中 k_{11}、F_{1P} 可利用结点平衡条件计算。取隔离体如图 5.14（g）、（h）所示，由隔离体的平衡可得

$$k_{11} = 3i + 3i = 6i, \quad F_{1P} = -\frac{ql^2}{8}$$

将 k_{11} 和 F_{1P} 的计算结果代入式（5-11），得 B 结点的转角，即

$$\Delta_1 = \frac{ql^2}{48i}$$

原结构的弯矩图可用 $\overline{M}_1$ 图乘以 Δ_1 后与 M_P 图叠加获得，即

$$M = \overline{M}_1 \Delta_1 + M_P$$

作出的弯矩图如图 5.14（i）所示。

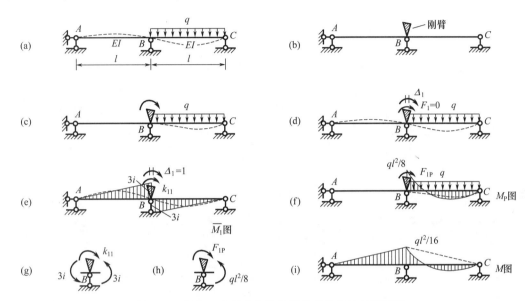

图 5.14 具有一个结点角位移结构的位移法计算过程

从以上求解过程可见，基本未知量为结点位移，因此称这种方法为位移法。位移法的基本思想与力法类似，即先将原结构改造成能计算的结构——基本结构，力法是通过减约束将原结构转化成静定结构作为基本结构，位移法是通过加约束将原结构转化成若干单跨梁组成的单跨梁作为基本结构；然后消除基本体系与原体系的差别，力法是通过变形条件使解除约束处的位移与原结构相同来实现的，位移法是通过放松约束使附加约束的反力为零来实现的。力法和位移法的所有计算过程都是在基本结构上进行的。为了充分理解位移法的概念，下面通过图 5.15（a）所示结构将计算过程进一步加以说明。

结构在荷载作用下，D 点发生水平位移 Δ_1，如图 5.15（a）所示。在 D 点加水平链杆支座，约束 D 点的水平位移，因为 BD 杆刚度无穷大且无轴向变形，所以 B 点的水平位移也被约束，使得 AB 杆和 CD 杆均相当于下端固定上端铰支的单跨梁，这样便得到了位移法的基本结构，如图 5.15（b）所示。在基本结构上加荷载，D 点被约束无位移，附加约束有反力，放松约束，即令附加水平链杆移动，计算简图中用 ⊢⊣ 表示约束沿箭头方向的移动，这样便得到了位移法的基本体系，如图 5.15（c）所示。为了消除基本体系与原体系的差别，需使水平链杆移动与原体系 D 点相同的位移 Δ_1，这时水平链杆反力 $F_1=0$。基本体系上有两种作用，一种是荷载，另一种是水平链杆移动，将两种作用分开计算，如图 5.15 (d)、(e) 所示，两种作用共同产生的水平链杆反力 F_1 等于单独作用引起的反力之和，即

$$F_1 = F_{1P} + k_{11}\Delta_1 = 0 \tag{5-12}$$

利用表 5-1 中编号为 8 的弯矩图可作出基本结构在荷载作用下的弯矩图，即 M_P 图，

如图 5.15（d）所示；利用表 5-1 中编号为 5 的弯矩图可作出基本结构在水平链杆移动 $\overline{\Delta}_1=1$ 时的弯矩图，即 $\overline{M}_1$ 图，如图 5.15（e）所示。取隔离体如图 5.15（f）所示，可求得

$$k_{11}=3i/l^2+3i/l^2=6i/l^2, \quad F_{1P}=-\frac{5F_P}{16}$$

将 k_{11} 和 F_{1P} 的计算结果代入式（5-12），解出 D 点的位移为

$$\Delta_1=\frac{5F_Pl^2}{96i}$$

用叠加公式 $M=\overline{M}_1\Delta_1+M_P$ 作出弯矩图，如图 5.15（g）所示。

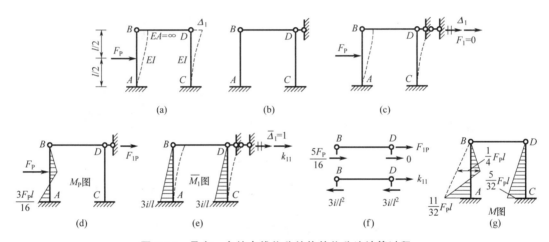

图 5.15　具有一个结点线位移结构的位移法计算过程

求解前，位移 Δ_1 的大小和方向均是未知的。对于本例题，因为受力简单，所以不用计算也可以确定 Δ_1 的方向是向右的。但当荷载或结构较复杂时，方向并不能事先确定，这时可先假定方向，当计算结果为正时，表示实际方向与假定方向相同；当计算结果为负时，表示实际方向与假定方向相反。

总结上面过程，可知位移法的计算步骤如下。

（1）确定位移法的基本体系。

（2）列位移法方程。

（3）求系数和自由项。

（4）解方程，求位移。

（5）叠加法作弯矩图。

当弯矩图作出后，剪力图和轴力图即可按第 3 章所述方法绘制。

【例题 5-7】用位移法计算图 5.16（a）所示结构，作弯矩图。

解：（1）确定位移法的基本体系。

位移法的基本体系如图 5.16（b）所示。

（2）列位移法方程。

$$k_{11}\Delta_1+F_{1P}=0$$

（3）求系数和自由项。

作单位弯矩图和荷载弯矩图，分别如图 5.16（c）、（d）所示。注意各杆的抗弯刚度不

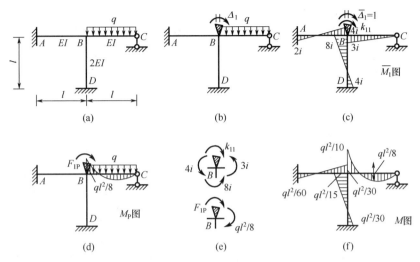

图 5.16 例题 5-7 图

同，设 $i=EI/l$。

$$k_{11}=4i+8i+3i=15i,\ F_{1P}=-\frac{1}{8}ql^2$$

（4）解方程，求位移。

$$\Delta_1=\frac{ql^2}{120i}$$

计算结果为正，表示 B 结点的转角方向与所设方向相同，是顺时针方向转动的。

（5）叠加法作弯矩图。

$$M=\overline{M}_1\Delta_1+M_P$$

作出的弯矩图如图 5.16（f）所示。

【例题 5-8】 用位移法计算图 5.17（a）所示结构，作弯矩图。

解：（1）确定位移法的基本体系。

位移法的基本体系如图 5.17（b）所示，基本未知量为 D 点的水平位移。

（2）列位移法方程。

$$k_{11}\Delta_1+F_{1P}=0$$

（3）求系数和自由项。

作单位弯矩图、荷载弯矩图。单位弯矩图如图 5.17（c）所示，注意 AB 杆与 CD 杆长度不同，线刚度也不同，设 $i=EI/l$，由图 5.16（e）所示隔离体的平衡条件可求得 AB 杆线刚度为 i，CD 杆线刚度为 $i/2$。基本结构在荷载作用下无弯矩，荷载弯矩图如图 5.17（d）所示。

取隔离体如图 5.17（e）所示，列水平投影方程，可得

$$k_{11}=\frac{27i}{8l^2},\ F_{1P}=-F_P$$

（4）解方程，求位移。

$$\Delta_1=\frac{8F_Pl^2}{27i}$$

(5) 叠加法作弯矩图。

由叠加法公式 $M=\overline{M}_1\Delta_1+M_P$ 作出弯矩图，如图 5.17（f）所示。

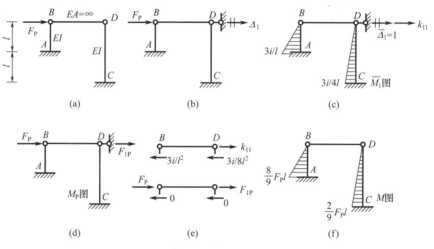

图 5.17　例题 5-8 图

学习指导：熟练掌握用位移法求解具有一个位移法基本未知量的梁和刚架的计算过程。请完成章后习题：21、22。

5.3.3　位移法的基本未知量与基本结构的确定

用位移法计算时首先要确定位移法的基本未知量和基本结构。位移法的基本未知量为结点角位移和独立的结点线位移，在结构上增加链杆和刚臂约束这些位移即得到位移法的基本结构。结构一般可分成两类，一类是无结点线位移的结构，另一类是有结点线位移的结构。下面分别说明如何确定位移法的基本未知量和基本结构。对于刚架，确定位移法的基本未知量和基本体系时不计轴向变形。

1. 无结点线位移的结构

对于无结点线位移的结构，刚结点的转角是位移法的基本未知量，刚结点上加刚臂即为位移法的基本结构。如图 5.18（a）所示刚架（$EI=$ 常数），不计柱子的轴向变形，A、B、C 3 个结点均无竖向位移，不计梁的轴向变形，也无水平位移，是无结点线位移的结构。B 结点转角和 C 结点转角为位移法的基本未知量，在刚结点上加刚臂即得位移法的基本结构，如图 5.18（b）所示。加刚臂后，AE 杆和 AB 杆相当于一端固定一端铰支的梁，其他杆件均相当于两端固定的梁。

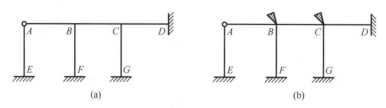

图 5.18　无结点线位移的结构

2. 有结点线位移的结构

对于有结点线位移的结构，除所有刚结点角位移是位移法的基本未知量外，独立的结点线位移也是位移法的基本未知量。建立位移法的基本结构除需加刚臂外，还需在结点上加链杆约束。如图 5.19（a）所示结构，C、D 结点无竖向位移，但有水平位移。虽然结点位移有两个，但不是独立的，因为这两个结点的水平位移相等，只取 C 结点或 D 结点的一个水平位移作为位移法的基本未知量，该结构共有 3 个基本未知量。位移法的基本结构如图 5.19（b）所示。

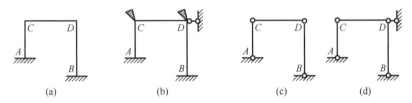

图 5.19 有结点线位移的结构

也可采用下述方法确定加链杆的数量及位置。

将结构上所有刚结点（包括限制转动的支座）用铰结点代替，使结构转化成铰结体系。用第 2 章几何组成分析的方法对铰结体系进行几何组成分析。若体系是几何不变体系，则不需加链杆；若体系是几何可变体系（包括瞬变体系），则将其变为几何不变体系在结点上所需加的链杆即是构成位移法基本结构所需加的链杆。将图 5.19（a）所示结构变成铰结体系，如图 5.19（c）所示。图 5.19（c）所示体系是几何可变体系，将其变为几何不变体系需加 1 个链杆，如图 5.19（d）所示。用这种方法，有时会出现可加可不加的链杆。如图 5.20（a）所示结构（EI = 常数），对应的铰结体系是几何可变体系 [图 5.20（b）]，将其变为几何不变体系需在 C、F 两点加两个水平链杆 [图 5.20（c）]。位移法的基本结构如图 5.20（d）所示。C 点的链杆也可不加，这时位移法的基本结构如图 5.20（e）所示。CF 杆在图 5.20（d）中相当于两端固定杆，在图 5.20（e）中相当于上端固定下端滑动杆，均是表 5-1 中给出的杆件类型。可见位移法的基本未知量个数不是唯一的，但最少个数是唯一的。

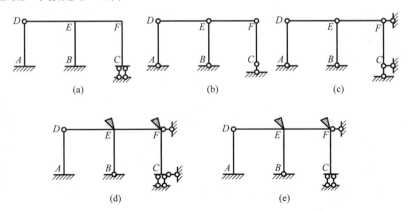

图 5.20 确定加链杆的数量及位置

如果结构上有静定部分，静定部分的结点位移不作为位移法的基本未知量。如图 5.21（a）所示结构，EGH 部分是静定的，其上的结点位移不作为位移法的基本未知量。位移法的基本结构如图 5.21（b）所示。

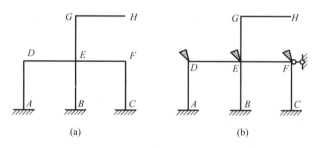

图 5.21 有静定部分的结构

学习指导：掌握位移法的基本未知量与基本结构的确定。请完成章后习题：5、6。

5.3.4 位移法求解荷载作用下的超静定结构

在 5.3.2 中通过具有一个基本未知量结构的位移法求解过程介绍了位移法的基本概念及基本方法。下面以图 5.22（a）所示的具有两个基本未知量的结构为例进一步说明荷载作用下具有多个基本未知量的结构的位移法求解过程。

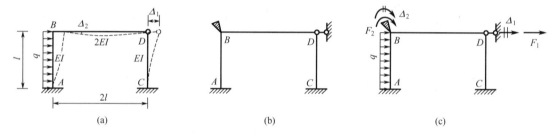

图 5.22 两个基本未知量的结构、基本结构、基本体系

图 5.22（a）所示结构有两个基本未知量，一个是 B 结点的转角，另一个是 D 结点的水平线位移，位移法的基本结构如图 5.22（b）所示。在基本结构上加荷载并放松约束，得到基本体系，如图 5.22（c）所示。若要使基本体系与原体系受力相同，则需使放松约束时的附加约束反力满足如下条件。

$$\left.\begin{array}{l}F_1=0\\F_2=0\end{array}\right\} \tag{5-13}$$

图 5.22（c）所示基本体系上有 3 种因素作用：荷载、链杆移动、刚臂转动。链杆发生 $\overline{\Delta}_1=1$ 引起的链杆和刚臂反力矩分别为 k_{11}、k_{21}，如图 5.23（a）所示，链杆发生 Δ_1 引起的链杆和刚臂反力分别为 $k_{11}\Delta_1$、$k_{21}\Delta_1$。同理，刚臂发生 $\overline{\Delta}_2=1$ 引起的链杆和刚臂反力分别为 k_{12}、k_{22}，如图 5.23（b）所示，刚臂发生 Δ_2 引起的链杆和刚臂反力分别为 $k_{12}\Delta_2$、$k_{22}\Delta_2$。荷载单独作用引起的反力为 F_{1P}、F_{2P}，如图 5.23（c）所示。它们共同产生的约束反力应等于分别作用时产生的约束反力之和，即

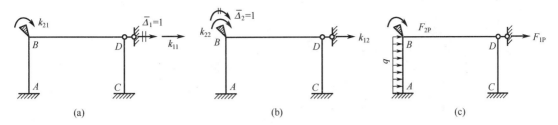

图 5.23 链杆、刚臂的反力和反力矩

$$F_1 = k_{11}\Delta_1 + k_{12}\Delta_2 + F_{1P} \brace F_2 = k_{21}\Delta_1 + k_{22}\Delta_2 + F_{2P}} \quad (5-14)$$

将式（5-14）代入式（5-13），得

$$k_{11}\Delta_1 + k_{12}\Delta_2 + F_{1P} = 0 \brace k_{21}\Delta_1 + k_{22}\Delta_2 + F_{2P} = 0} \quad (5-15)$$

此即为位移法基本方程，也称位移法典型方程。它所表示的是消除基本体系与原体系差别的条件，其实质是平衡条件。在图 5.22（a）中，若将 AB 杆上端和 CD 杆上端切断，取上侧部分作隔离体，$F_1 = 0$ 相当于两个杆端剪力满足水平方向的平衡方程；同样，$F_2 = 0$ 相当于 B 结点的力矩平衡方程。

位移法典型方程具有典型意义，不论什么结构，只要具有两个基本未知量，位移法方程均为式（5-15）所示形式。位移法典型方程中的第一个方程表示基本体系上各因素产生的第一个附加约束中的反力为零，方程中各项均为一种因素单独作用产生的反力，每个系数的下角标即说明了这一点，第一个下角标表示在哪个约束中产生的反力，第二个下角标表示哪个因素产生的这个反力。当结构有 n 个基本未知量时，不难写出其位移法典型方程为

$$\left. \begin{array}{l} k_{11}\Delta_1 + k_{12}\Delta_2 + \cdots + k_{1n}\Delta_n + F_{1P} = 0 \\ k_{21}\Delta_1 + k_{22}\Delta_2 + \cdots + k_{2n}\Delta_n + F_{2P} = 0 \\ \vdots \\ k_{n1}\Delta_1 + k_{n2}\Delta_2 + \cdots + k_{nn}\Delta_n + F_{nP} = 0 \end{array} \right\}$$

方程中的系数 k_{ij} 称为刚度系数，其为体系常数，与外部作用无关，其物理意义是：仅当第 j 个约束发生单位位移 $\overline{\Delta}_j = 1$ 时，在第 i 个约束中产生的反力。当 $i = j$ 时，k_{ij} 称为主系数，恒大于零；当 $i \neq j$ 时，k_{ij} 称为副系数，满足互等关系 $k_{ij} = k_{ji}$（反力互等定理）。F_{iP} 称为自由项，是荷载单独作用于基本结构时，在第 i 个约束中产生的反力。刚度系数和自由项均以与假设基本未知量的方向相同为正。

刚度系数和自由项均为约束力，需用平衡条件计算。下面介绍刚度系数和自由项的计算。

1. 计算 k_{11} 和 k_{21}

作 $\overline{\Delta}_1 = 1$ 引起的基本弯矩图，$\overline{M}_1$ 图如图 5.24（a）所示。

取隔离体如图 5.24（b）、（c）所示，在列平衡方程时不出现的力不必画出。由隔离体的平衡，得

$$k_{11} = 15i/l^2, \quad k_{21} = -6i/l$$

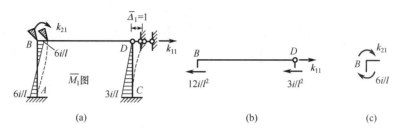

图 5.24 $\overline{M}_1$ 图及计算 k_{11} 和 k_{21} 的隔离体

2. 计算 k_{12} 和 k_{22}

作 $\overline{\Delta}_2=1$ 引起的基本结构弯矩图，$\overline{M}_2$ 图如图 5.25（a）所示。

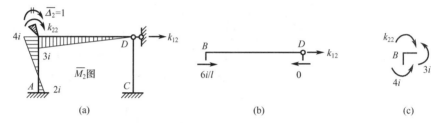

图 5.25 $\overline{M}_2$ 图及计算 k_{12} 和 k_{22} 的隔离体

取隔离体如图 5.25（b）、(c) 所示。由隔离体的平衡，得
$$k_{12}=-6i/l, \ k_{22}=7i$$

3. 计算 F_{1P} 和 F_{2P}

作出荷载引起的基本结构弯矩图，M_P 图如图 5.26（a）所示。

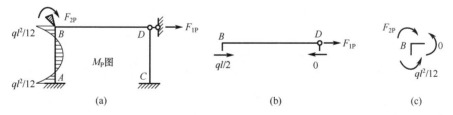

图 5.26 M_P 图及计算 F_{1P} 和 F_{2P} 的隔离体

取隔离体如图 5.26（b）、(c) 所示。由隔离体的平衡，得
$$F_{1P}=-ql/2, \ F_{2P}=ql^2/12$$

将求得的刚度系数和自由项代入位移法典型方程，求得结点位移为
$$\left. \begin{array}{l} \Delta_1=0.0435\dfrac{ql^3}{i} \\ \Delta_2=0.0254\dfrac{ql^2}{i} \end{array} \right\}$$

由叠加公式
$$M=\overline{M}_1\Delta_1+\overline{M}_2\Delta_2+M_P \qquad (5-16)$$

作弯矩图。先按式(5-16)算出各杆端弯矩，ij 杆 i 端的杆端弯矩记作 M_{ij}，j 端的杆端弯矩记作 M_{ji}，均以绕杆端顺时针转向为正，则

$$M_{AB} = -\frac{6i}{l}\Delta_1 + 2i\Delta_2 - \frac{ql^2}{12} = -\frac{6i}{l}\times 0.0435\frac{ql^3}{i} + 2i\times 0.0254\frac{ql^2}{i} - \frac{ql^2}{12} \approx -0.294ql^2$$

$$M_{BA} = -\frac{6i}{l}\Delta_1 + 4i\Delta_2 + \frac{ql^2}{12} = -\frac{6i}{l}\times 0.0435\frac{ql^3}{i} + 4i\times 0.0254\frac{ql^2}{i} + \frac{ql^2}{12} \approx -0.076ql^2$$

$$M_{BD} = 3i\Delta_2 = 3i\times 0.0254\frac{ql^2}{i} \approx 0.076ql^2$$

$$M_{CD} = -\frac{3i}{l}\Delta_1 = -\frac{3i}{l}\times 0.0435\frac{ql^3}{i} \approx -0.131ql^2$$

据此作出弯矩图，如图 5.27 所示。

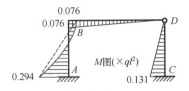

图 5.27　结构的弯矩图

【**例题 5-9**】用位移法计算图 5.28（a）所示结构，作弯矩图。已知各杆 $l=4\text{m}$，$q=20\text{kN/m}$。

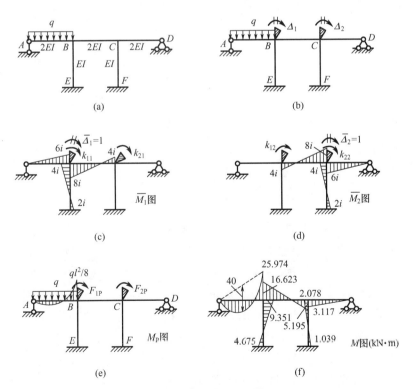

图 5.28　例题 5-9 图

解：（1）确定基本体系。

由于此刚架无结点线位移，因此只需在两个刚结点上加刚臂即得基本结构。刚结点的转角为基本未知量，设以顺时针方向为正，加荷载后得位移法的基本体系如图 5.28（b）所示。

（2）建立位移法方程。

$$k_{11}\Delta_1 + k_{12}\Delta_2 + F_{1P} = 0 \brace k_{21}\Delta_1 + k_{22}\Delta_2 + F_{2P} = 0$$

（3）求刚度系数和自由项。

设柱的线刚度为 $i = EI/l$，则梁的线刚度为 $2i$。$\overline{M}_1$ 图、$\overline{M}_2$ 图、M_P 图分别如图 5.28（c）、（d）、（e）所示。

在 $\overline{M}_1$ 图中截取 B 结点和 C 结点作隔离体，可求得

$$k_{11} = 18i, \ k_{21} = 4i$$

在 $\overline{M}_2$ 图中截取 B 结点和 C 结点作隔离体，可求得

$$k_{12} = 4i, \ k_{22} = 18i$$

在 M_P 图中截取 B 结点和 C 结点作隔离体，可求得

$$F_{1P} = ql^2/8, \ F_{2P} = 0$$

（4）解位移法方程，求结点位移。

将刚度系数和自由项代入位移法方程，有

$$18i\Delta_1 + 4i\Delta_2 + \frac{ql^2}{8} = 0 \brace 4i\Delta_1 + 18i\Delta_2 = 0$$

解方程得

$$\Delta_1 = -\frac{9ql^2}{1232i} \brace \Delta_2 = \frac{2ql^2}{1232i}$$

（5）作弯矩图。

由叠加公式 $M = \overline{M}_1\Delta_1 + \overline{M}_2\Delta_2 + M_P$ 计算各杆端弯矩，得

$$M_{BA} = 6i\Delta_1 + \frac{1}{8}ql^2 \approx 25.974 \text{kN} \cdot \text{m}$$

$$M_{BE} = 4i\Delta_1 \approx -9.351 \text{kN} \cdot \text{m}$$

$$M_{EB} = 2i\Delta_1 \approx -4.675 \text{kN} \cdot \text{m}$$

$$M_{BC} = 8i\Delta_1 + 4i\Delta_2 \approx -16.623 \text{kN} \cdot \text{m}$$

$$M_{CB} = 4i\Delta_1 + 8i\Delta_2 \approx -5.195 \text{kN} \cdot \text{m}$$

$$M_{CF} = 4i\Delta_2 \approx 2.078 \text{kN} \cdot \text{m}$$

$$M_{FC} = 2i\Delta_2 \approx 1.039 \text{kN} \cdot \text{m}$$

$$M_{CD} = 6i\Delta_2 \approx 3.117 \text{kN} \cdot \text{m}$$

由杆端弯矩作弯矩图，如图 5.28（f）所示。

【例题 5-10】用位移法计算图 5.29（a）所示结构，作弯矩图。已知 $l = 5\text{m}$，$F_P = 10\text{kN}$。

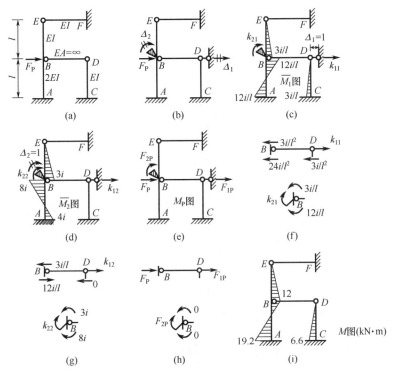

图 5.29 例题 5-10 图

解：（1）确定基本体系。

位移法的基本体系及基本未知量如图 5.29（b）所示。

（2）建立位移法方程。

$$\left.\begin{array}{l}k_{11}\Delta_1+k_{12}\Delta_2+F_{1P}=0\\ k_{21}\Delta_1+k_{22}\Delta_2+F_{2P}=0\end{array}\right\}$$

（3）求刚度系数和自由项。

作 $\overline{M}_1$ 图、$\overline{M}_2$ 图、M_P 图分别如图 5.29（c）、（d）、（e）所示。

在 $\overline{M}_1$ 图中截取隔离体如图 5.29（f）所示。由隔离体的平衡可求得

$$k_{11}=30i/l^2,\ k_{21}=-9i/l$$

在 $\overline{M}_2$ 图中截取隔离体如图 5.29（g）所示。由隔离体的平衡可求得

$$k_{12}=-9i/l,\ k_{22}=11i$$

在 M_P 图中截取隔离体如图 5.29（h）所示。由隔离体的平衡可求得

$$F_{1P}=-F_P,\ F_{2P}=0$$

（4）解位移法方程，求结点位移。

将刚度系数和自由项代入位移法方程，有

$$\left.\begin{array}{l}\dfrac{30i}{l^2}\Delta_1-\dfrac{9i}{l}\Delta_2-F_P=0\\ -\dfrac{9i}{l}\Delta_1+11i\Delta_2=0\end{array}\right\}$$

解方程得

$$\Delta_1 = 0.044 \frac{F_P l^2}{i}$$
$$\Delta_2 = 0.036 \frac{F_P l}{i}$$

(5) 作弯矩图。

由叠加公式 $M = \overline{M}_1 \Delta_1 + \overline{M}_2 \Delta_2 + M_P$ 计算各杆端弯矩，得

$$M_{AB} = -\frac{12i}{l} \Delta_1 + 4i\Delta_2 = -\frac{12i}{l} \times 0.044 \frac{F_P l^2}{i} + 4i \times 0.036 \frac{F_P l}{i} = -19.2 (\text{kN} \cdot \text{m})$$

$$M_{BA} = -\frac{12i}{l} \Delta_1 + 8i\Delta_2 = -\frac{12i}{l} \times 0.044 \frac{F_P l^2}{i} + 8i \times 0.036 \frac{F_P l}{i} = -12 (\text{kN} \cdot \text{m})$$

$$M_{BE} = \frac{3i}{l} \Delta_1 + 3i\Delta_2 = \frac{3i}{l} \times 0.044 \frac{F_P l^2}{i} + 3i \times 0.036 \frac{F_P l}{i} = 12 (\text{kN} \cdot \text{m})$$

$$M_{CD} = -\frac{3i}{l} \Delta_1 = -\frac{3i}{l} \times 0.044 \frac{F_P l^2}{i} = -6.6 (\text{kN} \cdot \text{m})$$

由杆端弯矩作弯矩图，如图 5.29（i）所示。

学习指导：掌握位移法计算荷载作用下的连续梁和刚架的过程，理解位移法典型方程的物理意义及方程中各系数的意义。请完成章后习题：11、23。

5.4 力矩分配法

力法和位移法在求解过程中要解算方程组，当基本未知量多时不方便手算。对于连续梁和无侧移刚架可采用力矩分配法计算。力矩分配法是计算连续梁和无侧移刚架弯矩的实用计算方法。这种方法不需解方程组，运算简单，便于使用。

5.4.1 力矩分配法的基本概念

下面以计算图 5.30（a）所示两跨连续梁为例，介绍力矩分配法的基本概念。

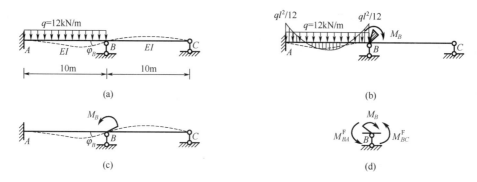

图 5.30 两跨连续梁的两种状态

像在位移法中那样，先在 B 结点处加刚臂限制 B 结点的转动，然后加荷载，如图 5.30（b）所示。这时附加刚臂会产生作用于 B 结点的反力矩 M_B，称其为约束力矩，规定以顺时针方向为正。把这种状态称为固定状态。显然固定状态与原体系受力不同。固定状态比原体

系在 B 结点多了一个约束力矩，为消除此约束力矩的影响，可在结构的 B 结点加反向的约束力矩，如图 5.30（c）所示。图 5.30（b）、（c）两种状态受力相加与原体系相同，位移也相同。固定状态 B 结点无转角，故图 5.30（c）中的 B 结点转角与原体系相同。加反向的约束力矩相当于放松约束，称图 5.30（c）状态为放松状态。原体系的内力可通过分别计算固定状态和放松状态的内力，然后叠加得到。下面分别计算两种状态的弯矩。

1. 固定状态

图 5.30（b）所示固定状态的弯矩图可利用表 5-1 来作，与位移法中作荷载弯矩图相同。将荷载引起的固定状态的杆端弯矩称作固端弯矩，记作 M^F，规定以绕杆端顺时针转向为正。这里顺便规定对于其他原因引起的杆端弯矩也是以绕杆端顺时针转向为正。对于本例题来说，各杆端的固端弯矩为

$$M_{AB}^F = -\frac{ql^2}{12} = -100 \text{kN} \cdot \text{m}, \quad M_{BA}^F = \frac{ql^2}{12} = 100 \text{kN} \cdot \text{m}, \quad M_{BC}^F = M_{CB}^F = 0$$

取 B 结点为隔离体，如图 5.30（d）所示，由 B 结点的平衡，可求得约束力矩为

$$M_B = M_{BA}^F + M_{BC}^F = 100 \text{kN} \cdot \text{m}$$

可见，结点的约束力矩等于结点所连接的各杆端固端弯矩之和。

2. 放松状态

图 5.30（c）所示的放松状态只在结点上有力偶作用，杆端弯矩可利用转动刚度、分配系数、传递系数、分配弯矩、传递弯矩等概念计算。下面来说明这些概念。

若 AB 杆 A 端无线位移，则欲使 A 端发生单位转角，在 A 端所需施加的杆端弯矩称为 AB 杆 A 端的转动刚度，记作 S_{AB}，A 端称为近端，B 端称为远端。转动刚度与杆件的线刚度和远端的支承情况有关。

当远端为固定支座时，如图 5.31（a）所示，比照图 5.31（b），可知

$$S_{AB} = 4i$$

当远端为铰支座时，如图 5.31（c）所示，比照图 5.31（d），可知

$$S_{AB} = 3i$$

当远端为滑动支座时，如图 5.31（e）所示，比照图 5.31（f），可知

$$S_{AB} = i$$

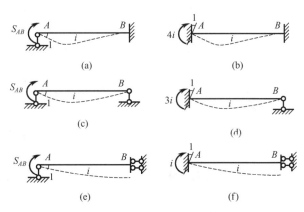

图 5.31 远端不同支座对应的转动刚度

利用转动刚度可以将放松状态的杆端弯矩用杆端转角表示。对于图 5.32（a）所示的放松状态，有

$$M_{BA} = S_{BA}\varphi_B, \quad M_{BC} = S_{BC}\varphi_B \tag{5-17}$$

取放松状态的 B 结点为隔离体，如图 5.32（b）所示。由隔离体的平衡，得

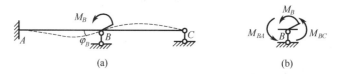

图 5.32　放松状态

$$M_{BA} + M_{BC} + M_B = 0 \tag{5-18}$$

将式（5-17）代入式（5-18），得

$$S_{BA}\varphi_B + S_{BC}\varphi_B = -M_B$$

因此有

$$\varphi_B = \frac{-M_B}{S_{BA} + S_{BC}} \tag{5-19}$$

将式（5-19）代入式（5-17），得杆端弯矩为

$$M_{BA} = \frac{S_{BA}}{S_{BA} + S_{BC}}(-M_B), \quad M_{BC} = \frac{S_{BC}}{S_{BA} + S_{BC}}(-M_B) \tag{5-20}$$

或

$$M_{BA} = \mu_{BA}(-M_B), \quad M_{BC} = \mu_{BC}(-M_B) \tag{5-21}$$

其中

$$\mu_{BA} = \frac{S_{BA}}{S_{BA} + S_{BC}}, \quad \mu_{BC} = \frac{S_{BC}}{S_{BA} + S_{BC}} \tag{5-22}$$

式中，μ_{BA}、μ_{BC} 称为分配系数。从图 5.32（b）可见，B 结点上的外力偶 M_B 由两个杆端弯矩平衡，每个杆端各应承担一定的份额。从式（5-21）可见，每个杆端所承担的份额由杆端的转动刚度决定，转动刚度大的承担的多。μ_{BA} 表示 AB 杆 B 端所分担的份额，称为 AB 杆 B 端的分配系数；μ_{BC} 表示 BC 杆 B 端所分担的份额，称为 BC 杆 B 端的分配系数。一个结点所连接杆端的分配系数之和一定等于 1。相应的杆端弯矩 M_{BA} 和 M_{BC} 称为分配弯矩。

在固定状态已算得约束力矩 $M_B = 100 \text{kN} \cdot \text{m}$。根据 AB 杆 A 端为固定端、BC 杆 C 端为铰支端，得到刚度系数 $S_{BA} = 4i$，$S_{BC} = 3i$。由式（5-22）算得分配系数

$$\mu_{BA} = \frac{4i}{4i + 3i} \approx 0.571, \quad \mu_{BA} = \frac{3i}{4i + 3i} \approx 0.429$$

由式（5-21）算得分配弯矩为

$$M_{BA} = \mu_{BA}(-M_B) = 0.571 \times (-100 \text{kN} \cdot \text{m}) = -57.1 \text{kN} \cdot \text{m}$$
$$M_{BC} = \mu_{BC}(-M_B) = 0.429 \times (-100 \text{kN} \cdot \text{m}) = -42.9 \text{kN} \cdot \text{m}$$

下面计算 AB 杆 A 端和 BC 杆 C 端的杆端弯矩，即远端的杆端弯矩。

观察图 5.33，可见在图 5.33（a）和图 5.33（b）两种情况下，在近端产生杆端弯矩的同时在远端也会产生杆端弯矩，并且近端的杆端弯矩与远端的杆端弯矩的比值为常数，

此比值记作 C，即

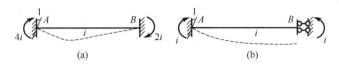

图 5.33 传递系数

$$C_{AB}=\frac{远端(B\,端)弯矩}{近端(A\,端)弯矩}=\frac{2i}{4i}=\frac{1}{2} \qquad 远端(B\,端)为固定端$$

$$C_{AB}=\frac{远端(B\,端)弯矩}{近端(A\,端)弯矩}=\frac{i}{-i}=-1 \qquad 远端(B\,端)为滑动端$$

C_{AB} 称为传递系数。当远端为铰支端或自由端时，传递系数为零。有了近端弯矩和传递系数即可算出远端弯矩，远端弯矩称为传递弯矩。

对于图 5.32（a）所示的放松状态，根据 AB 杆 A 端为固定端、BC 杆 C 端为铰支端，得到的传递系数分别为 $C_{BA}=\frac{1}{2}$、$C_{BC}=0$，据此算出传递弯矩为

$$M_{AB}=C_{BA}M_{BA}=\frac{1}{2}\times(-57.1\text{kN}\cdot\text{m})=-28.55\text{kN}\cdot\text{m}$$

$$M_{CB}=C_{BC}M_{BC}=0\times(-28.55\text{kN}\cdot\text{m})=0$$

至此，算出了放松状态的各杆端弯矩。

原结构的杆端弯矩等于固定状态和放松状态的杆端弯矩之和，即

$$M_{AB}=-100\text{kN}\cdot\text{m}+(-28.55\text{kN}\cdot\text{m})=-128.55\text{kN}\cdot\text{m}$$

$$M_{BA}=100\text{kN}\cdot\text{m}+(-57.1\text{kN}\cdot\text{m})=42.9\text{kN}\cdot\text{m}$$

$$M_{BC}=0+(-42.9\text{kN}\cdot\text{m})=-42.9\text{kN}\cdot\text{m}$$

$$M_{CB}=0+0=0$$

据此可作出结构的最终弯矩图，如图 5.34 所示。

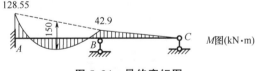

图 5.34 最终弯矩图

总结上面过程，可知力矩分配法计算步骤如下。
（1）计算刚结点所连接杆端的分配系数。
（2）计算各杆端的固端弯矩及约束力矩（约束力矩等于刚结点所连接杆端的固端弯矩之和）。
（3）计算分配弯矩（将约束力矩变号乘以分配系数得分配弯矩）。
（4）计算传递弯矩（传递系数乘以分配弯矩得传递弯矩）。
（5）将各杆端的固端弯矩与分配弯矩或传递弯矩相加得最终杆端弯矩。
（6）作弯矩图。

整个计算过程可列表实现。先在各杆端标出分配系数和固端弯矩，然后将刚结点连接杆端的固端弯矩相加得约束力矩，再将约束力矩变号乘以分配系数得到分配弯矩，并将分

配弯矩标在杆端下侧，接着画一个箭头表示传递方向，算出传递弯矩，最后将各杆端下的弯矩相加得最终杆端弯矩，如图5.35所示。

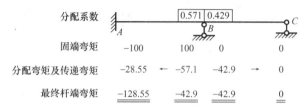

图 5.35　列表计算过程

【例题 5-11】 试用力矩分配法计算图 5.36（a）所示刚架，作弯矩图。

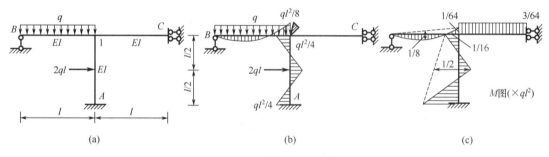

图 5.36　例题 5-11 图

解：结点 1 无线位移，可用力矩分配法计算。

（1）计算分配系数。

各杆端的转动刚度为

$$S_{1A}=4i, \ S_{1B}=3i, \ S_{1C}=i$$

各杆端的分配系数为

$$\mu_{1A}=\frac{S_{1A}}{S_{1A}+S_{1B}+S_{1C}}=\frac{1}{2}, \ \mu_{1B}=\frac{S_{1B}}{S_{1A}+S_{1B}+S_{1C}}=\frac{3}{8}, \ \mu_{1C}=\frac{S_{1C}}{S_{1A}+S_{1B}+S_{1C}}=\frac{1}{8}$$

（2）计算固端弯矩、分配弯矩、传递弯矩和最终杆端弯矩。

在结点 1 上加刚臂，作固定状态的弯矩图，如图 5.36（b）所示，可知各杆端的固端弯矩为

$$M_{1B}^{F}=\frac{ql^2}{8}, \ M_{B1}^{F}=0, \ M_{1A}^{F}=\frac{ql^2}{4}, \ M_{A1}^{F}=-\frac{ql^2}{4}, \ M_{1C}^{F}=M_{C1}^{F}=0$$

图 5.36（b）也可不画出，而直接由表 5-1 求出固端弯矩。

其他计算可列表进行，如图 5.37 所示。计算表也可直接画在结构上，如图 5.38 所示。

（3）作弯矩图。

根据最终杆端弯矩作弯矩图，如图 5.36（c）所示。

【例题 5-12】 试计算图 5.39（a）所示结构，作弯矩图。

解：（1）计算分配系数。

各杆端的转动刚度为

结点	B	A	1			C
杆端	B1	A1	1A	1B	1C	C1
分配系数			1/2	3/8	1/8	
固端弯矩	0	−1/4	1/4	1/8	0	0
分配弯矩及传递弯矩	0	−3/32	3/16	−9/64	−3/64	3/64
最终杆端弯矩	0	−11/32	1/16	−1/64	−3/64	3/64

图 5.37 例题 5-11 的计算表

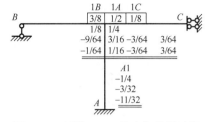

图 5.38 例题 5-11 的力矩分配过程

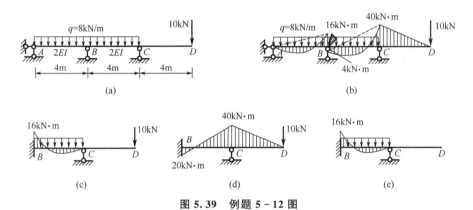

图 5.39 例题 5-12 图

$$S_{BA} = 3 \times \frac{2EI}{4} = 1.5EI, \quad S_{BC} = 3 \times \frac{EI}{4} = 0.75EI$$

各杆端的分配系数为

$$\mu_{BA} = \frac{1.5EI}{2.25EI} \approx 0.67, \quad \mu_{BC} = \frac{0.75EI}{2.25EI} \approx 0.33$$

（2）计算固端弯矩。

为计算固端弯矩，作出固定状态弯矩图，如图 5.39（b）所示。其中 BCD 段的弯矩图是这样作出的：将 BCD 段取出，因为 B 截面有刚臂，不能转动，所以相当于固定支座，如图 5.39（c）所示；分别作出结构上两种荷载的弯矩图，如图 5.39（d）、(e) 所示，将两个弯矩图叠加，即得固定状态 BCD 段的弯矩图。

求得固端弯矩为

$$M_{BA}^F = 16 \text{kN} \cdot \text{m}, \quad M_{BC}^F = 4 \text{kN} \cdot \text{m}, \quad M_{CB}^F = 40 \text{kN} \cdot \text{m}, \quad M_{CD}^F = -40 \text{kN} \cdot \text{m}$$

（3）力矩分配。

力矩分配过程如图 5.40（a）所示。

（4）作弯矩图。

最终弯矩图如图 5.40（b）所示。

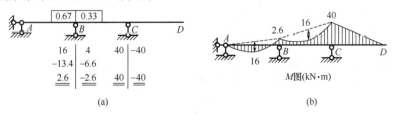

图 5.40 例题 5-12 的力矩分配过程和最终弯矩图

【例题 5-13】试计算图 5.41（a）所示结构，作弯矩图。

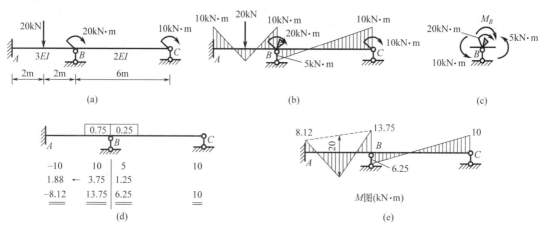

图 5.41　例题 5-13 图

解：（1）计算分配系数。

各杆端的转动刚度为

$$S_{BA}=4\times\frac{3EI}{4}=3EI,\quad S_{BC}=3\times\frac{2EI}{6}=EI$$

各杆端的分配系数为

$$\mu_{BA}=\frac{3EI}{4EI}=0.75,\quad \mu_{BC}=\frac{EI}{4EI}=0.25$$

（2）计算固端弯矩。

固定状态的弯矩图如图 5.41（b）所示，其中 B 结点上的外力偶不引起固端弯矩，它由刚臂承受；而 C 结点上的外力偶引起固端弯矩，它由杆端承受，由传递系数的概念可知另一端的固端弯矩为它的一半。各杆端的固端弯矩为

$$M_{AB}^{F}=-10\text{kN}\cdot\text{m},\ M_{BA}^{F}=10\text{kN}\cdot\text{m},\ M_{BC}^{F}=5\text{kN}\cdot\text{m},\ M_{CB}^{F}=10\text{kN}\cdot\text{m}$$

约束力矩不能直接由固端弯矩相加得到。由图 5.41（c）所示 B 结点的平衡，得约束力矩为

$$M_B=10\text{kN}\cdot\text{m}+5\text{kN}\cdot\text{m}-20\text{kN}\cdot\text{m}=-5\text{kN}\cdot\text{m}$$

（3）力矩分配。

力矩分配过程如图 5.41（d）所示。

（4）作弯矩图。

最终弯矩图如图 5.41（e）所示。

学习指导：熟练掌握转动刚度、分配系数、传递系数、约束力矩的概念，熟练掌握用力矩分配法计算具有一个转动结点的连续梁和刚架的内力。注意结点上有力偶作用的情况和有悬臂端的情况。请完成章后习题：8、12、24、25。

5.4.2　力矩分配法计算多结点连续梁

下面以图 5.42（a）所示的具有两个结点的连续梁为例介绍力矩分配法的一般求解过程。

第5章 超静定结构的内力计算

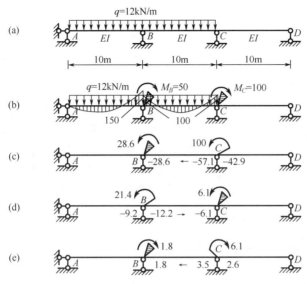

图 5.42 具有两个结点的连续梁的力矩分配

1. 固定状态

对于图 5.42（a）所示结构，先加约束，然后加荷载，得固定状态。作固定状态的弯矩图，如图 5.42（b）所示（为了简洁，图中的力矩单位 kN·m 省略了）。由所作弯矩图，可得各杆端的固端弯矩为

$$M_{BA}^F = \frac{ql^2}{8} = 150 \text{kN·m}, \quad M_{BC}^F = -\frac{ql^2}{12} = -100 \text{kN·m}, \quad M_{CB}^F = 100 \text{kN·m},$$

$$M_{AB}^F = M_{CD}^F = M_{DC}^F = 0$$

B、C 结点的约束力矩为

$$M_B = M_{BA}^F + M_{BC}^F = 50 \text{kN·m}, \quad M_C = M_{CB}^F + M_{CD}^F = 100 \text{kN·m}$$

下面考虑放松状态。

若在两个结点上同时加反向的约束力矩，即将两个结点同时放松，这是与 5.4.1 节所讨论的情况不同的问题。为了利用 5.4.1 节所介绍的方法，在放松一个结点时另一个结点保持固定，如图 5.42（c）所示。这时图 5.42（c）所示情况与 5.4.1 节所讨论的情况完全相同，可以利用分配系数、传递系数计算。下面计算图 5.42（c）所示的放松状态。

2. 固定 B 结点，放松 C 结点

（1）计算转动刚度、分配系数、分配弯矩。

计算 BC 杆 C 端的转动刚度时，B 端看成固定端。计算结果如下。

$$S_{CB} = 4i, \quad S_{CD} = 3i$$

$$\mu_{CB} = \frac{4i}{4i+3i} \approx 0.571, \quad \mu_{CD} = \frac{3i}{4i+3i} \approx 0.429$$

$$M_{CB} = \mu_{CB}(-M_C) = 0.571 \times (-100 \text{kN·m}) = -57.1 \text{kN·m}$$

$$M_{CD} = \mu_{CD}(-M_C) = 0.429 \times (-100 \text{kN·m}) = -42.9 \text{kN·m}$$

（2）计算传递弯矩。

传递系数为
$$C_{CB}=0.5, C_{CD}=0$$
传递弯矩为
$$M_{BC}=C_{CB}M_{CB}=0.5\times(-57.1\text{kN}\cdot\text{m})=-28.6\text{kN}\cdot\text{m}$$
$$M_{DC}=C_{CD}M_{CD}=0\times(-42.9\text{kN}\cdot\text{m})=0$$

由 B 结点的平衡可求得 B 结点上附加刚臂中的反力矩等于 28.6kN·m（逆时针方向），如图 5.42（c）所示。图 5.42（c）中还标出了分配弯矩和传递弯矩。

将图 5.42（b）、（c）所示受力状态相加，会发现除 B 结点比原结构多一个顺时针方向的大小为 21.4kN·m 的约束力矩外，其他均相同。在 B 结点加反向的约束力矩，为了利用 5.4.1 节的知识，在加荷载前仍需将另一个结点固定，如图 5.42（d）所示。

3. 固定 C 结点，放松 B 结点

（1）计算转动刚度、分配系数、分配弯矩。

计算 BC 杆 B 端的转动刚度时，C 端看成固定端。计算结果如下。
$$S_{BC}=4i, S_{BA}=3i$$
$$\mu_{BC}=\frac{4i}{4i+3i}\approx 0.571, \mu_{BA}=\frac{3i}{4i+3i}\approx 0.429$$
$$M_{BC}=\mu_{BC}(-M_B)=0.571\times(-21.4\text{kN}\cdot\text{m})\approx -12.2\text{kN}\cdot\text{m}$$
$$M_{BA}=\mu_{BA}(-M_B)=0.429\times(-21.4\text{kN}\cdot\text{m})\approx -9.2\text{kN}\cdot\text{m}$$

（2）计算传递弯矩。

传递系数为
$$C_{BC}=0.5, C_{BA}=0$$
传递弯矩为
$$M_{CB}=C_{BC}M_{BC}=0.5\times(-12.2\text{kN}\cdot\text{m})=-6.1\text{kN}\cdot\text{m}$$
$$M_{AB}=C_{BA}M_{BA}=0\times(-9.2\text{kN}\cdot\text{m})=0$$

由 C 结点的平衡可求得 C 结点上附加刚臂中的反力矩等于 -6.1kN·m（逆时针方向），如图 5.42（d）所示。

将图 5.42（b）、（c）、（d）所示受力状态相加，与原结构受力相比较，会发现在 C 结点多一个逆时针方向的大小为 6.1kN·m 的约束力矩。约束 B 结点，在 C 结点加反向的约束力矩，如图 5.42（e）所示。

4. 固定 B 结点，放松 C 结点

分配系数、传递系数已在前面计算过，分配弯矩和传递弯矩分别为
$$M_{CB}=0.571\times 6.1\approx 3.5\text{kN}\cdot\text{m}, M_{CD}=0.429\times 6.1\approx 2.6\text{kN}\cdot\text{m}$$
$$M_{BC}=0.5\times 3.5\approx 1.8\text{kN}\cdot\text{m}, M_{DC}=0\times 2.6=0$$

这时在 B 结点又会产生新的约束力矩，需要继续像前面那样固定 C 结点，放松 B 结点。这样的计算是无止境的，由于约束力矩会越来越小，当小到可以略去不计时，终止计算。将各部分计算出的杆端弯矩，包括固端弯矩、分配弯矩、传递弯矩相加即得最终的杆端弯矩。

整个计算过程列表进行，如图 5.43 所示。

第5章 超静定结构的内力计算

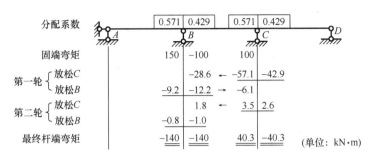

图5.43 力矩分配过程

结构的最终弯矩图如图5.44所示。

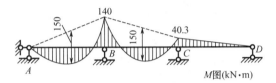

图5.44 最终弯矩图

力矩分配在计算中需注意以下几点。
（1）约束力矩在分配时需变号。
（2）所有结点均被分配一次，称作计算一轮。一般计算2～3轮即可获得较满意的计算结果。
（3）第一轮计算最好从约束力矩大的结点开始。
（4）当结点多于3个时，不相邻的结点可以同时放松。

【例题5－14】试用力矩分配法计算图5.45（a）所示刚架，作弯矩图。

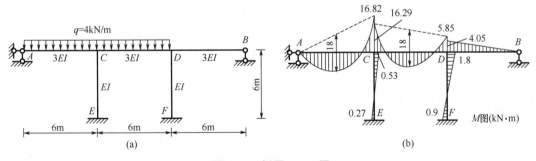

图5.45 例题5－14图

解：此刚架有两个结点，无结点线位移，故可用力矩分配法计算。
（1）计算分配系数。
因为荷载作用下的超静定结构内力只与各杆的相对刚度有关，所以计算内力时可取相对刚度。为了方便，取 $EI=6$。
结点 C：
$$S_{CA}=9, S_{CD}=12, S_{CE}=4$$
$$\mu_{CA}=\frac{9}{25}=0.36, \mu_{CD}=\frac{12}{25}=0.48, \mu_{CE}=\frac{4}{25}=0.16$$

结点 D：

$$S_{DB}=9, S_{DC}=12, S_{DF}=4$$

$$\mu_{DB}=\frac{9}{25}=0.36, \mu_{DC}=\frac{12}{25}=0.48, \mu_{DF}=\frac{4}{25}=0.16$$

（2）计算固端弯矩。

$$M_{CA}^{F}=\frac{ql^2}{8}=18\text{kN}\cdot\text{m}, M_{CD}^{F}=-\frac{ql^2}{12}=-12\text{kN}\cdot\text{m}, M_{DC}^{F}=12\text{kN}\cdot\text{m}$$

（3）力矩分配。

力矩分配过程如图 5.46 所示。

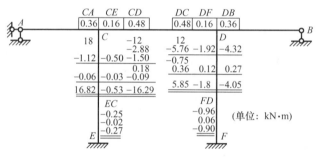

图 5.46　力矩分配过程

（4）作弯矩图。

弯矩图如图 5.45（b）所示。

学习指导：熟练掌握用力矩分配法计算连续梁的过程，了解用力矩分配法计算无侧移刚架的过程。请完成章后习题：26。

5.5　对称性利用

实际工程中的结构有许多是对称的，利用结构的对称性可以减少计算工作量。

5.5.1　对称结构

若结构的几何形状、支承情况、刚度分布对某轴对称，则该结构称为对称结构，该轴称为对称轴。图 5.47 所示结构（EI＝常数）均为对称结构。

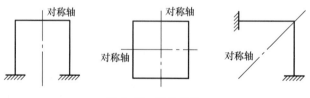

图 5.47　对称结构

在 3.3.3 节中给出过对称结构的概念。由于静定结构的内力与刚度无关，因此在求静定结构的内力时，只要几何形式和支承对称，即使刚度分布不对称也可看作对称结构。

有些结构，其几何形式和刚度分布对称但支承不对称，当不对称的支承是必要约束时，可将相应约束力用静力平衡条件求出，再用约束力代替支承后即可按对称结构计算内力。

5.5.2　对称性的具体利用

（1）当对称结构受对称荷载或反对称荷载作用时，只计算对称轴一侧内力即可，另一侧内力可由对称性获得。

（2）当对称结构受对称荷载或反对称荷载作用时，利用对称性可判断对称轴处的内力。

① 对称荷载情况。

图 5.48（a）所示对称结构，K 截面的剪力为零。取隔离体如图 5.48（b）、（c）所示，由对称条件知，K 点两侧剪力方向相同，如图 5.48（b）所示；由平衡条件知，方向应相反，如图 5.48（c）所示，故 K 截面剪力必为零。图 5.49（a）所示对称结构，K 点两侧截面的剪力大小均为 $F_P/2$。由对称条件知，K 点两侧剪力方向相同，由平衡条件解得方向均向上，大小为 $F_P/2$，如图 5.49（b）所示。若对称轴处有柱子，柱子中无弯矩无剪力。

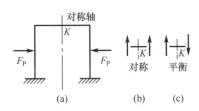

图 5.48　对称轴处剪力为零

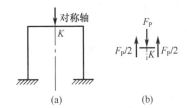

图 5.49　对称轴处剪力不为零

② 反对称荷载情况。

图 5.50（a）所示对称结构受反对称荷载作用，K 截面的弯矩和轴力均为零。因为荷载反对称，内力也反对称，如图 5.50（b）所示，又因为内力应满足平衡条件，如图 5.50（c）所示，所以若要使这两个条件都满足，轴力和弯矩必为零。当对称轴处有柱子时，柱子中无轴力。

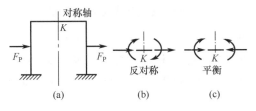

图 5.50　反对称荷载情况

利用上面的结论，在用力法计算对称结构时，若取对称的基本体系则可以减少计算工作量。

例如，图 5.51（a）所示对称结构，在对称荷载作用时，若取图 5.51（b）所示对称的基本体系，则反对称的基本未知量 X_3 等于零，故可按二次超静定结构来计算。又如，

图 5.51（c）所示结构，在反对称荷载作用时，若取图 5.51（d）所示对称的基本体系，则对称的基本未知量 X_1、X_2 等于零，故可按一次超静定结构来计算。

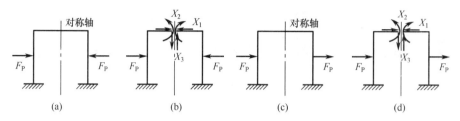

图 5.51　力法计算时对称的基本体系

即使荷载为一般荷载，取图 5.51 中对称的基本体系也会使计算得到简化。对称基本未知量引起的单位弯矩图是对称弯矩图，反对称基本未知量引起的单位弯矩图是反对称弯矩图，对称弯矩图与反对称弯矩图图乘结果为零，这使得力法方程会分解为两组，一组只含对称基本未知量，另一组只含反对称基本未知量。

（3）当对称结构受对称荷载或反对称荷载作用时，可以取半边结构计算。

下面分两种情况进行讨论：奇数跨结构（对称轴处无柱子）和偶数跨结构（对称轴处有柱子）。

① 奇数跨结构。

a. 对称荷载情况。

图 5.52（a）所示对称结构受对称荷载作用，若取出半边结构计算，要保证这半边结构与原结构的受力及变形相同。由于变形是对称的，原结构在梁的中点 A 处的截面不会产生水平位移和转角。当将右半部分去掉时，其对左半部分的作用应保留，滑动支座可以代替这种作用，如图 5.52（b）所示。因为图 5.52（b）所示体系与原体系左半部分的变形相同，内力也相同，故可用计算图 5.52（b）来代替计算原体系。

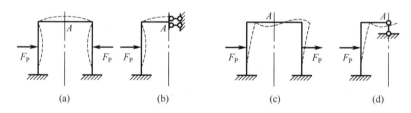

图 5.52　奇数跨结构的半边结构

b. 反对称荷载情况。

图 5.52（c）所示对称结构受反对称荷载作用，变形是反对称的，A 点处的截面不会发生竖向位移，取半边结构可在 A 点加竖向链杆来代替去掉的部分对保留下来部分的作用，如图 5.52（d）所示。

② 偶数跨结构。

a. 对称荷载情况。

图 5.53（a）所示偶数跨结构受对称荷载作用，由于不计轴向变形，因此 AB 杆无变形，A 点无竖向位移；由于荷载对称，因此变形对称，A 截面无水平和转角位移。取半边结构时，应在 A 点加固定支座，如图 5.53（b）所示。

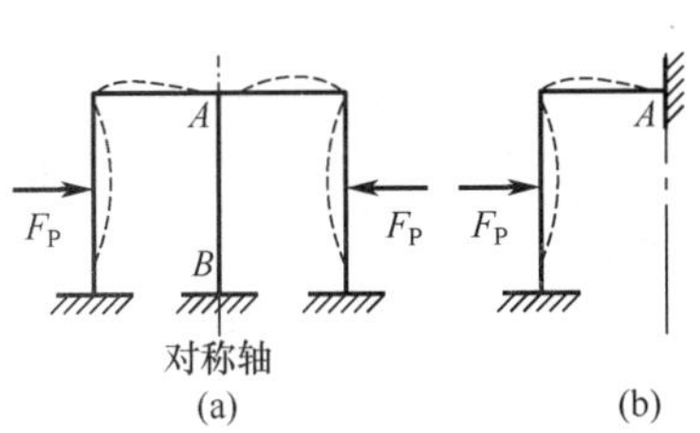

图 5.53 偶数跨结构在对称荷载作用时的半边结构

b. 反对称荷载情况。

图 5.53（a）所示偶数跨结构受反对称荷载作用，这里可以将刚度为 EI 的中柱看成是由刚度为 $EI/2$ 的两根柱子组成，对称轴从柱子之间穿过，如图 5.54（b）所示。图 5.54（a）所示偶数跨结构转化成了图 5.54（b）所示奇数跨结构，利用前述奇数跨结构的结果，取半边结构如图 5.54（c）所示。A 点的竖向链杆约束 A 点的竖向位移，因为柱子已约束 A 点不能发生竖向位移，所以 A 点的竖向链杆可以去掉。最终的半边结构如图 5.54（d）所示。

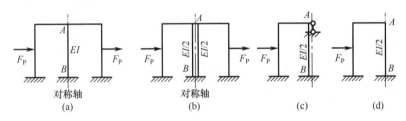

图 5.54 偶数跨结构在反对称荷载作用时的半边结构

在对称结构的计算中，可能还会遇到其他情况，但理解了上面内容，不难给出相应的半边结构。图 5.55 给出了一些对称结构及相应的半边结构，读者可对以下结果进行思考。

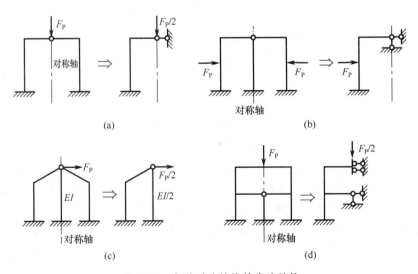

图 5.55 各种对称结构的半边结构

【例题 5-15】试计算图 5.56（a）所示对称结构，作弯矩图。

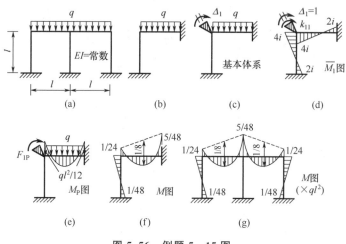

图 5.56　例题 5-15 图

解：图 5.56（a）所示对称结构受对称荷载作用，取半边结构如图 5.56（b）所示。用力法计算半边结构时有 3 个基本未知量，用位移法计算半边结构时只有 1 个基本未知量，故选用位移法计算。

取位移法基本体系如图 5.56（c）所示。列出位移法方程

$$k_{11}\Delta_1 + F_{1P} = 0$$

作单位弯矩图和荷载弯矩图，如图 5.56（d）、（e）所示。由结点平衡条件求得刚度系数和自由项，分别为

$$k_{11} = 8i,\quad F_{1P} = -\frac{ql^2}{12}$$

代入位移法方程，求得结点位移为

$$\Delta_1 = \frac{ql^2}{96i}$$

由叠加公式 $M = \overline{M}_1 \Delta_1 + M_P$ 作出半边结构的弯矩图，如图 5.56（f）所示。

根据对称性，原结构的弯矩图是对称的，由左侧弯矩图作出右侧弯矩图，最终弯矩图如图 5.56（g）所示。

【例题 5-16】 试计算图 5.57（a）所示对称结构，作弯矩图。

解：将一般荷载分解成对称荷载与反对称荷载，如图 5.57（a）、（b）、（c）所示。图 5.57（b）所示对称荷载情况下，结构无弯矩，故原结构［图 5.57（a）］的弯矩图与反对称荷载作用下［图 5.57（c）］的弯矩图相同。图 5.57（c）所示反对称荷载情况下可取半边结构进行计算，半边结构如图 5.57（d）所示。图 5.57（d）所示半边结构仍为对称结构，可再将荷载进行分解，如图 5.57（d）、（e）、（f）所示。图 5.57（e）所示对称荷载情况下，结构无弯矩，故图 5.57（d）与图 5.57（f）的弯矩图相同。下面计算图 5.57（f）所示反对称荷载情况下的弯矩图。取半边结构，如图 5.57（g）所示，若用位移法计算半边结构有 2 个基本未知量，用力法计算半边结构只有 1 个基本未知量，故选用力法计算。

取力法基本体系如图 5.57（h）所示。列出力法方程

$$\delta_{11} X_1 + \Delta_{1P} = 0$$

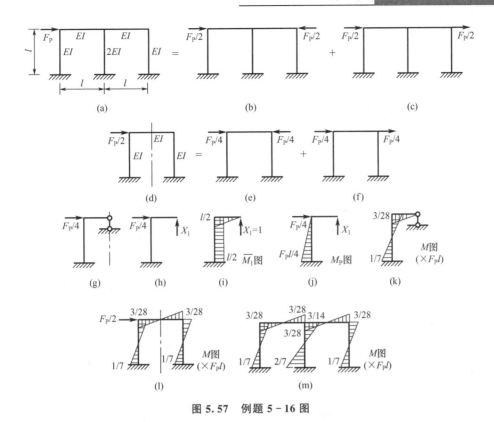

图 5.57 例题 5-16 图

作单位弯矩图和荷载弯矩图，如图 5.57 (i)、(j) 所示。由图乘法求得柔度系数和自由项，分别为

$$\delta_{11} = \frac{7l^3}{24EI}, \quad \Delta_{1P} = -\frac{F_P l^3}{16EI}$$

代入力法方程，求得多余未知力为

$$X_1 = \frac{3}{14}F_P$$

由叠加公式 $M = \overline{M}_1 \Delta_1 + M_P$ 作出半边结构的弯矩图，如图 5.57 (k) 所示。

根据对称性，图 5.57 (d) 所示刚架的弯矩图如图 5.57 (l) 所示。原结构左侧的弯矩图与图 5.57 (l) 相同，右侧的弯矩图与左侧弯矩图反对称，中柱的弯矩是图 5.57 (l) 右柱的 2 倍。据此画出原结构的最终弯矩图如图 5.57 (m) 所示。

【例题 5-17】试计算图 5.58 (a) 所示结构，作弯矩图（EI = 常数）。

解：该结构有两个对称轴，先考虑上下对称，取半边结构如图 5.58 (b) 所示。图 5.58 (b) 结构为左右对称的结构，再取其半边结构如图 5.58 (c) 所示。图 5.58 (c) 为静定结构，按静定结构计算方法作出其弯矩图如图 5.58 (d) 所示。根据弯矩图对称，先画出上半部分的弯矩图，如图 5.58 (e) 所示；再根据上下对称画出整体结构的弯矩图，如图 5.58 (f) 所示。

以上例题仅作出了弯矩图，剪力图和轴力图可用静定结构计算方法绘制。当荷载对称时，弯矩图和轴力图是对称的，但剪力图正负号却是反对称的，即对称轴两侧的剪力图形状、数值相同，符号相反（实际上剪力也是对称的）。当荷载反对称时，弯矩图、轴力图

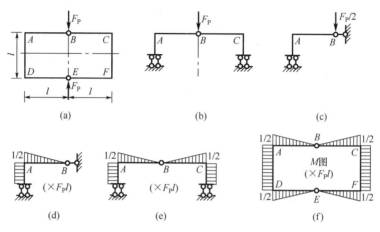

图 5.58 例题 5-17 图

是反对称的,剪力图符号是对称的。

对称结构受温度、支座位移等作用时也可利用对称性计算结构内力,方法与上面类似。

学习指导:理解对称结构、对称荷载、反对称荷载的概念,理解将一般荷载分解为对称荷载和反对称荷载的方法,理解对称结构的受力特点,能利用对称性判断结构中的一些内力。熟练掌握利用对称性计算结构内力。请完成章后习题:7、27。

5.6 超静定结构的位移计算

计算超静定结构的位移仍可用单位荷载法,下面以计算图 5.59(a)所示结构 B 结点的转角为例说明。

用单位荷载法计算时需构造单位力状态,单位力状态如图 5.59(d)所示。画出荷载状态和单位力状态的弯矩图,这两种状态的弯矩图均需用力法、位移法或力矩分配法画出。荷载弯矩图已在 5.2 节中画出,如图 5.59(c)所示;画单位弯矩图时采用力矩分配法会方便一些,弯矩图如图 5.59(d)所示。

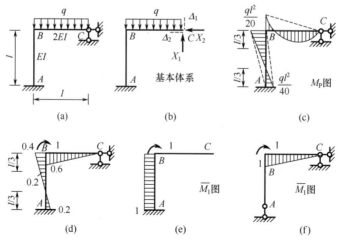

图 5.59 超静定结构的位移

将图 5.59（c）和图 5.59（d）图乘得 B 结点的转角，为

$$\theta_B = \frac{1}{2EI}\left[\left(\frac{1}{2}l \times \frac{ql^2}{20}\right)\left(-\frac{2}{3} \times 0.6\right) + \left(\frac{2}{3}l \times \frac{ql^2}{8}\right)\left(\frac{1}{2} \times 0.6\right)\right] +$$

$$\frac{1}{EI}\left[\left(\frac{1}{2}l \times \frac{ql^2}{20}\right) \times 0.2 - \left(\frac{1}{2}l \times \frac{ql^2}{40}\right) \times 0\right] = \frac{ql^3}{80EI}$$

结果为正，说明转角方向与单位力偶方向相同，为顺时针方向。

注意到力法的基本体系 [图 5.59（b）] 在满足力法变形条件时与原体系的受力、变形一致，故可以用计算基本体系的位移来代替计算原体系的位移。在基本结构上加单位力偶如图 5.59（e）所示，将图 5.59（e）与图 5.59（c）图乘，得

$$\theta_B = \frac{1}{EI}\left[\left(\frac{1}{2}l \times \frac{ql^2}{20}\right) \times 1 + \left(\frac{1}{2}l \times \frac{ql^2}{40}\right)(-1)\right] = \frac{ql^3}{80EI}$$

其结果与求原体系的位移结果相同。

因为力法的基本结构不唯一，取其他基本结构算得的弯矩图相同，所以也可以求其他基本结构的位移来代替求原结构的位移，比如选图 5.59（f）所示结构为力法的基本结构，单位弯矩图如图 5.59（f）所示，将图 5.59（f）和图 5.59（c）图乘，得

$$\theta_B = \frac{1}{2EI}\left[\left(\frac{1}{2}l \times \frac{ql^2}{20}\right)\left(-\frac{2}{3} \times 1\right) + \left(\frac{2}{3}l \times \frac{ql^2}{8}\right)\left(\frac{1}{2} \times 1\right)\right] = \frac{ql^3}{80EI}$$

通过上面讨论的可知，在用单位荷载法计算超静定结构的位移时，单位力状态可在任意的力法的基本结构上构造。

因为位移法的基本未知量为结点位移，所以当求超静定结构的结点位移时可直接用位移法计算。下面以求图 5.60（a）所示结构 B 结点的转角为例来说明。

取位移法的基本体系如图 5.60（b）所示，作单位弯矩图和荷载弯矩图如图 5.60（c）、(d) 所示，位移法方程为

$$k_{11}\Delta_1 + F_{1P} = 0$$

刚度系数与自由项为

$$k_{11} = 10i, \quad F_{1P} = -\frac{ql^2}{8}$$

解得 B 结点的转角为

$$\Delta_1 = \frac{ql^2}{80i} = \frac{ql^3 EI}{80}$$

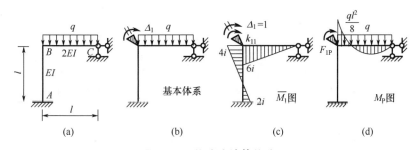

图 5.60 位移法计算位移

学习指导：理解超静定结构的位移计算方法。

5.7 计算结果的校核

由于超静定结构的计算过程冗长，容易出错，因此对计算过程的检查和对最终结果的校核是非常重要的。

5.7.1 对计算过程的检查

对于力法和位移法，要检查基本结构的选取、基本未知量的个数、典型方程、单位弯矩图和荷载弯矩图、系数和自由项的计算、副系数是否满足互等定理、方程的解和最终弯矩图等各个环节是否正确。当各杆的抗弯刚度、杆长不相等时要特别注意。

对于力矩分配法，要检查转动刚度、分配系数、同一结点的弯矩分配系数之和是否等于1、固端弯矩、约束力矩的大小及符号、分配时是否对约束力矩变号、传递弯矩、最终杆端弯矩累加计算等是否正确。当各杆的抗弯刚度、杆长不相等时转动刚度的计算结果要特别注意。

5.7.2 对最终结果的校核

对于超静定结构，既满足变形条件也满足平衡条件的结果才是正确的。所以校核时既要校核变形条件也要校核平衡条件。

1. 校核变形条件

按求解出的内力结果，用 5.6 节介绍的方法计算原结构上已知点的位移，如支座、约束处的位移，看是否满足原结构的变形连续性条件和支座处的位移边界条件。

例如图 5.61 (a) 所示结构，用力法、位移法或力矩分配法作出的弯矩图如图 5.61 (b) 所示，现校核 C 点的竖向位移是否为零。

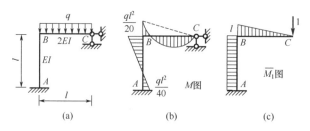

图 5.61 校核变形条件

在力法的基本结构上构造单位力状态，如图 5.61 (c) 所示。将图 5.61 (b) 和图 5.61 (c) 图乘，得

$$\Delta_{Cy} = \frac{1}{2EI}\left[\left(\frac{1}{2}l \times \frac{ql^2}{20}\right)\left(\frac{2}{3}l\right) + \left(\frac{2}{3}l \times \frac{ql^2}{8}\right)\left(-\frac{1}{2}l\right)\right] +$$

$$\frac{1}{EI}\left[\left(\frac{1}{2}l \times \frac{ql^2}{20}\right)(l) + \left(\frac{1}{2}l \times \frac{ql^2}{40}\right)(-l)\right] = 0$$

满足 C 点的竖向位移为零的位移边界条件。

2．校核平衡条件

在结构上取出任一隔离体，隔离体在内力和荷载共同作用下应是平衡的。若不平衡，求出的内力结果就是错误的。图 5.62（a）所示有结点线位移的超静定刚架，错误地使用力矩分配法作出了图 5.62（b）所示的弯矩图。下面校核平衡条件，取 B 结点为隔离体，如图 5.62（c）所示，满足力矩平衡条件；再取隔离体如 5.62（d）所示，不满足水平投影方程，故所作弯矩图是错误的。

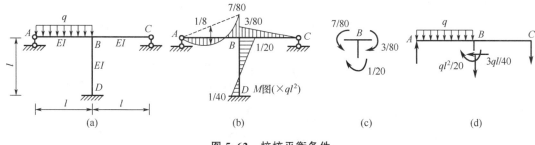

图 5.62　校核平衡条件

学习指导：了解超静定结构内力的校核方法，掌握变形条件的校核。请完成章后习题：28。

5.8　超静定结构的特性

与静定结构相比，超静定结构有如下特性。

（1）内力分布与结构各杆件的刚度有关，即与杆件截面的几何性质、材料的物理性质有关。荷载不变，改变各杆件的刚度一般会使内力重新分布。

（2）在荷载作用下，内力分布与各杆件的刚度比值有关，而与刚度的绝对值无关。

（3）温度改变、支座位移、制造误差一般会使结构产生内力。一般情况下，这种内力与刚度的绝对值成正比。

（4）抵抗破坏的能力较强。当一些多余约束失去作用后，仍具有一定的承载能力。

（5）内力分布较均匀。

一、单项选择题

1．图 5.63 所示结构的超静定次数为（　　）。

　　A．1　　　　B．2　　　　C．3　　　　D．4

2．图 5.64 所示结构的超静定次数为（　　）。

　　A．1　　　　B．2　　　　C．3　　　　D．4

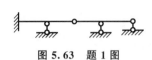

图 5.63　题 1 图

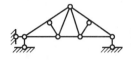

图 5.64　题 2 图

3. 力法方程中，系数 δ_{ij} 的物理意义是（　　）。

　　A. $X_j=1$ 作用引起的与 X_i 对应的位移　　B. $X_j=1$ 作用引起的与 X_j 对应的位移

　　C. $X_i=1$ 作用引起的与 X_i 对应的位移　　D. $X_i=1$ 作用引起的与 X_j 对应的位移

4. 图 5.65 示为一次超静定梁在支座位移作用下的力法的基本体系，其力法方程中的自由项为（　　）。

　　A. $-c/2$　　B. $c/2$　　C. $-c/4$　　D. $c/4$

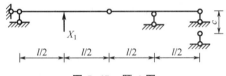

图 5.65　题 4 图

5. 用位移法解图 5.66 所示结构（EI＝常数），基本未知量个数最少是（　　）。

　　A. 1　　B. 2　　C. 3　　D. 4

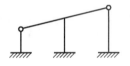

图 5.66　题 5 图

6. 用位移法解图 5.67 所示结构（EI＝常数），基本未知量个数最少是（　　）。

　　A. 2　　B. 3　　C. 4　　D. 5

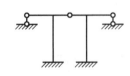

图 5.67　题 6 图

7. 图 5.68 所示对称结构（EI＝常数），k 截面（　　）。

　　A. 弯矩等于零　　　　　　　B. 剪力等于零

　　C. 轴力等于零　　　　　　　D. 弯矩、剪力和轴力均为零

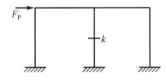

图 5.68　题 7 图

8. 图 5.69 示结构（各杆 EI＝常数），AB 杆 A 端的力矩分配系数为（　　）。
   A．0.56　　B．0.30　　C．0.21　　D．0.14

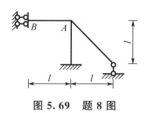

图 5.69　题 8 图

二、填空题

9. 力法方程中的自由项 Δ_{iP} 的物理意义是_____。

10. 图 5.70（a）所示梁，取图 5.70（b）所示力法的基本体系，力法方程为_____。

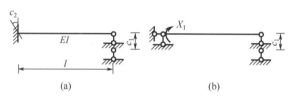

图 5.70　题 10 图

11. 位移法典型方程实质上是_____方程，副系数 k_{ij} 和 k_{ji} 的值_____，符合_____定理。

12. 当远端为滑动支座时，杆的弯矩传递系数为_____。

13. 图 5.71 所示梁的跨度为 l，若使 A 端截面的转角为零，在 A 端施加的弯矩 $M_{AB}=$_____。

图 5.71　题 13 图

三、计算题

14. 试用力法计算图 5.72 所示结构，作弯矩图。

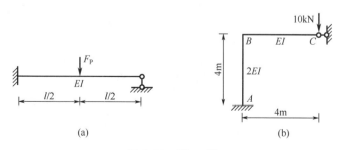

图 5.72　题 14 图

15. 试确定图 5.73 所示结构的超静定次数。

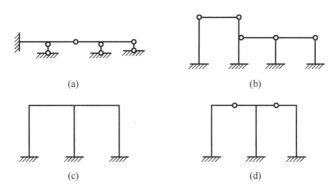

图 5.73 题 15 图

16. 试用力法计算图 5.74 所示结构,作弯矩图。

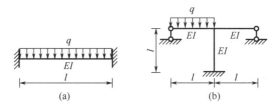

图 5.74 题 16 图

17. 试用力法计算图 5.75 所示排架,作弯矩图。已知横梁 $EA=\infty$。

18. 试用力法计算图 5.76 所示梁由支座发生位移引起的内力,作弯矩图。

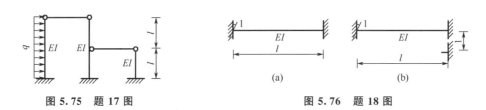

图 5.75 题 17 图   图 5.76 题 18 图

19. 试用力法计算图 5.77 所示结构由温度变化引起的内力,作弯矩图。已知线膨胀系数为 α,截面为高度 $h=l/10$ 的矩形,EI=常数。

20. 试根据表 5-1 用叠加法作图 5.78 所示梁的弯矩图。

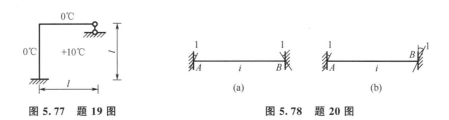

图 5.77 题 19 图   图 5.78 题 20 图

21. 已知图 5.79 所示结构的柱端水平位移为 $\Delta_1 = \dfrac{F_P l^3}{9EI}$,试利用表 5-1 作弯矩图。

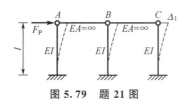

图 5.79　题 21 图

22. 试用位移法计算图 5.80 所示结构,作弯矩图。

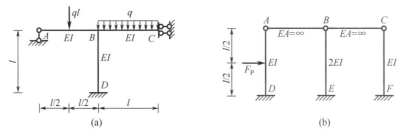

图 5.80　题 22 图

23. 试用位移法计算图 5.81 所示结构,作弯矩图。

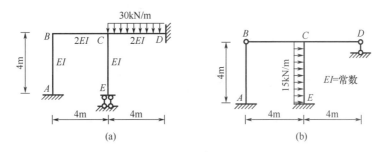

图 5.81　题 23 图

24. 试用力矩分配法计算图 5.82 所示结构,作弯矩图、剪力图,并求支座反力。

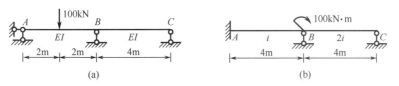

图 5.82　题 24 图

25. 试用力矩分配法计算图 5.83 所示结构,作弯矩图。

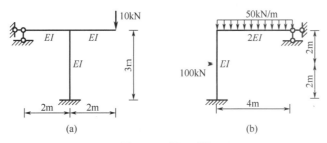

图 5.83　题 25 图

26. 试用力矩分配法计算图 5.84 所示结构，作弯矩图。

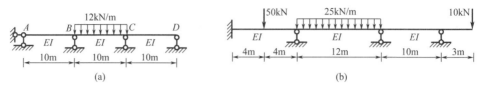

图 5.84　题 26 图

27. 利用对称性计算图 5.85 所示结构，作弯矩图。已知 $EI=$ 常数。

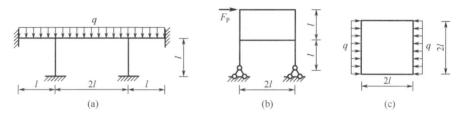

图 5.85　题 27 图

28. 图 5.86 所示结构的弯矩图是错误的，试根据是否满足平衡条件或变形条件来说明。

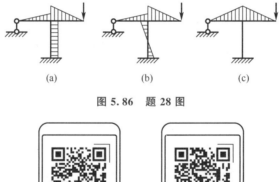

图 5.86　题 28 图

第5章
习题参考答案

第5章拓展习题
及参考答案

第6章 移动荷载作用下的结构计算

知识结构图

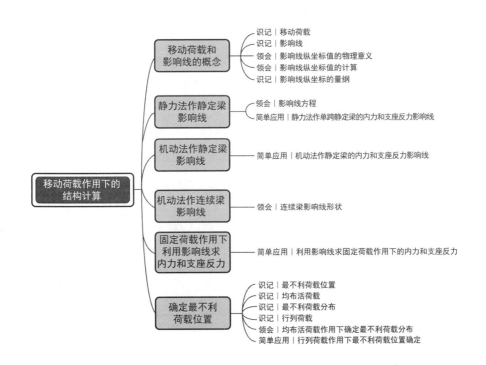

前面各章所涉及的荷载都是固定荷载,即作用位置不变的荷载。结构除承受固定荷载外,有时还会受到作用位置变化的荷载作用,如桥梁上行驶的汽车、火车对桥梁的作用,吊车梁上行驶的吊车对吊车梁的作用等,这样的荷载称为移动荷载。结构在移动荷载作用下,内力将随荷载的移动而变化,结构设计中需确定变化中的内力的最大值。对于线弹性结构,通常采用影响线作为解决移动荷载作用下受力分析的工具。本章首先介绍影响线的概念和作法,然后讨论它的应用。

6.1 移动荷载和影响线的概念

6.1.1 移动荷载

方向、大小不变,作用位置变化的荷载称为移动荷载。最常见的移动荷载有上面提到的桥梁上行驶的汽车、吊车梁上行驶的吊车等。在移动荷载作用下结构会发生振动。严格来说,移动荷载是动荷载,应按动力学方法分析,但为了简化计算,通常将其按静荷载计算,动力效应则通过冲击系数来考虑。因此本章只考虑移动荷载在不同位置时对结构的影响,而不考虑动力效应,即认为无论移动荷载作用于结构的任何位置结构都是平衡的,可以按静力学方法分析。

6.1.2 影响线

移动荷载的种类繁多,如移动荷载可以由一台汽车单独构成,也可以由若干台汽车组成的车队构成。如果将一个单位移动荷载对结构的作用分析清楚,利用叠加原理即可解决由若干力组成的移动荷载对结构作用的问题。

将单位移动荷载在结构上移动时反映某一内力(或支座反力)变化规律的图形称作该内力(或支座反力)的影响线。例如图 6.1(a)所示简支梁在单位移动荷载 $F_P=1$ 作用下,A 支座竖向反力 F_{yA} 将随荷载的位置不同而取不同的值,当荷载作用在 A 点时 $F_{yA}=1$,当荷载作用在梁中点时 $F_{yA}=1/2$。将荷载作用位置作为横坐标,F_{yA} 的值作为纵坐标,将各纵坐标连线得到如图 6.1(b)所示图形,即为 F_{yA} 的影响线。

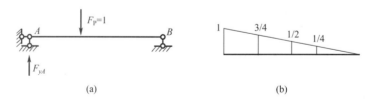

图 6.1 影响线的定义

图 6.2(a)所示为简支梁在固定荷载 F_P 作用下的弯矩图,图中纵坐标 y_D 表示固定荷载 F_P 引起的 D 截面的弯矩值;图 6.2(b)为 C 截面弯矩 M_C 的影响线,每个纵坐标值都表示 M_C 的值,是荷载 $F_P=1$ 作用在不同位置时 M_C 的值,图中纵坐标 y_D 表示 $F_P=1$ 作用在 D 点时引起的 C 截面弯矩 M_C 的值。

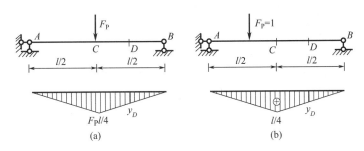

图 6.2 内力图与影响线的比较

要注意影响线与内力图的区别，内力图也是表示内力变化的函数图形，只不过内力图的横坐标为截面位置，纵坐标为截面位置处的截面内力值。

为了加深对影响线纵坐标的理解，下面看这样一个例题。

【例题 6-1】 图 6.3（a）所示结构，其链杆反力 F_{RA}、F_{RB} 的影响线形状分别如图 6.3（b）、(c) 所示，试求影响线的纵坐标值 y_C、y_B。

解：（1）求 y_C。

根据影响线纵坐标的含义，可知 y_C 为 $F_P=1$ 作用于 C 点时 F_{RA} 的值。将 $F_P=1$ 作用于 C 点，取隔离体如图 6.3（d）所示，由隔离体的平衡可得

$$\sum M_B = 0 \qquad F_{RA} \times \frac{\sqrt{2}}{2}l + 1 \times l = 0$$

$$F_{RA} = -\sqrt{2}$$

因此，$y_C = -\sqrt{2}$。

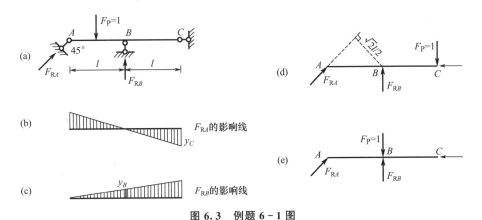

图 6.3 例题 6-1 图

（2）求 y_B。

根据影响线纵坐标的含义，可知 y_B 为 $F_P=1$ 作用于 B 点时 F_{RB} 的值。将 $F_P=1$ 作用于 B 点，取隔离体如图 6.3（e）所示，由隔离体的平衡可得

$$\sum M_A = 0 \qquad F_{RB}l - 1 \times l = 0$$

$$F_{RB} = 1$$

因此，$y_B = 1$。

从例题 6-1 可见，求某量的影响线在某处的纵坐标与固定荷载的求解方法完全一致，

只需将单位移动荷载 $F_P=1$ 作用在该处，并按固定荷载求解方法求该量的值即可。若将各处的影响线纵坐标都求出来，其连线即为影响线。

比较图 6.2 中的影响线和弯矩图，还会发现两者纵坐标的量纲也是不同的。弯矩图纵坐标的量纲是弯矩的量纲，而影响线纵坐标的量纲是长度的量纲。这是因为作影响线时的荷载是量纲为 1 的单位力，某量的影响线纵坐标的量纲乘以力的量纲后才是该量的量纲，因此剪力、支座反力的影响线纵坐标的量纲为 1，而弯矩影响线纵坐标的量纲为长度量纲。

下面介绍绘制影响线的方法，有静力法和机动法。

学习指导：了解什么是移动荷载，理解影响线的概念，理解影响线纵坐标的含义，能根据影响线含义计算影响线指定的纵坐标值，了解影响线的量纲，了解影响线与内力图的区别。请完成章后习题：1、6~11。

6.2　静力法作静定梁影响线

利用影响线方程作影响线的方法称为静力法。某量 S 的影响线方程是该量随单位荷载位置变化的函数方程，用静力平衡条件建立。下面以简支梁为例介绍静力法作静定梁影响线的过程。

6.2.1　简支梁支座反力的影响线

1. 建立影响线方程

设 x 轴向右为正，A 点为坐标原点，将单位移动荷载 $F_P=1$ 置于梁上，荷载作用点到 A 点的距离为 x，并设支座反力以向上为正，如图 6.4（a）所示。取整体为隔离体，由隔离体的平衡条件得

$$\sum M_B = 0 \quad F_{RA}l - 1\times(l-x) = 0$$
$$F_{RA} = 1 - \frac{x}{l} \quad (0 \leqslant x \leqslant l) \tag{6-1}$$

式（6-1）即为 F_{RA} 的影响线方程，它表达了 F_{RA} 随荷载位置 x 变化的规律。可见，列影响线方程与求影响线纵坐标类似，所不同的是求影响线纵坐标时荷载位置是固定的，而列影响线方程时的荷载位置是变量 x。

2. 作影响线

由式（6-1）可见，F_{RA} 的影响线方程是 x 的线性函数。将 $x=0$、$x=l$ 代入式（6-1）得 $F_{RA}=1$、$F_{RA}=0$ 两个纵坐标，据此画出图形并标出控制点纵坐标和符号即得 F_{RA} 的影响线，如图 6.4（b）所示。影响线的正号部分一般画在基线上侧。

类似地，F_{RB} 的影响线方程为

$$\sum M_A = 0 \quad F_{RB}l - 1\times x = 0$$
$$F_{RB} = \frac{x}{l} \quad (0 \leqslant x \leqslant l) \tag{6-2}$$

作 F_{RB} 的影响线，如图 6.4（c）所示。

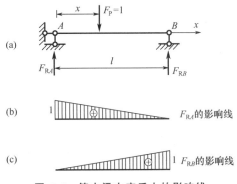

图 6.4 简支梁支座反力的影响线

6.2.2 简支梁弯矩的影响线

作图 6.5（a）所示简支梁 C 截面弯矩的影响线。

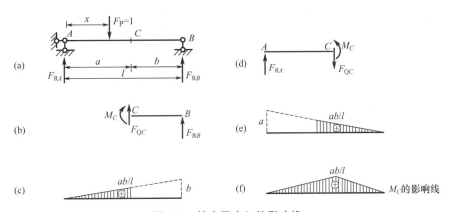

图 6.5 简支梁弯矩的影响线

仍将单位移动荷载 $F_P=1$ 置于距 A 点 x 处。先求出支座反力为

$$F_{RA}=1-\frac{x}{l} \qquad (0 \leqslant x \leqslant l)$$

$$F_{RB}=\frac{x}{l} \qquad (0 \leqslant x \leqslant l)$$

截取隔离体 CB，如图 6.5（b）所示。以 C 点为矩心列力矩平衡方程，可得

$$M_C = F_{RB} b \tag{6-3}$$

将 $F_{RB}=\dfrac{x}{l}$ 代入式（6-3），得 M_C 的影响线方程为

$$M_C = \frac{b}{l} x \tag{6-4}$$

式（6-4）只在 $0 \leqslant x \leqslant a$ 时成立，因为当 $x > a$ 时，$F_P=1$ 作用于 C 点右侧，作用在所取隔离体 CB 上，这时所列方程与 $x < a$ 时不同。即式（6-4）仅是 $F_P=1$ 在 AC 上移动时 M_C 的变化规律，是 AC 段的影响线方程。式（6-4）是直线方程，由两点坐标 $M_C(0)=0$、

$M_C(a) = \dfrac{ab}{l}$ 画出这段影响线,如图 6.5(c)所示。

由式(6-3)可见,M_C 的纵坐标值是 F_{RB} 的 b 倍,只要将 F_{RB} 的影响线画出并将纵坐标值乘以 b 即可,当然只在 $0 \leqslant x \leqslant a$ 时成立,如图 6.5(c)所示。

当 $F_P = 1$ 在 CB 上移动时,取 AC 部分作隔离体,如图 6.5(d)所示。取 CB 部分作隔离体也可以,结果相同。但 AC 部分受力相对简单,列方程也比较简单。以 C 点为矩心列力矩平衡方程,得

$$M_C = F_{RA} a \tag{6-5}$$

将 $F_{RA} = 1 - \dfrac{x}{l}$ 代入式(6-5),得 M_C 的影响线方程为

$$M_C = \left(1 - \dfrac{x}{l}\right) a \tag{6-6}$$

式(6-6)只在 $a \leqslant x \leqslant l$ 时成立。由式(6-5)或式(6-6)可作出在 CB 上的影响线,如图 6.5(e)所示。

将两部分影响线画在一起即为 M_C 的影响线,如图 6.5(f)所示。

6.2.3 简支梁剪力的影响线

作图 6.6(a)所示简支梁 C 截面剪力的影响线。其求解过程与求弯矩的影响线的过程类似,要分两段进行。

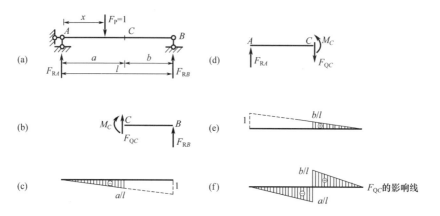

图 6.6 简支梁剪力的影响线

当 $0 \leqslant x \leqslant a$ 时,取 CB 部分作隔离体,如图 6.6(b)所示,列竖向投影平衡方程,得

$$F_{QC} = -F_{RB} = -\dfrac{x}{l}$$

据此可绘出影响线在 $0 \leqslant x \leqslant a$ 上的部分,如图 6.6(c)所示。

当 $a \leqslant x \leqslant l$ 时,取 AC 部分作隔离体,如图 6.6(d)所示,列竖向投影平衡方程,得

$$F_{QC} = F_{RA} = 1 - \dfrac{x}{l}$$

据此可绘出影响线在 $a \leqslant x \leqslant l$ 上的部分,如图 6.6(e)所示。

将两部分影响线画在一起即为 F_{QC} 的影响线,如图 6.6(f)所示。

由上面作简支梁的弯矩和剪力的影响线的过程可归纳出静力法作某量 S 的影响线的步骤如下。

(1) 选择坐标原点，将单位移动荷载 $F_P=1$ 加在任意位置，以 x 表示单位力作用点的横坐标。

(2) 写出静力平衡方程，得影响线方程。

(3) 绘出影响线方程的函数图形并标出纵坐标值和正负号，即为 S 的影响线。

【例题 6-2】试作图 6.7（a）所示伸臂梁 F_{RA}、F_{RB}、M_C、F_{QC}、M_D、F_{QD}、F_{QA}^R 的影响线，其中 F_{QA}^R 为 A 点右侧截面的剪力。

解：(1) 作 F_{RA}、F_{RB} 的影响线。

选 A 点为坐标原点，以 x 向右为正。取整体为隔离体，由隔离体的平衡条件得影响线方程为

$$F_{RA}=1-\frac{x}{l}$$

$$F_{RB}=\frac{x}{l}$$

它们都是由整体平衡条件得到的，无论 $F_P=1$ 作用于梁的什么位置都是成立的。分别画出 F_{RA}、F_{RB} 的影响线，如图 6.7（b）、（c）所示。可见该伸臂梁的跨间部分与简支梁相同，伸臂部分则为跨间部分的延长线。F_{RB} 的影响线在伸臂部分的纵坐标为负值，表明 $F_P=1$ 在伸臂部分移动时 F_{RB} 为负，即方向向下。

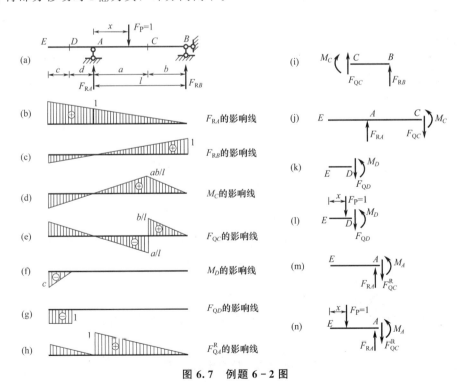

图 6.7 例题 6-2 图

(2) 作 M_C、F_{QC} 的影响线。

坐标系同前。当 $F_P=1$ 在 C 点左侧时，取 CB 部分作隔离体，如图 6.7（i）所示，列

平衡方程，得

$$M_C = \frac{x}{l}b \quad (0 \leqslant x \leqslant a)$$

$$F_{QC} = -\frac{x}{l} \quad (0 \leqslant x \leqslant a)$$

当 $F_P = 1$ 在 C 点右侧时，取 EC 部分作隔离体，如图 6.7（j）所示，列平衡方程，得

$$M_C = (1 - \frac{x}{l})a \quad (a \leqslant x \leqslant l)$$

$$F_{QC} = 1 - \frac{x}{l} \quad (a \leqslant x \leqslant l)$$

据此分别画出 M_C、F_{QC} 的影响线，如图 6.7（d）、（e）所示。

可见，跨间部分截面弯矩和剪力的影响线在跨间部分与简支梁相同，伸臂部分为跨间部分的延长线。

(3) 作 M_D、F_{QD} 的影响线。

为了方便，选取 E 点为坐标原点，以 x 向右为正。取 ED 部分作隔离体，当 $c \leqslant x \leqslant d+l$ 时，隔离体上无单位力作用，如图 6.7（k）所示，列平衡方程，得

$$M_D = 0 \quad (c \leqslant x \leqslant d+l)$$

$$F_{QD} = 0 \quad ((c \leqslant x \leqslant d+l)$$

当 $0 \leqslant x \leqslant c$ 时，隔离体上有单位力作用，如图 6.7（l）所示，列平衡方程，得

$$M_D = -(c-x) \quad (0 \leqslant x \leqslant c)$$

$$F_{QD} = -1 \quad (0 \leqslant x \leqslant c)$$

分别画出 M_D、F_{QD} 的影响线，如图 6.7（f）、（g）所示。

(4) 作 F_{QA}^R 的影响线。

仍选取 E 点为坐标原点，以 x 向右为正。取整体为隔离体，列平衡方程求支座反力 F_{RA}，得

$$F_{RA} = 1 + \frac{c+d-x}{l}$$

取 EA 部分作隔离体，当 $c+d \leqslant x \leqslant c+d+l$ 时，隔离体上无单位力作用，如图 6.7（m）所示，列平衡方程，得

$$F_{QA}^R = F_{RA} = 1 + \frac{c+d-x}{l}$$

当 $0 \leqslant x \leqslant c+d$ 时，隔离体上有单位力作用，如图 6.7（n）所示，列平衡方程，得

$$F_{QA}^R = F_{RA} - 1 = \frac{c+d-x}{l}$$

所作 F_{QA}^R 的影响线如图 6.7（h）所示。

学习指导：掌握静力法作单跨静定梁的影响线。请完成章后习题：14～17。

6.3　机动法作静定梁影响线

内力或支座反力的影响线方程是静力平衡方程，也可以由虚功方程建立。这就像用平衡方程可以求静定结构内力，用虚功方程也可以求解一样（见 4.2.3 节）。下面以简支梁

为例，说明如何用虚功方程建立影响线方程，并从中得到作影响线的机动法。

用静力法求出的图 6.8（a）所示简支梁支座反力 F_{RB} 的影响线方程为

$$F_{RB} = \frac{x}{l} \qquad (0 \leqslant x \leqslant l)$$

下面用刚体虚功原理求解图 6.8（a）所示的简支梁支座反力的影响线。

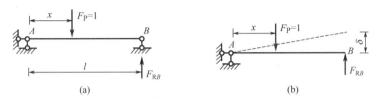

图 6.8　机动法作简支梁支座反力的影响线

为了求 F_{RB}，将 B 支座去掉代之以支座反力 F_{RB}，得到具有一个自由度的几何可变体系，如图 6.8（b）所示。该体系在支座反力 F_{RB} 和外力 $F_P=1$ 作用下处于平衡状态。令体系发生虚位移，支座反力作用点的虚位移为 δ，$F_P=1$ 作用点的虚位移为 $y(x)$。由刚体虚功原理列虚功方程，即

$$F_{RB}\delta - F_P y(x) = 0 \tag{6-7}$$

将几何关系 $\dfrac{y(x)}{\delta} = \dfrac{x}{l}$ 代入式（6-7），得影响线方程

$$F_{RB} = \frac{x}{l} \tag{6-8}$$

这与静力法的结果是一样的。由于虚位移具有任意性，可以令 $\delta=1$，代入式（6-7），得

$$F_{RB}(x) = y(x) \tag{6-9}$$

从式（6-9）可见，F_{RB} 随 x 的变化规律与 $F_P=1$ 作用点处的虚位移 y 随 x 的变化规律相同，即 AB 杆的位移图（$F_P=1$ 在所有作用点处的虚位移连成的图形）就是 F_{RB} 的影响线。这样，作 F_{RB} 的影响线可以不列影响线方程，而只需解除与 F_{RB} 对应的约束，令体系发生刚体虚位移，虚位移图即是 F_{RA} 的影响线（以基线上侧为正）。将这样作影响线的方法称作机动法，也称虚功法。它是利用刚体虚功原理将作影响线的静力计算问题转换为作虚位移图这种几何问题的方法。

由上面利用刚体虚功原理作简支梁支座反力的影响线的过程可归纳出机动法作静定梁某量 S 的影响线的具体步骤如下。

（1）解除与 S 对应的约束，标出 S 的正向。

（2）令解除约束的体系沿 S 的正向发生单位虚位移。

（3）体系的虚位移图即为 S 的影响线的形状，在基线上侧标正号、下侧标负号，并标出纵坐标值，即得 S 的影响线。

下面按以上步骤作图 6.9 所示简支梁 C 截面弯矩、剪力的影响线。

1. 作 M_C 的影响线

去掉与 M_C 对应的限制发生相对转角的约束，相当于将刚结点换成铰结点。将 C 截面由刚结点换成铰结点后，标出 M_C 的正向（以使截面下侧受拉为正），如图 6.9（b）所示。

令体系发生虚位移，使 M_C 对应的广义位移，即铰 C 两侧截面的相对转角为单位转角 $\theta=1$，如图 6.9（c）所示。画出虚位移图并标出纵坐标值和符号即为 M_C 的影响线。因为虚位移是微小的，故 A 点的纵坐标为 a，如图 6.9（d）所示。

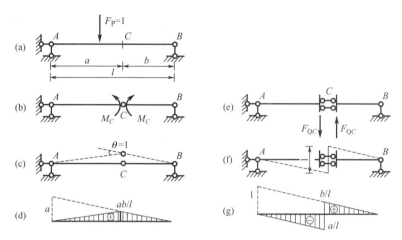

图 6.9 机动法作简支梁弯矩、剪力的影响线

2. 作 F_{QC} 的影响线

解除与 F_{QC} 对应的约束，即将 C 截面由刚结点换成平行链杆，使 C 点两侧截面可以发生垂直于杆轴的相对线位移，标出 F_{QC} 的正向，如图 6.9（e）所示。令体系发生虚位移，使 F_{QC} 对应的广义位移，即 C 点两侧截面的相对竖向位移为单位位移 $\Delta=1$，如图 6.9（f）所示。

初学者有时很难理解这种虚位移，下面分析一下图 6.9（f）所示体系发生的虚位移，其中 AC 杆只能发生绕 A 点的转动，CB 杆只能发生绕 B 点的转动，两杆之间的约束不允许它们发生相对转动，因此两个杆的转角相同，即发生位移后两个杆是平行的，在不破坏约束的条件下只能发生这种位移。令 F_{QC} 对应的广义位移等于 1，使 C 点两侧截面相对竖向位移为 1，C 点左侧截面相对向下，C 点右侧截面相对向上。画出虚位移图并标出纵坐标值和正负号即为 F_{QC} 的影响线，如图 6.9（g）所示。

【例题 6-3】 试作图 6.10（a）所示梁的 F_{RB}、M_A、M_C、F_{QC} 的影响线。

解：（1）作 F_{RB} 的影响线。

将 B 支座去掉，得图 6.10（b）所示体系。由于 A 点处滑动支座的约束，AB 杆只能上下平动，令 B 点发生沿 F_{RB} 正向的相对竖向位移为单位位移，得 F_{RB} 的影响线，如图 6.10（c）所示。

（2）作 M_A 的影响线。

A 支座为滑动支座，约束 A 端的水平位移和转角。去掉与 M_A 对应的限制转角的约束，保留限制水平位移的约束，如图 6.10（d）所示。AB 杆只能绕 B 点转动，使其转动并使 A 端截面发生沿 M_A 正向的转角为单位转角，得 M_A 的影响线，如图 6.10（e）所示。

（3）作 M_C 的影响线。

在 C 点加铰，相当于将刚结点换成铰结点，解除了与 M_C 对应的约束。AC 杆只能上下平动，CB 杆只能绕 B 点转动，使铰 C 两侧截面发生沿 M_C 正向的相对转角为单位转角，

第6章 移动荷载作用下的结构计算

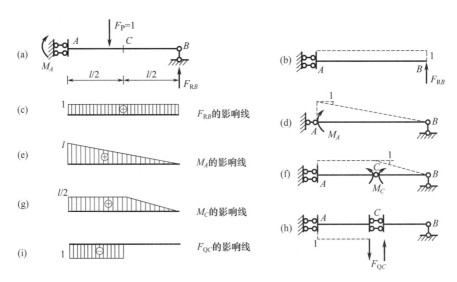

图 6.10 例题 6-3 图

如图 6.10（f）所示，得 M_C 的影响线，如图 6.10（g）所示。

（4）作 F_{QC} 的影响线。

去掉限制 C 点两侧截面发生相对竖向位移的约束，保留限制发生相对水平位移和相对转角的约束——平行链杆，图 6.10（h）所示。AC 杆只能上下平动，CB 杆只能发生绕 B 点的转动。由于 C 点平行链杆的约束，不允许 C 点两侧截面发生相对转动，故 AC 杆不能发生转动，CB 杆也不能转动，又由于 B 支座限制了 CB 杆的上下平动，故 CB 杆不能动，无法发生虚位移。使 C 点两侧截面发生与沿 F_{QC} 正向的相对竖向位移为单位位移，得 F_{QC} 的影响线，如图 6.10（i）所示。

【**例题 6-4**】试作图 6.11（a）所示多跨静定梁 M_1、F_{Q1}、M_2、F_{QC}^L、F_{QC}^R、M_E、F_{RE} 的影响线。

解：（1）作 M_1 的影响线。

在 1 点加铰后，$A1$ 杆不能动，$1B$ 杆可绕 1 点转动并带动其他部分发生位移。令 $1B$ 杆转动单位转角（即铰两侧相对转角为 1），上侧标正号、下侧标负号，得 M_1 的影响线，如图 6.11（b）所示。

（2）作 F_{Q1} 的影响线。

在 1 点加滑动约束后，$A1$ 杆不能动，$1B$ 杆平动并带动其他杆转动，令 1 点两侧截面沿 F_{Q1} 正向的相对竖向位移为单位位移，得 F_{Q1} 的影响线，如图 6.11（c）所示。

（3）作 M_2 的影响线。

在 2 点加铰后，AB 杆不能动，$B2$ 杆可绕 2 点转动并带动其他部分发生位移。令 $B2$ 杆转动单位转角（即铰两侧相对转角为 1），上侧标正号、下侧标负号，得 M_2 的影响线，如图 6.11（d）所示。

（4）作 F_{QC}^L（C 点左侧截面剪力）的影响线。

在 C 点左侧加滑动约束后，AB 杆不能动，BC 杆可绕 B 点转动，CD 杆只能绕 C 点转动，由于滑动约束两侧截面不能发生相对转动，故 CD 杆的转角与 BC 杆的转角相同。

令滑动约束两侧的相对竖向位移为单位位移,得 F_{QC}^L 的影响线,如图 6.11(e)所示。

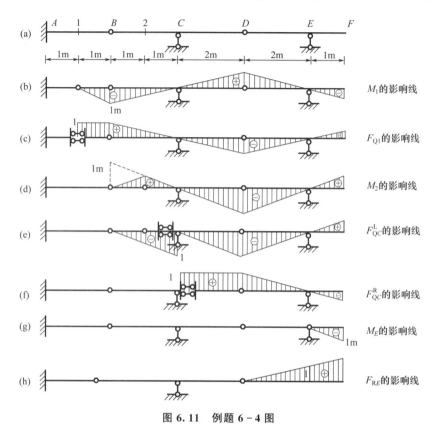

图 6.11 例题 6-4 图

(5) 作 F_{QC}^R（C 点右侧截面剪力）的影响线。

在 C 点右侧加滑动约束后,BC 杆不能动,CD 杆只能上下平动并带动右侧杆件转动。令滑动约束两侧的相对竖向位移为单位位移,得 F_{QC}^R 的影响线,如图 6.11(f)所示。

(6) 作 M_E 影响线。

在 E 点加铰后,只有 EF 杆可绕 E 点转动,令 E 点两侧截面发生沿 M_E 正向的相对转角为单位转角,得 M_E 的影响线,如图 6.11(g)所示。

(7) 作 F_{RE} 影响线。

去掉 E 支座,只有 DF 杆能绕 D 点转动,使 E 点发生的相对竖向位移为单位位移,得 F_{RE} 的影响线,如图 6.13(h)所示。

从上面例题中所作的影响线可以看出:多跨静定梁基本部分的弯矩、剪力和支座反力的影响线一般分布在全梁;附属部分的弯矩、剪力和支座反力的影响线只分布在附属部分,基本部分纵坐标为零;影响线的非零值部分一般是在铰结点处出现转折;弯矩、剪力的影响线在支座处为零值。

由于静定结构解除一个约束后是具有一个自由度的几何可变体系,体系虚位移是刚体位移,故静定结构的影响线是由直线段组成的。

影响线纵坐标值可通过令体系发生单位虚位移来计算,也可按影响线纵坐标含义来确定。用机动法确定影响线形状,由纵坐标含义确定纵坐标值及符号。例如作上例中 F_{RE} 的影响线，可先用机动法确定影响线的形状，如图 6.12（a）所示。再将 $F_P=1$ 作用于 E 点，求 F_{RE} 的值，得 F_{RE} 的影响线在 E 点的纵坐标值为 $y=1$，如图 6.12（b）所示。

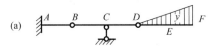

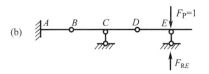

图 6.12　影响线纵坐标值

学习指导：掌握机动法作单跨梁和多跨静定梁的影响线。请完成章后习题：2、13、18。

6.4　机动法作连续梁影响线

用线弹性体系的虚功互等定理可以将作超静定结构影响线的静力计算问题转换为作弹性曲线位移图问题。下面先介绍作法，然后加以证明。

机动法作连续梁影响线的作法基本与作静定梁影响线的作法相同。欲求连续梁某量 S 的影响线，先将与 S 对应的约束解除，代之以 S，体系仍是几何不变体系。在 S 的作用下，体系发生弹性变形，S 引起的弹性变形曲线即是 S 的影响线形状（以基线上侧为正）。

例如，作图 6.13（a）所示连续梁 F_{RD} 的影响线。将 D 支座去掉，加力 F_{RD}，并画出 F_{RD} 引起的弹性变形曲线，如图 6.13（b）所示。该变形曲线即是 F_{RD} 的影响线形状（以基线上侧为正），如图 6.13（c）所示。

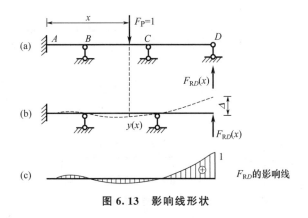

图 6.13　影响线形状

证明如下。

将图 6.13（a）$F_P=1$ 作用状态作为状态 1，将图 6.13（b）F_{RD} 作用状态作为状态 2。根据线弹性变形体系的虚功互等定理（见 4.7.1 节），状态 1 上的外力在状态 2 位移上做的虚功 W_{12} 等于状态 2 上的外力在状态 1 位移上做的虚功 W_{21}，即

$$W_{12}=W_{21} \tag{6-10}$$

状态 1 上的外力在状态 2 位移上做的虚功为
$$W_{12}=F_P y(x)+F_{RD}(x)\Delta \tag{6-11}$$
因为状态 2 上的外力 F_{RD} 所对应的状态 1 上的位移为 0，所以
$$W_{21}=0 \tag{6-12}$$
将式(6-11)、式(6-12)代入式(6-10)，得
$$F_{RD}(x)\Delta=-y(x)$$
若使 F_{RD} 引起的位移 $\Delta=1$，则
$$F_{RD}(x)=-y(x) \tag{6-13}$$

式中，x 为 $F_P=1$ 的作用位置，$y(x)$ 为 F_{RD} 引起的 $F_P=1$ 作用点对应的位移，由于 $F_P=1$ 在整个梁上移动，$y(x)$ 为 F_{RD} 引起的整个梁的位移曲线。从式(6-13)可见，F_{RD} 随 x 的变化规律与 $y(x)$ 随 x 的变化规律相同，可见弹性变形曲线即是影响线的形状。$y(x)$ 以与 $F_P=1$ 方向一致为正，即以向下为正，F_{RD} 的影响线以基线上侧为正。

机动法作连续梁某量 S 的影响线的步骤如下。
(1) 解除与 S 对应的约束，代之以 S。
(2) 绘出 S 引起的弹性变形曲线。
(3) S 引起的弹性变形曲线即为 S 的影响线的形状，在基线上侧标正号、下侧标负号，即为 S 的影响线。

【例题 6-5】试作图 6.14（a）所示连续梁 M_1、M_B、F_{Q1}、F_{RC} 的影响线。

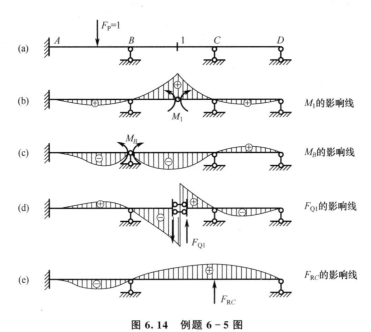

图 6.14 例题 6-5 图

解：(1) 作 M_1 的影响线形状。
在 1 点加铰，解除与 M_1 对应的约束。作出 M_1 引起的弹性变形曲线，如图 6.14（b）所示，标出正负号即为 M_1 的影响线。
(2) 作 M_B 的影响线形状。
将 B 点改为全铰结点，B 点有竖向支座不能竖向运动，作出 M_B 引起的弹性变形曲

线，如图 6.14（c）所示，标出正负号即得 M_B 的影响线。

（3）作 F_{Q1} 的影响线形状。

在 1 点加滑动约束，使 1 点两侧截面沿 F_{Q1} 正向移动。作出 F_{Q1} 引起的弹性变形曲线，如图 6.14（d）所示，标出正负号即得 F_{Q1} 的影响线。

（4）作 F_{RC} 的影响线形状。

将 C 支座去掉，作出 F_{RC} 引起的弹性变形曲线，如图 6.14（e）所示，标出正负号即得 F_{RC} 的影响线。

从机动法作出的连续梁的内力和支座反力的影响线形状可见，超静定结构的内力和支座反力的影响线一般是曲线图形。

学习指导：了解机动法作连续梁的影响线的理论根据，会用机动法作连续梁的影响线的形状。请完成章后习题：12、19。

6.5 固定荷载作用下利用影响线求内力和支座反力

利用影响线可计算固定荷载作用下的内力和支座反力。

6.5.1 集中荷载

图 6.15 所示简支梁上受位置固定的集中荷载作用，欲求 C 截面的弯矩 M_C。

先作 M_C 的影响线如图 6.15（b）所示。根据影响线纵坐标的含义，y_1 为 $F_P=1$ 作用于 1 点时的 M_C 值，现在 $F_P=1$ 换成了 F_{P1}，M_C 值为

$$M_C = F_{P1} y_1$$

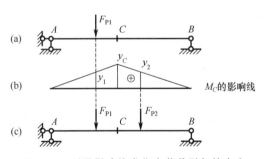

图 6.15 利用影响线求集中荷载引起的内力

当梁上有 F_{P1}、F_{P2} 作用时，如图 6.15（c）所示，根据叠加原理，所引起的 M_C 的值应等于两个力单独作用所引起的 M_C 值之和，即

$$M_C = F_{P1} y_1 + F_{P2} y_2$$

当有 N 个力时，则 M_C 值为

$$M_C = \sum_{i=1}^{N} F_{Pi} y_i \tag{6-14}$$

对于求剪力、支座反力，计算方法相同。

6.5.2 均布荷载

如图 6.16 所示,简支梁上作用有均布荷载,欲求 C 截面的弯矩 M_C。均布荷载可视为由无限多个微段上的集中力构成。坐标为 x 的微段 $\mathrm{d}x$ 上的均布荷载可视为集中力 $q\mathrm{d}x$,如图 6.16 所示,在它单独作用下,M_C 为

$$\mathrm{d}M_C = q\mathrm{d}x \cdot y(x)$$

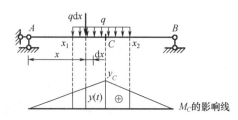

图 6.16 利用影响线求均布荷载引起的内力

全部均布荷载作用下引起的 M_C 值应等于各微段上的集中力所引起的弯矩值之和,即

$$M_C = \int_{x_1}^{x_2} qy(x)\mathrm{d}x = q\int_{x_1}^{x_2} y(x)\mathrm{d}x$$

其中,$\int_{x_1}^{x_2} y(x)\mathrm{d}x$ 为荷载分布区间对应的影响线的面积,记作 A_0。因此均布荷载所引起的 M_C 为荷载分布集度 q 与荷载分布区间的影响线面积的乘积,即

$$M_C = qA_0 \tag{6-15}$$

【例题 6-6】利用影响线求图 6.17(a)所示伸臂梁的支座反力 F_{yA} 和 E 截面的剪力 F_{QE}。

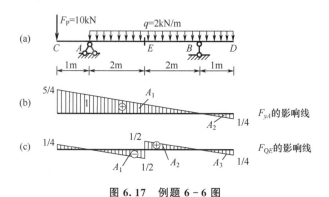

图 6.17 例题 6-6 图

解:(1)求 F_{yA}。

作 F_{yA} 的影响线,如图 6.17(b)所示。按式(6-14)和式(6-15),F_{yA} 为

$$F_{yA} = F_P y_1 + qA_1 + qA_2$$

其中,y_1 为 F_P 作用点对应的影响线纵坐标,A_1、A_2 为影响线面积,分别为

$$y_1 = \frac{5}{4},\ A_1 = \frac{1}{2} \times 4\mathrm{m} \times 1 = 2\mathrm{m},\ A_2 = -\frac{1}{2} \times 1\mathrm{m} \times \frac{1}{4} = -\frac{1}{8}\mathrm{m}$$

代入上式，得

$$F_{yA}=10\text{kN}\times\frac{5}{4}+2\text{kN/m}\times 2\text{m}-2\text{kN/m}\times\frac{1}{8}\text{m}=16.25\text{kN}(\uparrow)$$

（2）求 F_{QE}。

作 F_{QE} 的影响线，如图 6.17（c）所示。

$$y_1=\frac{1}{4}, A_1=-\frac{1}{2}\times 2\text{m}\times\frac{1}{2}=-\frac{1}{2}\text{m}, A_2=\frac{1}{2}\times 2\text{m}\times\frac{1}{2}=\frac{1}{2}\text{m}, A_3=-\frac{1}{2}\times 1\text{m}\times\frac{1}{4}=-\frac{1}{8}\text{m}$$

代入公式，得

$$F_{QE}=10\text{kN}\times\frac{1}{4}+2\text{kN/m}\times\left(-\frac{1}{2}\text{m}\right)+2\text{kN/m}\times\frac{1}{2}\text{m}+2\text{kN/m}\times\left(-\frac{1}{8}\text{m}\right)=2.25\text{kN}$$

学习指导：掌握利用影响线求固定荷载作用下的内力和支座反力的方法。请完成章后习题：4、5、20。

6.6　确定最不利荷载位置

6.6.1　最不利荷载位置

移动荷载在结构上移动，使结构某量 S 达到最大值时的荷载位置称为 S 的最不利荷载位置。

当移动荷载只有一个集中力时，借助影响线能方便地确定最不利荷载位置。例如，求图 6.18（a）所示外伸梁在移动荷载 F_P 作用下 C 截面弯矩的最不利荷载位置。作 M_C 的影响线，如图 6.18（b）所示。根据 6.5 节所介绍的内容，若要使 M_C 发生最大值，荷载应位于影响线纵坐标值最大的位置。当荷载位于 C 点时使 M_C 发生最大正号值，其最大值为

$$M_{C\max}=10\text{kN}\times\frac{4}{3}\text{m}\approx 13.33\text{kN}\cdot\text{m}$$

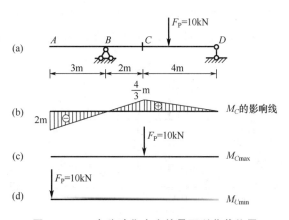

图 6.18　一个移动集中力的最不利荷载位置

M_C 的最不利荷载位置如图 6.18（c）所示。从 M_C 的影响线可见，荷载位于 A 点能使 M_C 发生最大负号值，即最小值 $[M_{C\min}=10\text{kN}\times(-2\text{m})=-20\text{kN}\cdot\text{m}]$，是使 C 截

面发生上侧受拉的最大值，这也是 M_C 的最不利荷载位置，如图 6.18（d）所示。

6.6.2 均布活荷载的最不利荷载分布

均布活荷载是指分布集度为常数，可以任意布置的均布荷载。能使结构某量 S 发生最大值的荷载分布称为 S 的最不利分布。利用影响线可方便地确定均布活荷载的最不利分布。例如，图 6.19（a）所示梁受分布集度为 q 的均布活荷载作用，欲确定 M_C 的最不利荷载分布。作 M_C 的影响线，如图 6.19（b）所示。根据式（6-15），若要使 M_C 最大（最大正弯矩），应使荷载分布于影响线全部为正号的部分；若要使 M_C 最小（最大负弯矩），应使荷载分布于影响线全部为负号的部分。最不利荷载分布如图 6.19（c）、（d）所示。

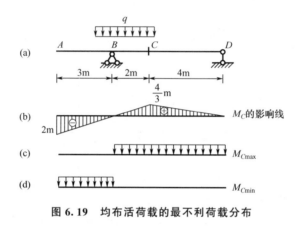

图 6.19　均布活荷载的最不利荷载分布

6.6.3 行列荷载作用下的最不利荷载位置

行列荷载是指由一组间距不变的集中力组成的移动荷载，如吊车梁承受的吊车轮压、桥梁承受的汽车轮压等。下面以确定图 6.20 所示简支梁 K 截面弯矩的最不利荷载位置为例来讨论。

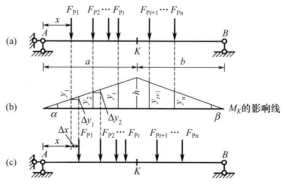

图 6.20　行列荷载作用情况

作 M_K 的影响线，如图 6.20（b）所示。M_K 的影响线由两条直线构成，有一个顶点。当荷载处于图 6.20（a）所示位置时，由式(6-14)可知 M_K 值为

$$M_K = F_{P1}y_1 + F_{P2}y_2 + \cdots + F_{Pn}y_n \tag{6-16}$$

是荷载位置 x 的函数。将荷载向右移动 Δx，各集中力对应的影响线纵坐标有增量 Δy_i，如图 6.20（c）所示。M_K 也产生增量 ΔM_K，这时 K 截面弯矩为

$$M_K + \Delta M_K = F_{P1}(y_1 + \Delta y_1) + F_{P2}(y_2 + \Delta y_2) + \cdots + F_{Pn}(y_n + \Delta y_n) \tag{6-17}$$

将式(6-17)减式(6-16)，得

$$\Delta M_K = F_{P1}\Delta y_1 + F_{P2}\Delta y_2 + \cdots + F_{Pn}\Delta y_n \tag{6-18}$$

其中，位于 K 点左侧的各集中力所对应的影响线纵坐标在同一直线上，纵坐标增量相同，即

$$\Delta y_1 = \Delta y_2 = \cdots = \Delta y_i = \frac{h}{a}\Delta x = \Delta x \cdot \tan\alpha$$

同样，位于 K 点右侧的各集中力所对应的影响线纵坐标也在同一直线上，纵坐标增量也相同，即

$$\Delta y_{i+1} = \Delta y_{i+2} = \cdots = \Delta y_n = -\frac{h}{b}\Delta x = -\Delta x \cdot \tan\beta$$

代入式(6-18)得

$$\Delta M_K = (F_{P1} + F_{P2} + \cdots + F_{Pi})\tan\alpha \cdot \Delta x - (F_{Pi+1} + F_{Pi+2} + \cdots + F_{Pn})\tan\beta \cdot \Delta x \tag{6-19}$$

将式(6-19)写成变化率的形式，为

$$\frac{\Delta M_K}{\Delta x} = (F_{P1} + F_{P2} + \cdots + F_{Pi})\tan\alpha - (F_{Pi+1} + F_{Pi+2} + \cdots + F_{Pn})\tan\beta \tag{6-20}$$

求 M_K 的最大值属于求 M_K 的极值，可通过分析 M_K 的变化率获得。从式(6-20)可见，当荷载移动时没有集中力越过顶点 K，变化率 $\frac{\Delta M_K}{\Delta x}$ 为常数，M_K 为 x 的线性函数，是直线图形；当荷载移动时有集中力越过顶点 K，变化率 $\frac{\Delta M_K}{\Delta x}$ 将有突变。可见 M_K 在坐标系中是由若干直线组成的折线图形，比如像图 6.21 所示的那样。从图 6.21 可见，A、B、C、D、E 点为 M_K 的极值。

（1）发生 B、D、E 这 3 个点的极值，变化率应满足的条件为：当荷载向右移（$\Delta x > 0$）时，$\frac{\Delta M_K}{\Delta x} < 0$；当荷载向左移（$\Delta x < 0$）时，$\frac{\Delta M_K}{\Delta x} > 0$。

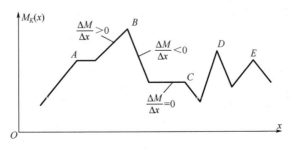

图 6.21　M_K 的极值点

(2) 发生 A 点的极值，变化率应满足的条件为：当荷载向右移（$\Delta x>0$）时，$\dfrac{\Delta M_K}{\Delta x}=0$；当荷载向左移（$\Delta x<0$）时，$\dfrac{\Delta M_K}{\Delta x}>0$。

(3) 发生 C 点的极值，变化率应满足的条件为：当荷载向右移（$\Delta x>0$）时，$\dfrac{\Delta M_K}{\Delta x}<0$；当荷载向左移（$\Delta x<0$）时，$\dfrac{\Delta M_K}{\Delta x}=0$。

若要使极值发生，必须有一个集中力作用于影响线顶点，然后将荷载向左移，再向右移，看是否能满足上面的条件。将能满足上面条件的力称作临界荷载，记作 F_{Pcr}。临界荷载位于影响线顶点时的荷载位置称作临界位置。为了方便，将上面的条件合并为

$$\left.\begin{array}{l} 当荷载向右移(\Delta x>0)时，\dfrac{\Delta M_K}{\Delta x}\leqslant 0 \\ 当荷载向左移(\Delta x<0)时，\dfrac{\Delta M_K}{\Delta x}\geqslant 0 \end{array}\right\} \quad (6-21)$$

由式 (6-20)，上面的条件可以写成

$$\left.\begin{array}{l} 当荷载向右移(\Delta x>0)时，\dfrac{F_R^L+F_{Pcr}}{a}\leqslant \dfrac{F_R^R}{b} \\ 当荷载向左移(\Delta x<0)时，\dfrac{F_R^L+F_{Pcr}}{a}\geqslant \dfrac{F_R^R}{b} \end{array}\right\} \quad (6-22)$$

式中，F_R^L 为临界荷载左边的梁上荷载的合力；F_R^R 为临界荷载右边的梁上荷载的合力。式 (6-22) 称作临界荷载判别式。该式表明临界荷载计入哪一侧，哪一侧的荷载平均集度就大。满足判别式的荷载可能不止一个，即可能有多个临界荷载，对应有多个临界位置。分别计算出荷载处于临界位置时的 M_K 值，它们是 M_K 的极值，通过比较即可求出 M_K 的最大值，与发生最大值对应的荷载位置即为 M_K 的最不利荷载位置。

以上是针对简支梁 K 截面弯矩 M_K 的最不利荷载位置讨论的，只用到了影响线是三角形的这一特点，因此对于其他梁，只要影响线是三角形的，作法都相同。

根据上面的讨论，确定具有三角形影响线的某量 S 的最不利荷载位置的步骤如下。

(1) 作出 S 的影响线。

(2) 将每个荷载置于影响线顶点处，由临界荷载判别式 (6-22) 判定其是否为临界荷载。

(3) 逐个计算荷载处于临界位置时 S 的极值。

(4) 从各极值中选出最大值，即为 S 的最大值，同时得到 S 的最不利荷载位置。

【例题 6-7】试求图 6.22（a）所示简支梁 C 截面弯矩 M_C 的最大值。已知：$F_{P1}=4.5\text{kN}$，$F_{P2}=2\text{kN}$，$F_{P3}=7\text{kN}$，$F_{P4}=3\text{kN}$。

解：(1) 作出 M_C 的影响线，如图 6.22（b）所示。

(2) 将各荷载分别置于影响线顶点，判定其是否为临界荷载。

将 F_{P1} 置于影响线顶点，如图 6.22（c）所示。

荷载向左移，有

$$\dfrac{F_R^L+F_{P1}}{a}=\dfrac{2+4.5}{6}\approx 1.08>\dfrac{F_R^R}{b}=\dfrac{0}{10}=0$$

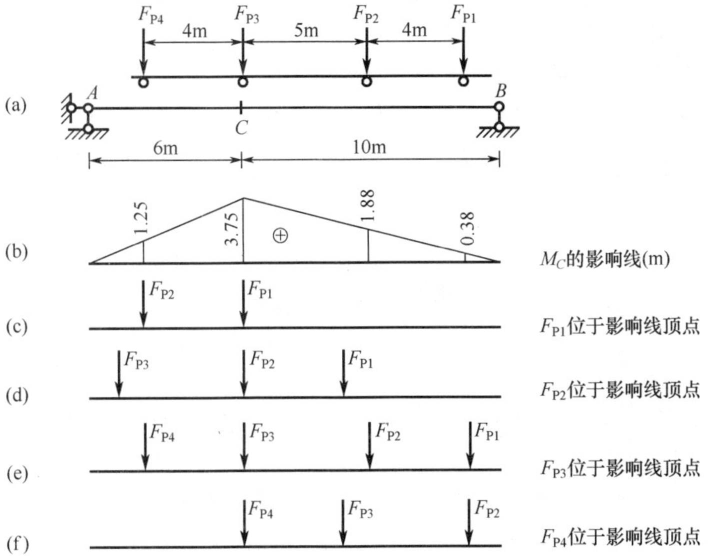

第6章 移动荷载作用下的结构计算

图 6.22 例题 6-7 图

荷载向右移，有

$$\frac{F_R^L}{a}=\frac{2}{6}\approx 0.33<\frac{F_{P1}+F_R^R}{b}=\frac{4.5}{10}=0.45$$

满足判别条件，故 F_{P1} 是临界荷载。

将 F_{P2} 置于影响线顶点，如图 6.22（d）所示。

荷载向左移，有

$$\frac{F_R^L+F_{P2}}{a}=\frac{7+2}{6}=1.5>\frac{F_R^R}{b}=\frac{4.5}{10}=0.45$$

荷载向右移，有

$$\frac{F_R^L}{a}=\frac{7}{6}\approx 1.17>\frac{F_{P2}+F_R^R}{b}=\frac{2+4.5}{10}=0.65$$

不满足判别条件，故 F_{P2} 不是临界荷载。

类似地可判断出 F_{P3} 是临界荷载，F_{P4} 不是临界荷载。

（3）计算荷载处于临界位置时 M_C 的极值。

对于图 6.22（c）所示临界位置，M_C 的值为

$$M_C=F_{P1}\times 3.75\text{m}+F_{P2}\times 1.25\text{m}=19.375\text{kN}\cdot\text{m}$$

对于图 6.22（e）所示临界位置，M_C 的值为

$$M_C=F_{P1}\times 0.38\text{m}+F_{P2}\times 1.88\text{m}+F_{P3}\times 3.75\text{m}+F_{P4}\times 1.25\text{m}=35.47\text{kN}\cdot\text{m}$$

（4）比较算出的 M_C 的极值，可得 M_C 的最大值为

$$M_{C\max}=35.47\text{kN}\cdot\text{m}$$

则其最不利荷载位置如图 6.22（e）所示。

因为发生最大值时必有一个力位于影响线顶点，对于例题 6-7 只有 4 个荷载的情况，发生最大值只有 4 种情况，判定临界荷载只是从中去掉了 2 种不可能的情况，当荷载较少时，不判定临界荷载也是可以的，只需将所有力置于影响线顶点，逐个计算然后比较即

可。在计算前先根据荷载大小及对应的影响线纵坐标值可删掉一些情况不必计算，比如例题 6-7，由于 F_{P1} 对应的临界位置显然比 F_{P3} 对应的临界位置所引起的 M_C 的值小，因此荷载处于 F_{P1} 对应的临界位置时的 M_C 是不必计算的。

学习指导：掌握最不利荷载位置、最不利荷载分布、临界荷载、临界位置的概念，能确定静定梁和连续梁的最不利荷载分布，能确定三角形影响线的最不利荷载位置。请完成章后习题：3、21、22。

习　题

一、单项选择题

1. 图 6.23（a）所示结构 M_D 的影响线如图 6.23（b）所示，影响线的纵坐标 y_C 表示 $F_P=1$ 作用在（　　）。

  A. C 点时，D 截面的弯矩值　　　B. D 点时，C 截面的弯矩值
  C. C 点时，C 截面的弯矩值　　　D. D 点时，D 截面的弯矩值

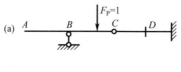

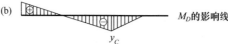

图 6.23　题 1 图

2. 机动法作静定结构影响线的理论基础是（　　）。
  A. 反力互等定理　　　　　　B. 位移互等定理
  C. 刚体虚功原理　　　　　　D. 叠加原理

3. 图 6.24 所示连续梁受均布活荷作用，若要使 M_C 发生最大值，荷载应分布于（　　）。
  A. AB 和 CD 段　　　　　B. BC 和 DE 段
  C. BC 和 CD 段　　　　　D. AB 和 DE 段

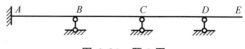

图 6.24　题 3 图

4. 图 6.25 所示多跨静定梁及 k 截面弯矩影响线，在图示固定荷载作用下 k 截面弯矩等于（　　）。
  A. -30kN·m　　　　　　　B. -10kN·m
  C. 0　　　　　　　　　　　D. 10kN·m

5. 图 6.26 所示多跨静定梁及 k 截面弯矩影响线，在图示固定荷载作用下 k 截面弯矩等于（　　）。
  A. 20kN·m　　B. -10kN·m　　C. 10kN·m　　D. 30kN·m

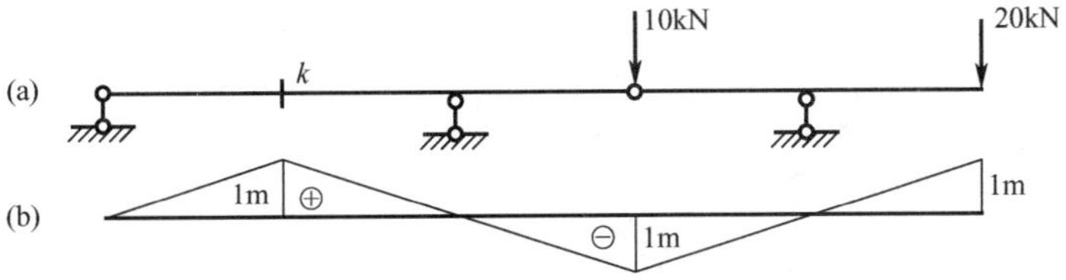

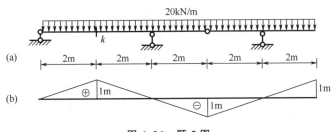

图 6.25 题 4 图

图 6.26 题 5 图

二、填空题

6. 移动荷载与固定荷载的不同之处是_____，相同之处是_____。

7. 图 6.27（a）所示为 A 截面弯矩 M_A 的影响线，图 6.27（b）所示为固定荷载 F_P 作用下的弯矩图。图 6.27（a）中 y_B 的物理含义为_____，图 6.27（b）中 y_B 的物理含义为_____。

8. 图 6.28（a）所示桁架中 1 杆的轴力影响线如图 6.28（b）所示，影响线纵坐标 y 的值为_____。

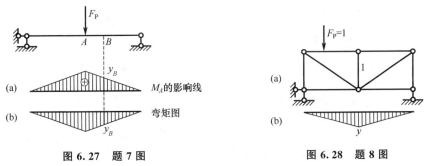

图 6.27 题 7 图　　　　图 6.28 题 8 图

9. 弯矩影响线与弯矩图的区别有：作影响线时的荷载为_____，横坐标为_____，纵坐标为_____；作弯矩图时的荷载为_____，横坐标为_____，纵坐标为_____。

10. 作影响线的方法有_____法和_____法。

11. 图 6.29（a）所示结构 M_E（以右侧受拉为正）的影响线如图 6.29（b）所示，CD 杆的长度为 3m，影响线的纵坐标 $y_C=$_____。

12. 静定结构的内力影响线是_____图形，超静定结构的影响线一般是_____图形。

13. 用静力法作影响线，影响线方程是_____方程；用机动法作影响线，影响线是_____图。

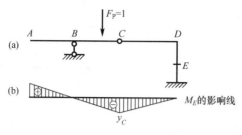

图 6.29 题 11 图

三、计算题

14. 试用静力法作图 6.30 所示梁 F_{RA}、M_A、F_{QC}、M_C 的影响线。

15. 试用静力法作图 6.31 所示梁 F_{yB}、M_A、F_{QC}、F_{QB}^L、F_{QB}^R、M_D 的影响线。

16. 试用静力法作图 6.32 所示梁 F_{yA}、M_C、F_{QC}、M_B 的影响线。

17. 试用静力法作图 6.33 所示梁 F_{xA}、F_{yA}、M_C、F_{QC}、F_{NC}、F_{yB} 的影响线。

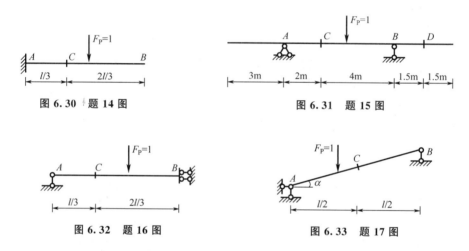

图 6.30 题 14 图　　　　图 6.31 题 15 图

图 6.32 题 16 图　　　　图 6.33 题 17 图

18. 试作图 6.34 所示多跨静定梁 M_B、F_{QB}、F_{yA}、F_{yE}、M_D 的影响线。

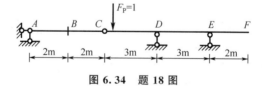

图 6.34 题 18 图

19. 试用机动法作图 6.35 所示连续梁 M_A、F_{yA}、F_{QC}^L、F_{QC}^R 的影响线。

20. 试利用影响线求图 6.36 所示梁在固定荷载作用下的 M_E、F_{yB}、F_{QB}^L。

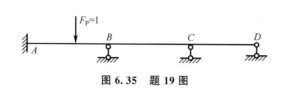

图 6.35 题 19 图

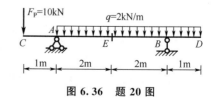

图 6.36 题 20 图

21. 试求图 6.37 所示梁在行列荷载作用下 C 点的支座反力的最大值。

22. 图 6.38 所示吊车梁上有两台吊车行驶，已知：$F_{P1}=F_{P2}=F_{P3}=F_{P4}=324.5\text{kN}$，试求截面 C 的弯矩最大值。

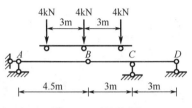

图 6.37　题 21 图

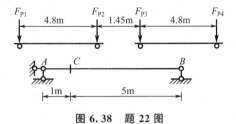

图 6.38　题 22 图

第6章 习题参考答案

第6章拓展习题及参考答案

第7章
矩阵位移法

知识结构图

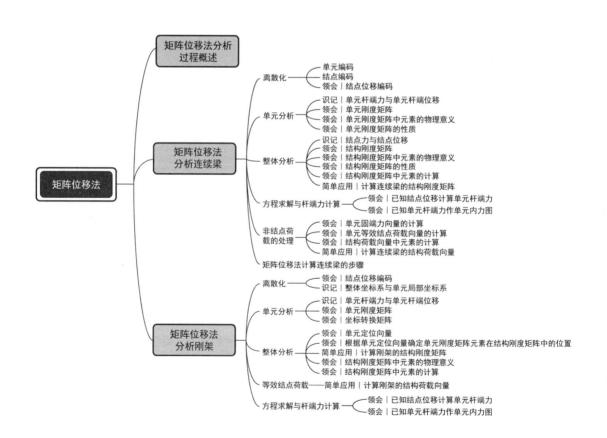

第7章 矩阵位移法

结构设计中常用计算机对结构做受力分析，所用的程序通常是用矩阵位移法或有限单元法编制的。矩阵位移法是以位移法为理论基础、以矩阵为数学表达工具、以计算机为计算手段的现代结构分析方法之一，可以解决具有很多未知量的实际工程结构的受力分析问题。通过本章的学习可以了解矩阵位移法的基本理论、概念和分析过程，为学习掌握结构分析程序的使用及进一步的学习打好理论基础。

7.1 矩阵位移法分析过程概述

以图 7.1（a）所示结构为例介绍矩阵位移法的分析步骤，从中可了解矩阵位移法的基本思想。矩阵位移法的分析分以下几步。

（1）离散化。将结构拆成若干杆件，每一个杆件称为一个单元，各单元之间的连接点称为结点。将单元和结点分别从 1 开始依次编号，图 7.1（b）所示结构可分成 3 个单元，有 4 个结点。

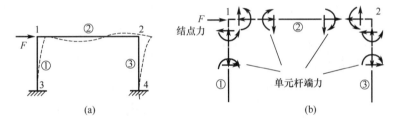

图 7.1 离散化

（2）单元分析。单元两端截面有内力，称为单元杆端力，记作 $\{F\}^e$；单元两端有杆端位移，称为单元杆端位移，记作 $\{\Delta\}^e$。通过分析可获得单元杆端力与单元杆端位移的关系，记作

$$\{F\}^e \Leftrightarrow \{\Delta\}^e \tag{a}$$

它们之间具体是什么关系将在后面介绍。

（3）整体分析。将离散开的单元合成结构，建立结点力与结点位移的关系。

结点外力记作 $\{P\}$，由结点平衡条件可得结点外力与单元杆端力的关系，该关系记作

$$\{P\} \Leftrightarrow \{F\}^e \tag{b}$$

将关系（a）代入关系（b），消去单元杆端力得结点外力与单元杆端位移的关系，即

$$\{P\} \Leftrightarrow \{\Delta\}^e \tag{c}$$

结点位移记作 $\{\Delta\}$，由变形协调条件，结点位移与单元杆端位移相等，姑且记作

$$\{\Delta\} = \{\Delta\}^e \tag{d}$$

将关系（d）代入关系（c），得结点外力与结点位移的关系，即

$$\{P\} \Leftrightarrow \{\Delta\} \tag{e}$$

（4）方程求解。通过关系（e），可由已知的结点外力 $\{P\}$ 求得结点位移 $\{\Delta\}$。

（5）杆端力计算。将解出的结点位移 $\{\Delta\}$ 代入关系（d），可求得单元杆端位移 $\{\Delta\}^e$；将单元杆端位移 $\{\Delta\}^e$ 代入关系（a），可求得单元杆端力 $\{F\}^e$，据此可绘出结构的内力图。

可见矩阵位移法的基本未知量为结点位移，与位移法一致。

学习指导：在学习矩阵位移法之前从整体上了解一下分析过程，对后面的学习会有较大的帮助，要求了解矩阵位移法的思路和上面的分析步骤，明确每一步要解决的问题。

7.2 矩阵位移法分析连续梁

连续梁的结点只有转角未知量，计算简单，因此先以连续梁为例介绍矩阵位移法的基本概念和分析过程。

7.2.1 离散化

图 7.2（a）所示两跨连续梁可分成两个单元，有 3 个结点。对单元、结点编码，如图 7.2（b）所示，图中 1、2、3 为结点编码，①、② 为单元编码。1、2、3 结点的转角位移设为 θ_1、θ_2、θ_3，下标 1、2、3 为结点位移编码，在图 7.2（b）中记为（1）、（2）、（3），规定结点转角以顺时针方向为正。若结点处是固定支座，则结点位移编码为 0。这些编码称为结构整体编码。因为每个单元的两端均无线位移，离散化后每个单元相当于一个简支梁，称为简支单元，如图 7.2（c）所示。

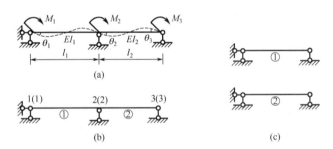

图 7.2 连续梁的离散化

7.2.2 单元分析

图 7.2（c）中的两个简支单元除长度、弯曲刚度可能不同外，其他均相同。故可取图 7.3 所示简支单元作为代表来分析，e 为单元编码。称单元左端为 1 端、右端为 2 端，则两端的杆端弯矩分别记作 M_1^e、M_2^e，两端的杆端转角分别记作 θ_1^e、θ_2^e，均规定以顺时针方向为正，用矩阵表示为

$$\{F\}^e = \begin{Bmatrix} M_1^e \\ M_2^e \end{Bmatrix}, \quad \{\Delta\}^e = \begin{Bmatrix} \theta_1^e \\ \theta_2^e \end{Bmatrix}$$

分别称为 e 单元的杆端力向量和杆端位移向量，简称单元杆端力和单元杆端位移。

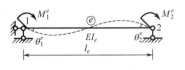

图 7.3 简支单元

单元分析的目的是建立单元杆端力与单元杆端位移的关系。由例题 4-8 可知

$$\theta_1^e = \frac{l_e}{3EI_e}M_1^e - \frac{l_e}{6EI_e}M_2^e, \quad \theta_2^e = -\frac{l_e}{6EI_e}M_1^e + \frac{l_e}{3EI_e}M_2^e$$

用矩阵表示，为

$$\begin{Bmatrix} \theta_1^e \\ \theta_2^e \end{Bmatrix} = \begin{bmatrix} \dfrac{l_e}{3EI_e} & -\dfrac{l_e}{6EI_e} \\ -\dfrac{l_e}{6EI_e} & \dfrac{l_e}{3EI_e} \end{bmatrix} \begin{Bmatrix} M_1^e \\ M_2^e \end{Bmatrix} \quad (7-1)$$

解方程，并设 $i_e = EI_e/l_e$，可得

$$\begin{Bmatrix} M_1^e \\ M_2^e \end{Bmatrix} = \begin{bmatrix} 4i_e & 2i_e \\ 2i_e & 4i_e \end{bmatrix} \begin{Bmatrix} \theta_1^e \\ \theta_2^e \end{Bmatrix} = \begin{bmatrix} k_{11}^e & k_{12}^e \\ k_{21}^e & k_{22}^e \end{bmatrix} \begin{Bmatrix} \theta_1^e \\ \theta_2^e \end{Bmatrix} \quad (7-2\text{a})$$

或

$$\{F\}^e = [k]^e \{\Delta\}^e \quad (7-2\text{b})$$

称为单元刚度方程，其中

$$[k]^e = \begin{bmatrix} k_{11}^e & k_{12}^e \\ k_{21}^e & k_{22}^e \end{bmatrix} = \begin{bmatrix} 4i_e & 2i_e \\ 2i_e & 4i_e \end{bmatrix} \quad (7-3)$$

称为单元刚度矩阵。它是用单元杆端位移表示单元杆端力的联系矩阵。

由式（7-2a）可理解单元刚度矩阵中元素的物理意义。

当单元发生 $\theta_1^e = 1$、$\theta_2^e = 0$ 杆端位移时，由式（7-2a）可得

$$\begin{Bmatrix} M_1^e \\ M_2^e \end{Bmatrix} = \begin{bmatrix} k_{11}^e & k_{12}^e \\ k_{21}^e & k_{22}^e \end{bmatrix} \begin{Bmatrix} 1 \\ 0 \end{Bmatrix} = \begin{Bmatrix} k_{11}^e \\ k_{21}^e \end{Bmatrix}$$

即单元刚度矩阵中的第一列元素为发生杆端位移 $\theta_1^e = 1$、$\theta_2^e = 0$ 时的杆端力。令单元发生杆端位移 $\theta_1^e = 1$、$\theta_2^e = 0$，如图 7.4（a）所示，可求得 $M_1^e = 4i_e$、$M_2^e = 2i_e$，即 $k_{11}^e = 4i_e$、$k_{21}^e = 2i_e$。同理，单元刚度矩阵中的第二列元素为发生杆端位移 $\theta_1^e = 0$、$\theta_2^e = 1$ 时的杆端力，如图 7.4（b）所示。这与由式（7-1）求出的结果相同。

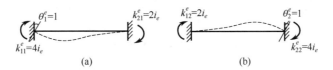

图 7.4　单元刚度矩阵中元素的物理意义

根据单元刚度矩阵中元素的物理意义可知单元刚度矩阵有如下性质。

（1）主对角线上的元素 k_{11}^e、k_{22}^e 一定大于零。

（2）非对角线上的元素 $k_{12}^e = k_{21}^e$，满足反力互等定理，因此单元刚度矩阵是对称矩阵。

当把各单元的线刚度代入式（7-3）时，即可得到各单元的单元刚度矩阵，各单元的杆端力与杆端位移的关系也就确定了。

学习指导：这一部分主要掌握单元刚度方程、单元刚度矩阵的概念，掌握单元刚度矩阵中元素的物理意义及单元刚度矩阵的性质。请完成章后习题：1~3、13、14。

7.2.3 整体分析

1. 结点力与结点位移的关系

设连续梁只在结点上有外力偶作用，在结点外力偶作用下结点有转角位移，如图7.5所示，杆中有荷载的情况稍后讨论。规定这些力偶和转角位移以顺时针方向为正。用矩阵表示为

$$\{P\} = \begin{Bmatrix} M_1 \\ M_2 \\ M_3 \end{Bmatrix}, \quad \{\Delta\} = \begin{Bmatrix} \theta_1 \\ \theta_2 \\ \theta_3 \end{Bmatrix}$$

分别称为结点力向量和结点位移向量，简称结点力和结点位移。注意，单元的杆端力和杆端位移用写在右上角的单元编号来与结构的结点力和结点位移相区别。整体分析的目的是建立结点力和结点位移的关系。

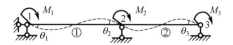

图 7.5　结点力与结点位移

取结点为隔离体（为了看得清楚将单元一并画出），如图7.6所示。由隔离体的平衡可得

$$\left.\begin{matrix} M_1 = M_1^① \\ M_2 = M_2^① + M_1^② \\ M_3 = M_2^② \end{matrix}\right\} \qquad (7-4)$$

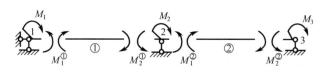

图 7.6　结点隔离体受力分析

将单元刚度方程式(7-2)，即 $M_1^e = k_{11}^e \theta_1^e + k_{12}^e \theta_2^e$，$M_2^e = k_{21}^e \theta_1^e + k_{22}^e \theta_2^e$ （$e=1,2$）代入式(7-4)，得

$$\left.\begin{matrix} M_1 = k_{11}^① \theta_1^① + k_{12}^① \theta_2^① \\ M_2 = k_{21}^① \theta_1^① + k_{22}^① \theta_2^① + k_{11}^② \theta_1^② + k_{12}^② \theta_2^② \\ M_3 = k_{21}^② \theta_1^② + k_{22}^② \theta_2^② \end{matrix}\right\} \qquad (7-5)$$

由变形协调条件，结点转角与单元杆端转角相同，即

$$\left.\begin{matrix} \theta_1 = \theta_1^① \\ \theta_2 = \theta_2^① = \theta_1^② \\ \theta_3 = \theta_2^② \end{matrix}\right\} \qquad (7-6)$$

将式(7-6)代入式(7-5)，得

$$\left.\begin{array}{l}M_1=k_{11}^{①}\theta_1+k_{12}^{①}\theta_2\\M_2=k_{21}^{①}\theta_1+(k_{22}^{①}+k_{11}^{②})\theta_2+k_{12}^{②}\theta_3\\M_3=k_{21}^{②}\theta_2+k_{22}^{②}\theta_3\end{array}\right\} \quad (7-7)$$

式(7-7)用矩阵表示为

$$\begin{Bmatrix}M_1\\M_2\\M_3\end{Bmatrix}=\begin{bmatrix}k_{11}^{①}&k_{12}^{①}&0\\k_{21}^{①}&k_{22}^{①}+k_{11}^{②}&k_{12}^{②}\\0&k_{21}^{②}&k_{22}^{②}\end{bmatrix}\begin{Bmatrix}\theta_1\\\theta_2\\\theta_3\end{Bmatrix} \quad (7-8)$$

或写成

$$\begin{Bmatrix}M_1\\M_2\\M_3\end{Bmatrix}=\begin{bmatrix}K_{11}&K_{12}&K_{13}\\K_{21}&K_{22}&K_{23}\\K_{31}&K_{32}&K_{33}\end{bmatrix}\begin{Bmatrix}\theta_1\\\theta_2\\\theta_3\end{Bmatrix} \quad (7-9)$$

或写成

$$\{P\}=[K]\{\Delta\} \quad (7-10)$$

称为结构刚度方程，是用结点位移表示的结点平衡方程，其中

$$[K]=\begin{bmatrix}K_{11}&K_{12}&K_{13}\\K_{21}&K_{22}&K_{23}\\K_{31}&K_{32}&K_{33}\end{bmatrix}$$

称为结构刚度矩阵，它是用结点位移表示结点力的联系矩阵。当结构有 N 个结点位移时，结构刚度矩阵的阶数为 $N\times N$。

由式(7-9)可理解结构刚度矩阵中元素的物理意义。

当结构发生结点位移 $\theta_1=1$、$\theta_2=\theta_3=0$ 时，由式(7-9)可得 $M_1=K_{11}$、$M_2=K_{21}$、$M_3=K_{31}$，即结构刚度矩阵中的第一列元素为发生结点位移 $\theta_1=1$、$\theta_2=\theta_3=0$ 时的结点力，如图 7.7 所示。

图 7.7 结构刚度矩阵中元素的物理意义

根据结构刚度矩阵中元素的物理意义可知结构刚度矩阵有如下性质。

(1) 结构刚度矩阵主对角线上的元素 K_{ii} 一定大于零。

(2) 非对角线上的元素 $K_{ij}=K_{ji}$，满足反力互等定理，因此结构刚度矩阵是对称矩阵。

(3) 当 i、j 两个结点（如结点 1 和结点 3）无单元直接相连时，$K_{ij}=K_{ji}=0$。

【例题 7-1】 某连续梁及其整体编码如图 7.8（a）所示，试求结构刚度矩阵中元素 K_{22}、K_{32}、K_{42}。

解： 根据结构刚度矩阵中元素的物理意义可知 K_{22}、K_{32}、K_{42} 为发生结点位移 $\theta_2=1$，$\theta_1=\theta_3=\theta_4=0$ 时的结点力 M_2、M_3、M_4。令结构发生结点位移 $\theta_2=1$，$\theta_1=\theta_3=\theta_4=0$，作出弯矩图，如图 7.8（b）所示。由结点平衡可求得

$$K_{22}=8i, K_{32}=2i, K_{42}=0$$

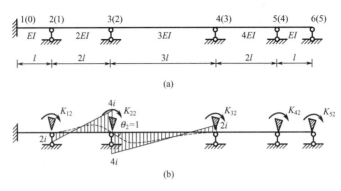

图 7.8 例题 7-1 图

2. 结构刚度矩阵的形成

尽管利用结构刚度矩阵中元素的物理意义可以求出结构刚度矩阵，但不便于编制计算机程序。编制矩阵位移法计算机程序通常采用的是刚度集成法，即直接用各单元的单元刚度矩阵元素集成结构刚度矩阵。

由式(7-8)可见，结构刚度矩阵中的元素是由各单元的单元刚度矩阵元素组成的。单元刚度矩阵中的元素在结构刚度矩阵中的位置有规律可循。若 e 单元的杆端位移与结点位移有如下关系：

$$\theta_1^e = \theta_i,\ \theta_2^e = \theta_j$$

则由单元刚度矩阵元素和结构刚度矩阵元素的物理意义，即图 7.9（a）、（b）可见：k_{11}^e 贡献于 K_{ii}，k_{21}^e 贡献于 K_{ji}，k_{12}^e 贡献于 K_{ij}，k_{22}^e 贡献于 K_{jj}。即 e 单元刚度矩阵中的第一行元素应位于结构刚度矩阵的第 i 行，第二行元素应位于结构刚度矩阵的第 j 行；第一列元素应位于结构刚度矩阵的第 i 列，第二列元素应位于结构刚度矩阵的第 j 列。据此可得到形成结构刚度矩阵的刚度集成法，这种方法被形象地称为"对号入座"。

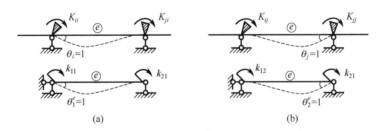

图 7.9 单元刚度矩阵元素与结构刚度矩阵元素的关系

具体方法是：求出单元的单元刚度矩阵，在第一行旁边标出 1 端杆端位移所对应的结点位移编号，第二行旁边标出 2 端杆端位移所对应的结点位移编号，在 1、2 列的下方也标出相应的结点位移编号，将单元刚度矩阵元素按结点位移编码累加到结构刚度矩阵中，如图 7.10 所示。

按上面方法形成图 7.5 所示结构的刚度矩阵的过程如下。

（1）形成①单元的单元刚度矩阵，①单元两端对应的结点位移编号为 1、2，在单元刚度矩阵的行列上标出 1、2，将单元刚度矩阵元素累加入结构刚度矩阵，如图 7.11 所示。

（2）形成②单元的单元刚度矩阵，②单元两端对应的结点位移编号为 2、3，在单元刚

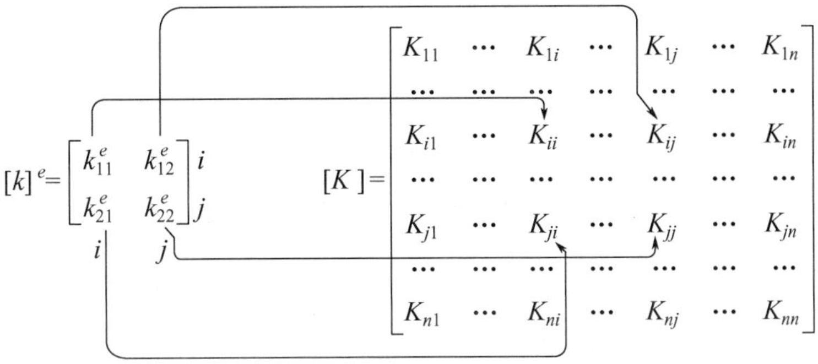

$$[k]^e = \begin{bmatrix} k_{11}^e & k_{12}^e \\ k_{21}^e & k_{22}^e \end{bmatrix} \begin{matrix} i \\ j \end{matrix} \qquad [K] = \begin{bmatrix} K_{11} & \cdots & K_{1i} & \cdots & K_{1j} & \cdots & K_{1n} \\ \cdots & \cdots & \cdots & \cdots & \cdots & \cdots & \cdots \\ K_{i1} & \cdots & K_{ii} & \cdots & K_{ij} & \cdots & K_{in} \\ \cdots & \cdots & \cdots & \cdots & \cdots & \cdots & \cdots \\ K_{j1} & \cdots & K_{ji} & \cdots & K_{jj} & \cdots & K_{jn} \\ \cdots & \cdots & \cdots & \cdots & \cdots & \cdots & \cdots \\ K_{n1} & \cdots & K_{ni} & \cdots & K_{nj} & \cdots & K_{nn} \end{bmatrix}$$

图 7.10 单元刚度矩阵元素累加到结构刚度矩阵中的位置

$$[k]^{①} = \begin{bmatrix} k_{11}^{①} & k_{12}^{①} \\ k_{21}^{①} & k_{22}^{①} \end{bmatrix} \begin{matrix} 1 \\ 2 \end{matrix} \qquad [K] = \begin{bmatrix} k_{11}^{①} & k_{12}^{①} & 0 \\ k_{21}^{①} & k_{22}^{①} & 0 \\ 0 & 0 & 0 \end{bmatrix} \begin{matrix} 1 \\ 2 \\ 3 \end{matrix}$$

图 7.11 ①单元刚度矩阵的累加过程

度矩阵的行列上标出 2、3，将单元刚度矩阵元素累加入结构刚度矩阵，如图 7.12 所示。

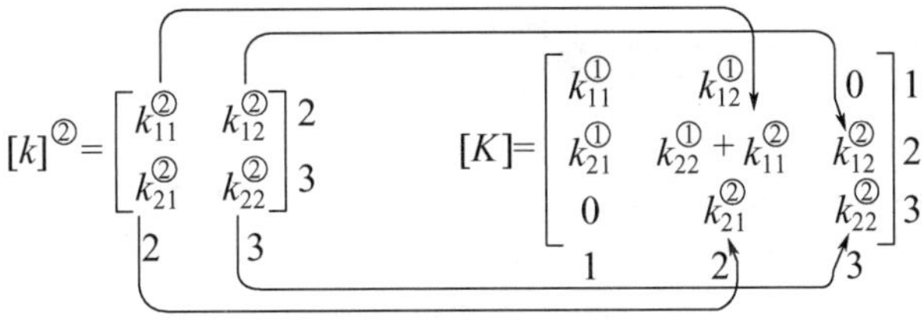

$$[k]^{②} = \begin{bmatrix} k_{11}^{②} & k_{12}^{②} \\ k_{21}^{②} & k_{22}^{②} \end{bmatrix} \begin{matrix} 2 \\ 3 \end{matrix} \qquad [K] = \begin{bmatrix} k_{11}^{①} & k_{12}^{①} & 0 \\ k_{21}^{①} & k_{22}^{①}+k_{11}^{②} & k_{12}^{②} \\ 0 & k_{21}^{②} & k_{22}^{②} \end{bmatrix} \begin{matrix} 1 \\ 2 \\ 3 \end{matrix}$$

图 7.12 ②单元刚度矩阵的累加过程

与前面求出的式(7-8)中的结构刚度矩阵相比，可见完全相同。

【例题 7-2】 试求图 7.13 所示连续梁的结构刚度矩阵。

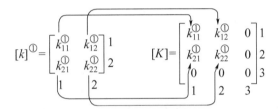

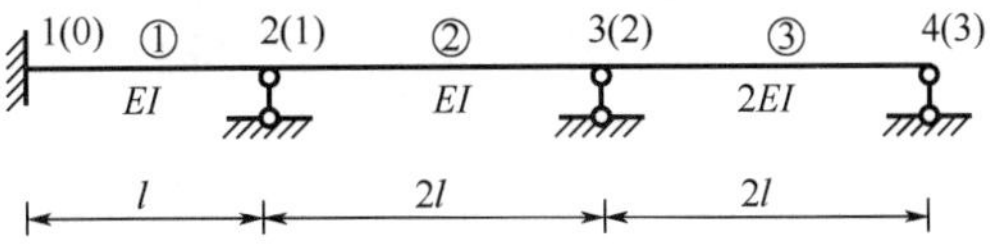

图 7.13 例题 7-2 图

解： 设 $i=EI/l$。结构有 3 个结点位移，故结构刚度矩阵为 3×3 阶矩阵。

(1) 求出①单元的单元刚度矩阵，并累加到结构刚度矩阵中。

$$[k]^{①} = \begin{bmatrix} 4i & 2i \\ 2i & 4i \end{bmatrix} \begin{matrix} 0 \\ 1 \end{matrix} \qquad [K] = \begin{bmatrix} 4i & 0 & 0 \\ 0 & 0 & 0 \\ 0 & 0 & 0 \end{bmatrix} \begin{matrix} 1 \\ 2 \\ 3 \end{matrix}$$

(2) 求出②单元的单元刚度矩阵，并累加到结构刚度矩阵中。

$$[k]^{②} = \begin{bmatrix} 2i & i \\ i & 2i \end{bmatrix} \begin{matrix} 1 \\ 2 \end{matrix} \qquad [K] = \begin{bmatrix} 4i+2i & i & 0 \\ i & 2i & 0 \\ 0 & 0 & 0 \end{bmatrix} \begin{matrix} 1 \\ 2 \\ 3 \end{matrix}$$

（3）求出③单元的单元刚度矩阵，并累加到结构刚度矩阵中。

$$[k]^{③} = \begin{bmatrix} 4i & 2i \\ 2i & 4i \end{bmatrix} \begin{matrix} 2 \\ 3 \end{matrix} \qquad [K] = \begin{bmatrix} 6i & i & 0 \\ i & 2i+4i & 2i \\ 0 & 2i & 4i \end{bmatrix} \begin{matrix} 1 \\ 2 \\ 3 \end{matrix}$$

则该连续梁的结构刚度矩阵为

$$[K] = \begin{bmatrix} 6i & i & 0 \\ i & 6i & 2i \\ 0 & 2i & 4i \end{bmatrix}$$

学习指导：这一部分主要掌握结构刚度方程和结构刚度矩阵的概念、结构刚度矩阵中元素的物理意义和结构刚度矩阵的性质，能根据结构刚度矩阵元素的物理意义求结构刚度矩阵元素，能用"对号入座"方法计算结构刚度矩阵。请完成章后习题：6、7、8。

7.2.4 方程求解与杆端力计算

当连续梁上只有结点外力偶作用时，求出结构刚度矩阵后解刚度方程，即可求得结点位移。因为结点位移与单元杆端位移相等，所以由结点位移可求得各单元杆端位移，再利用单元刚度方程［式(7-2)］由单元杆端位移可求得单元杆端力，最后由单元杆端力可作出结构的弯矩图。下面举例说明。

【例题7-3】试用矩阵位移法计算图7.14（a）所示结构，作弯矩图。

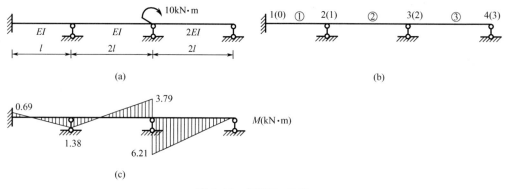

图 7.14 例题 7-3 图

解：单元编号、结点编号和结点位移编号如图 7.14（b）所示。各单元的单元刚度矩阵为

$$[k]^① = \begin{bmatrix} 4i & 2i \\ 2i & 4i \end{bmatrix}, \quad [k]^② = \begin{bmatrix} 2i & i \\ i & 2i \end{bmatrix}, \quad [k]^③ = \begin{bmatrix} 4i & 2i \\ 2i & 4i \end{bmatrix}$$

已在例题 7-2 中求出了结构刚度矩阵，为

$$[K] = \begin{bmatrix} 6i & i & 0 \\ i & 6i & 2i \\ 0 & 2i & 4i \end{bmatrix}$$

结构的结点力为

$$\{P\} = \begin{Bmatrix} M_1 \\ M_2 \\ M_3 \end{Bmatrix} = \begin{Bmatrix} 0 \\ 10 \\ 0 \end{Bmatrix} \text{kN} \cdot \text{m}$$

结构刚度方程为

$$\begin{Bmatrix} 0 \\ 10 \\ 0 \end{Bmatrix} \text{kN} \cdot \text{m} = \begin{bmatrix} 6i & i & 0 \\ i & 6i & 2i \\ 0 & 2i & 4i \end{bmatrix} \begin{Bmatrix} \theta_1 \\ \theta_2 \\ \theta_3 \end{Bmatrix}$$

解方程得结点位移为

$$\Delta = \begin{Bmatrix} \theta_1 \\ \theta_2 \\ \theta_3 \end{Bmatrix} = \begin{Bmatrix} -10/29i \\ 60/29i \\ -30/29i \end{Bmatrix}$$

由解得的结点位移可知各单元杆端位移为

$$\begin{Bmatrix} \theta_1^① \\ \theta_2^① \end{Bmatrix} = \begin{Bmatrix} 0 \\ -10/29i \end{Bmatrix}, \quad \begin{Bmatrix} \theta_1^② \\ \theta_2^② \end{Bmatrix} = \begin{Bmatrix} -10/29i \\ 60/29i \end{Bmatrix}, \quad \begin{Bmatrix} \theta_1^③ \\ \theta_2^③ \end{Bmatrix} = \begin{Bmatrix} 60/29i \\ -30/29i \end{Bmatrix}$$

计算单元杆端力

$$\begin{Bmatrix} M_1^① \\ M_2^① \end{Bmatrix} = [k]^① \begin{Bmatrix} \theta_1^① \\ \theta_2^① \end{Bmatrix} = \begin{bmatrix} 4i & 2i \\ 2i & 4i \end{bmatrix} \begin{Bmatrix} 0 \\ -10/29i \end{Bmatrix} \approx \begin{Bmatrix} -0.69 \\ -1.38 \end{Bmatrix} \text{kN} \cdot \text{m}$$

$$\begin{Bmatrix} M_1^② \\ M_2^② \end{Bmatrix} = [k]^② \begin{Bmatrix} \theta_1^② \\ \theta_2^② \end{Bmatrix} = \begin{bmatrix} 2i & i \\ i & 2i \end{bmatrix} \begin{Bmatrix} -10/29i \\ 60/29i \end{Bmatrix} \approx \begin{Bmatrix} 1.38 \\ 3.79 \end{Bmatrix} \text{kN} \cdot \text{m}$$

$$\begin{Bmatrix} M_1^③ \\ M_2^③ \end{Bmatrix} = [k]^③ \begin{Bmatrix} \theta_1^③ \\ \theta_2^③ \end{Bmatrix} = \begin{bmatrix} 4i & 2i \\ 2i & 4i \end{bmatrix} \begin{Bmatrix} 60/29i \\ -30/29i \end{Bmatrix} \approx \begin{Bmatrix} 6.21 \\ 0 \end{Bmatrix} \text{kN} \cdot \text{m}$$

由单元杆端力可作出结构的弯矩图，如图 7.14（c）所示。

学习指导：注意单元杆端弯矩是以顺时针方向为正，根据杆端弯矩的符号可判断杆端是上侧受拉还是下侧受拉。弯矩图需画在受拉侧。请完成章后习题：4、5、18。

7.2.5 非结点荷载的处理

作用在连续梁上的实际荷载一般为集中力和分布力，如图 7.15（a）所示，是非结点荷载。这时需将作用于杆中的非结点荷载按"引起的结点位移相等"的原则化成结点荷载，如图 7.15（b）所示，该结点荷载称为结构等效结点荷载，规定以顺时针方向为正，用矩阵表示为

$$\{P_e\} = \begin{Bmatrix} P_{e1} \\ P_{e2} \\ P_{e3} \end{Bmatrix}$$

计算结构等效结点荷载可采用如下方法。

在加荷载之前用刚臂将结点锁住,使其不能发生结点转角位移,然后加载,如图7.15(c)所示。由结点平衡可求出刚臂反力矩。将反力矩反向加在结点上,如图7.15(b)所示。根据叠加原理,原结构的受力情况图7.15(a)等于图7.15(b)和图7.15(c)的受力相加,图7.15(a)的位移也等于图7.15(b)和图7.15(c)的位移相加,因为图7.15(c)无结点位移,故图7.15(a)与图7.15(b)的结点位移相等。因此,图7.15(b)的结点荷载即为图7.15(a)的结构等效结点荷载。

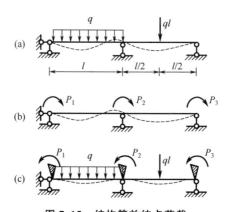

图 7.15 结构等效结点荷载

【**例题 7-4**】试求图7.15(a)所示体系的结构等效结点荷载。

解:在结点处加刚臂,如图7.15(c)所示。作弯矩图,并由结点平衡求刚臂反力矩,如图7.16(a)所示。

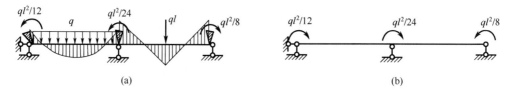

图 7.16 例题 7-4 图

将反力矩反方向加在结点上,如图7.16(b)所示,即得结构等效结点荷载,即

$$\{P_e\} = \begin{Bmatrix} P_{e1} \\ P_{e2} \\ P_{e3} \end{Bmatrix} = \begin{Bmatrix} ql^2/12 \\ ql^2/24 \\ -ql^2/8 \end{Bmatrix}$$

计算机程序设计中一般采用"对号入座"的方法计算结构等效结点荷载。

根据上面所述,结构等效结点荷载可由计算的附加刚臂反力矩并反其方向确定,而刚臂反力矩是由荷载引起的各单元两端无转角位移时的杆端弯矩计算得出的,因此结构等效结点荷载也可这样确定。

将荷载引起的两端固定的梁单元的杆端弯矩用向量表示，对于图 7.15（a）所示结构的两个单元，在两端固定时由荷载引起的杆端力如图 7.17 所示，用向量表示为

$$\{F_P\}^① = \begin{Bmatrix} F_{P1}^① \\ F_{P2}^① \end{Bmatrix} = \begin{Bmatrix} -ql^2/12 \\ ql^2/12 \end{Bmatrix}, \quad \{F_P\}^② = \begin{Bmatrix} F_{P1}^② \\ F_{P2}^② \end{Bmatrix} = \begin{Bmatrix} -ql^2/8 \\ ql^2/8 \end{Bmatrix}$$

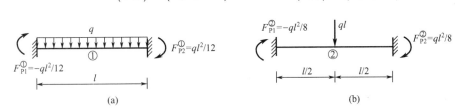

图 7.17 单元固端力

称为单元固端力向量，简称单元固端力，以绕杆端顺时针转向为正。将单元固端力改变符号，表示为

$$\{P_e\}^① = -\begin{Bmatrix} F_{P1}^① \\ F_{P2}^① \end{Bmatrix} = \begin{Bmatrix} ql^2/12 \\ -ql^2/12 \end{Bmatrix}, \quad \{P_e\}^② = -\begin{Bmatrix} F_{P1}^② \\ F_{P2}^② \end{Bmatrix} = \begin{Bmatrix} ql^2/8 \\ -ql^2/8 \end{Bmatrix}$$

称为单元等效结点荷载向量。按与"对号入座"形成结构刚度矩阵相同的过程由单元等效结点荷载可形成结构等效结点荷载向量，过程如下：

$$\{P_e\}^① = \begin{Bmatrix} ql^2/12 \\ -ql^2/12 \end{Bmatrix} \begin{matrix} 1 \\ 2 \end{matrix} \qquad \{P_e\} = \begin{Bmatrix} ql^2/12 \\ -ql^2/12 \\ 0 \end{Bmatrix} \begin{matrix} 1 \\ 2 \\ 3 \end{matrix}$$

$$\{P_e\}^② = \begin{Bmatrix} ql^2/8 \\ -ql^2/8 \end{Bmatrix} \begin{matrix} 2 \\ 3 \end{matrix} \qquad \{P_e\} = \begin{Bmatrix} ql^2/12 \\ -ql^2/12 + ql^2/8 \\ -ql^2/8 \end{Bmatrix} \begin{matrix} 1 \\ 2 \\ 3 \end{matrix} = \begin{Bmatrix} ql^2/12 \\ ql^2/24 \\ -ql^2/8 \end{Bmatrix}$$

求出的结构等效结点荷载向量 $\{P_e\}$ 与例题 7-4 中得到的完全相同。

得到结构等效结点荷载后，即可按前述方法计算各单元杆端力。结构的最终杆端力等于结构等效结点荷载引起的杆端力加单元固端力。在图 7.15 中，图 7.15（a）结构的最终各单元杆端力等于图 7.15（b）各单元杆端力 $[k]^e\{\Delta\}^e$ 加图 7.15（c）各单元固端力 $\{F_P\}^e$，即

$$\{F\}^e = [k]^e\{\Delta\}^e + \{F_P\}^e \tag{7-11}$$

【例题 7-5】计算图 7.18（a）所示结构，作弯矩图。各杆 EI = 常数。

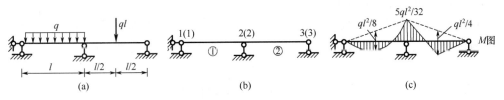

图 7.18 例题 7-5 图

解： 结构的单元编码、结点编码、结点位移编码如图 7.18（b）所示。

单元刚度矩阵为

$$[k]^{①}=[k]^{②}=\begin{bmatrix}4i & 2i \\ 2i & 4i\end{bmatrix}$$

结构刚度矩阵为

$$[K]=\begin{bmatrix}4i & 2i & 0 \\ 2i & 8i & 2i \\ 0 & 2i & 4i\end{bmatrix}$$

各单元固端力向量已在例题 7-4 中求出，为

$$\{F_P\}^{①}=\begin{Bmatrix}-ql^2/12 \\ ql^2/12\end{Bmatrix}, \quad \{F_P\}^{②}=\begin{Bmatrix}-ql^2/8 \\ ql^2/8\end{Bmatrix}$$

结构等效结点荷载已在例题 7-4 中求出，为

$$\{P_e\}=\begin{Bmatrix}ql^2/12 \\ ql^2/24 \\ -ql^2/8\end{Bmatrix}$$

结构刚度方程为

$$\begin{Bmatrix}ql^2/12 \\ ql^2/24 \\ -ql^2/8\end{Bmatrix}=\begin{bmatrix}4i & 2i & 0 \\ 2i & 8i & 2i \\ 0 & 2i & 4i\end{bmatrix}\begin{Bmatrix}\theta_1 \\ \theta_2 \\ \theta_3\end{Bmatrix}$$

解方程，得

$$\begin{Bmatrix}\theta_1 \\ \theta_2 \\ \theta_3\end{Bmatrix}=\begin{Bmatrix}3/192 \\ 1/96 \\ -37/192\end{Bmatrix}ql^2/i$$

各单元杆端位移为

$$\{\Delta\}^{①}=\begin{Bmatrix}\theta_1^{①} \\ \theta_2^{①}\end{Bmatrix}=\begin{Bmatrix}3/192 \\ 1/96\end{Bmatrix}ql^2/i, \quad \{\Delta\}^{②}=\begin{Bmatrix}\theta_1^{②} \\ \theta_2^{②}\end{Bmatrix}=\begin{Bmatrix}1/96 \\ -7/192\end{Bmatrix}ql^2/i$$

由式（7-11）计算各单元杆端力为

$$\{F\}^{①}=\begin{Bmatrix}M_1^{①} \\ M_2^{①}\end{Bmatrix}=\begin{bmatrix}4i & 2i \\ 2i & 4i\end{bmatrix}\begin{Bmatrix}3/192 \\ 1/96\end{Bmatrix}ql^2/i+\begin{Bmatrix}-ql^2/12 \\ ql^2/12\end{Bmatrix}=\begin{Bmatrix}0 \\ 5/32\end{Bmatrix}ql^2$$

$$\{F\}^{②}=\begin{Bmatrix}M_1^{②} \\ M_2^{②}\end{Bmatrix}=\begin{bmatrix}4i & 2i \\ 2i & 4i\end{bmatrix}\begin{Bmatrix}1/96 \\ -7/192\end{Bmatrix}ql^2/i+\begin{Bmatrix}-ql^2/8 \\ ql^2/8\end{Bmatrix}=\begin{Bmatrix}-5/32 \\ 0\end{Bmatrix}ql^2$$

由杆端力画出弯矩图，如图 7.18（c）所示。

当结构上既有非结点荷载又有结点荷载时，只需将非结点荷载的结构等效结点荷载 $\{P_e\}$ 与作用于结点的直接结点荷载 $\{P_d\}$ 相加，即得结构荷载向量 $\{P\}$。

$$\{P\}=\{P_e\}+\{P_d\}$$

结构荷载向量也称结构综合结点荷载向量。其他计算与前相同。

学习指导： 理解等效结点荷载的概念，会计算单元等效结点荷载、结构等效结点荷载、结构综合结点荷载，能计算非结点荷载作用下的内力并绘弯矩图。请完成章后习题：9、15。

7.2.6 矩阵位移法计算连续梁的步骤

总结前面内容可得矩阵位移法计算连续梁的步骤如下。
(1) 离散化。将结构划分为单元，并对单元、结点、结点位移编码。
(2) 计算单元刚度矩阵。
(3) 形成结构刚度矩阵。
(4) 计算单元固端力、单元等效结点荷载、结构等效结点荷载。
(5) 形成结构综合结点荷载。
(6) 解方程求结点位移。
(7) 计算单元杆端力。
(8) 作弯矩图。

【例题 7-6】 计算图 7.19 (a) 所示连续梁，并作弯矩图。

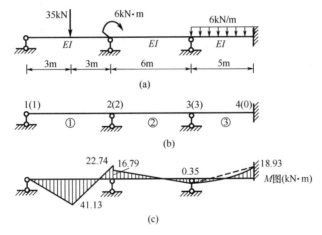

图 7.19　例题 7-6 图

解：(1) 编码。

单元编码、结点编码、结点位移编码如图 7.19 (b) 所示。

(2) 计算单元刚度矩阵。

为了计算方便，取 $EI=1$（由于超静定结构在荷载作用下的内力只与各杆件的相对刚度有关，而与刚度的绝对值无关，因此这样做只会影响结点位移而不会影响内力）。计算过程中的单位一并省略。

$$[k]^{①}=[k]^{②}\approx\begin{bmatrix}0.667 & 0.333 \\ 0.333 & 0.667\end{bmatrix},\ [k]^{③}=\begin{bmatrix}0.8 & 0.4 \\ 0.4 & 0.8\end{bmatrix}$$

(3) 集成结构刚度矩阵。

按"对号入座"得结构刚度矩阵为

$$[K]\approx\begin{bmatrix}0.667 & 0.333 & 0 \\ 0.333 & 1.333 & 0.333 \\ 0 & 0.333 & 1.467\end{bmatrix}$$

(4) 计算结构等效结点荷载。

① 计算单元固端力。

$$\{F_P\}^① = \begin{Bmatrix} -26.25 \\ 26.25 \end{Bmatrix}, \quad \{F_P\}^② = \begin{Bmatrix} 0 \\ 0 \end{Bmatrix}, \quad \{F_P\}^③ = \begin{Bmatrix} -12.5 \\ 12.5 \end{Bmatrix}$$

② 计算单元等效结点荷载。

$$\{P_e\}^① = \begin{Bmatrix} 26.25 \\ -26.25 \end{Bmatrix}, \quad \{P_e\}^② = \begin{Bmatrix} 0 \\ 0 \end{Bmatrix}, \quad \{P_e\}^③ = \begin{Bmatrix} 12.5 \\ -12.5 \end{Bmatrix}$$

③ 按"对号入座"得结构等效结点荷载。

$$\{P_e\} = \begin{Bmatrix} 26.25 \\ -26.25 \\ 12.5 \end{Bmatrix}$$

(5) 计算结构综合结点荷载。

结构直接荷载向量为

$$\{P_d\} = \begin{Bmatrix} 0 \\ 6 \\ 0 \end{Bmatrix}$$

结构综合结点荷载向量为

$$\{P\} = \{P_d\} + \{P_e\} = \begin{Bmatrix} 0 \\ 6 \\ 0 \end{Bmatrix} + \begin{Bmatrix} 26.25 \\ -26.25 \\ 12.5 \end{Bmatrix} = \begin{Bmatrix} 26.25 \\ -20.25 \\ 12.5 \end{Bmatrix}$$

(6) 形成结构刚度方程并求解。

$$\begin{bmatrix} 0.667 & 0.333 & 0 \\ 0.333 & 1.333 & 0.333 \\ 0 & 0.333 & 1.467 \end{bmatrix} \begin{Bmatrix} \theta_1 \\ \theta_2 \\ \theta_3 \end{Bmatrix} = \begin{Bmatrix} 26.25 \\ -320.25 \\ 12.5 \end{Bmatrix}$$

解方程得结点位移

$$\begin{Bmatrix} \theta_1 \\ \theta_2 \\ \theta_3 \end{Bmatrix} \approx \begin{Bmatrix} 55.97 \\ -33.20 \\ 16.07 \end{Bmatrix}$$

(7) 计算单元杆端力。

① 由结点位移可确定单元杆端位移。

$$\{\Delta\}^① = \begin{Bmatrix} \theta_1^① \\ \theta_2^① \end{Bmatrix} = \begin{Bmatrix} 55.97 \\ -33.20 \end{Bmatrix}, \quad \{\Delta\}^② = \begin{Bmatrix} \theta_1^② \\ \theta_2^② \end{Bmatrix} = \begin{Bmatrix} -33.20 \\ 16.07 \end{Bmatrix}, \quad \{\Delta\}^③ = \begin{Bmatrix} \theta_1^③ \\ \theta_2^③ \end{Bmatrix} = \begin{Bmatrix} 16.07 \\ 0 \end{Bmatrix}$$

② 由式(7-11)计算单元杆端力。

$$\{F\}^① = \begin{Bmatrix} M_1^① \\ M_2^① \end{Bmatrix} = \begin{bmatrix} 0.667 & 0.333 \\ 0.333 & 0.667 \end{bmatrix} \begin{Bmatrix} 55.97 \\ -33.20 \end{Bmatrix} + \begin{Bmatrix} -26.25 \\ 26.25 \end{Bmatrix} \approx \begin{Bmatrix} 0 \\ 22.74 \end{Bmatrix}$$

$$\{F\}^② = \begin{Bmatrix} M_1^② \\ M_2^② \end{Bmatrix} = \begin{bmatrix} 0.667 & 0.333 \\ 0.333 & 0.667 \end{bmatrix} \begin{Bmatrix} -33.20 \\ 16.07 \end{Bmatrix} \approx \begin{Bmatrix} -16.79 \\ -0.35 \end{Bmatrix}$$

$$\{F\}^③ = \begin{Bmatrix} M_1^③ \\ M_2^③ \end{Bmatrix} = \begin{bmatrix} 0.8 & 0.4 \\ 0.4 & 0.8 \end{bmatrix} \begin{Bmatrix} 16.07 \\ 0 \end{Bmatrix} + \begin{Bmatrix} -12.5 \\ 12.5 \end{Bmatrix} \approx \begin{Bmatrix} 0.35 \\ 18.93 \end{Bmatrix}$$

(8) 作 M 图。

由单元杆端力作出的弯矩图如图 7.19（c）所示。

学习指导：掌握用矩阵位移法计算有 2 个或 3 个结点位移的连续梁。请完成章后习题：19、20。

7.3 矩阵位移法分析刚架

矩阵位移法分析刚架的过程与分析连续梁的过程基本相同，不同之处主要有以下两点：①刚架的结点位移有 3 个；②因为有竖杆和斜杆，所以需要进行坐标转换。

7.3.1 离散化

为了方便分析，采用矩阵位移法进行分析时需要建立两种坐标系：一种是对结构而言的 xOy 坐标系，称为整体坐标系，如图 7.20 所示；另一种是对单元而言的 $\overline{x}\overline{O}\overline{y}$ 坐标系，称为局部坐标系。每个单元均有自身的局部坐标系，每个单元的局部坐标系的 $\overline{x}$ 轴沿杆轴方向，将 $\overline{x}$ 轴顺时针方向转 90° 为 $\overline{y}$ 轴，图 7.20 中刚架上的箭头为局部坐标系 $\overline{x}$ 轴的正向，$\overline{y}$ 轴省略不画。

单元编号和结点编号如图 7.20 所示，编号顺序任意。图 7.20 中括号内数字为结点位移编号，考虑杆件轴向变形，每个结点有 3 个结点位移，编号顺序为：先 x 向线位移，然后 y 向线位移，最后转角位移。被约束的结点位移编码为 0。以上这些编码总称为结构整体编码。

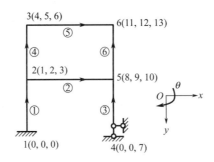

图 7.20 刚架离散化

学习指导：理解结点位移编码的含义，理解局部坐标系，能对结构进行整体编码。请完成章后习题：10。

7.3.2 单元分析

1. 局部坐标系下的单元杆端力与杆端位移的关系

在结构中任取一个单元作为代表，如图 7.21 所示。单元两端无约束，该类单元称为刚架单元或自由单元。

规定从 1 端到 2 端为局部坐标系 $\overline{x}$ 轴的正向。单元两端共有 6 个杆端力，与坐标系方向相同为正,以从1端到2端的顺序,每端按 $\bar{x}$ 向、$\bar{y}$ 向和转角顺序排序;两端共有6个杆端位移,与杆端力同样排序;用向量表示为

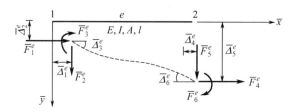

图 7.21 刚架单元

$$\{\bar{F}\}^e = [\bar{F}_1^e \quad \bar{F}_2^e \quad \bar{F}_3^e \quad \bar{F}_4^e \quad \bar{F}_5^e \quad \bar{F}_6^e]^T$$

$$\{\bar{\Delta}\}^e = [\bar{\Delta}_1^e \quad \bar{\Delta}_2^e \quad \bar{\Delta}_3^e \quad \bar{\Delta}_4^e \quad \bar{\Delta}_5^e \quad \bar{\Delta}_6^e]^T$$

分别称为局部坐标系下的单元杆端力和杆端位移向量,字符上面的画线代表它们是在局部坐标系中定义的,以便与后面整体坐标系下定义的单元杆端力和杆端位移相区别。与简支单元类似,两者应有如下形式的关系

$$\{\bar{F}\}^e = [\bar{k}]^e \{\bar{\Delta}\}^e \quad (7-12a)$$

或

$$\begin{Bmatrix} \bar{F}_1^e \\ \bar{F}_2^e \\ \bar{F}_3^e \\ \bar{F}_4^e \\ \bar{F}_5^e \\ \bar{F}_6^e \end{Bmatrix} = \begin{bmatrix} \bar{k}_{11}^e & \bar{k}_{12}^e & \bar{k}_{13}^e & \bar{k}_{14}^e & \bar{k}_{15}^e & \bar{k}_{16}^e \\ \bar{k}_{21}^e & \bar{k}_{22}^e & \bar{k}_{23}^e & \bar{k}_{24}^e & \bar{k}_{25}^e & \bar{k}_{26}^e \\ \bar{k}_{31}^e & \bar{k}_{32}^e & \bar{k}_{33}^e & \bar{k}_{34}^e & \bar{k}_{35}^e & \bar{k}_{36}^e \\ \bar{k}_{41}^e & \bar{k}_{42}^e & \bar{k}_{43}^e & \bar{k}_{44}^e & \bar{k}_{45}^e & \bar{k}_{46}^e \\ \bar{k}_{51}^e & \bar{k}_{52}^e & \bar{k}_{53}^e & \bar{k}_{54}^e & \bar{k}_{55}^e & \bar{k}_{56}^e \\ \bar{k}_{61}^e & \bar{k}_{62}^e & \bar{k}_{63}^e & \bar{k}_{64}^e & \bar{k}_{65}^e & \bar{k}_{66}^e \end{bmatrix} \begin{Bmatrix} \bar{\Delta}_1^e \\ \bar{\Delta}_2^e \\ \bar{\Delta}_3^e \\ \bar{\Delta}_4^e \\ \bar{\Delta}_5^e \\ \bar{\Delta}_6^e \end{Bmatrix} \quad (7-12b)$$

其中 $[\bar{k}]^e$ 称为局部坐标系下的单元刚度矩阵,简称局部单元刚度矩阵。根据单元刚度矩阵中元素的物理意义,第一列元素为单元发生杆端位移 $\bar{\Delta}_1^e = 1$、$\bar{\Delta}_2^e = \bar{\Delta}_3^e = \bar{\Delta}_4^e = \bar{\Delta}_5^e = \bar{\Delta}_6^e = 0$ 时的杆端力,如图 7.22(a)所示,即

$$\bar{k}_{11}^e = \frac{EA}{l}, \quad \bar{k}_{21}^e = 0, \quad \bar{k}_{31}^e = 0, \quad \bar{k}_{41}^e = -\frac{EA}{l}, \quad \bar{k}_{51}^e = 0, \quad \bar{k}_{61}^e = 0$$

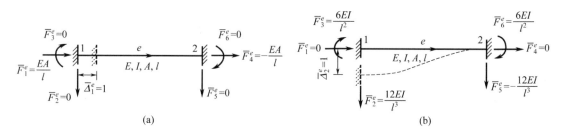

图 7.22 单元刚度矩阵中的元素

第二列元素为单元发生杆端位移 $\bar{\Delta}_2^e = 1$、$\bar{\Delta}_1^e = \bar{\Delta}_3^e = \bar{\Delta}_4^e = \bar{\Delta}_5^e = \bar{\Delta}_6^e = 0$ 时的杆端力,如图 7.22(b)所示,即

$$\bar{k}^e_{12}=0,\ \bar{k}^e_{22}=\frac{12EI}{l^3},\ \bar{k}^e_{32}=\frac{6EI}{l^2},\ \bar{k}^e_{42}=0,\ \bar{k}^e_{52}=-\frac{12EI}{l^3},\ \bar{k}^e_{62}=\frac{6EI}{l^2}$$

其他列读者可仿照确定。

最终的局部坐标系下的单元刚度矩阵为

$$[\bar{k}]^e = \begin{bmatrix} \frac{EA}{l} & 0 & 0 & -\frac{EA}{l} & 0 & 0 \\ 0 & \frac{12EI}{l^3} & \frac{6EI}{l^2} & 0 & -\frac{12EI}{l^3} & \frac{6EI}{l^2} \\ 0 & \frac{6EI}{l^2} & \frac{4EI}{l} & 0 & -\frac{6EI}{l^2} & \frac{2EI}{l} \\ -\frac{EA}{l} & 0 & 0 & \frac{EA}{l} & 0 & 0 \\ 0 & -\frac{12EI}{l^3} & -\frac{6EI}{l^2} & 0 & \frac{12EI}{l^3} & -\frac{6EI}{l^2} \\ 0 & \frac{6EI}{l^2} & \frac{2EI}{l} & 0 & -\frac{6EI}{l^2} & \frac{4EI}{l} \end{bmatrix} \qquad (7-13)$$

刚架单元的局部单元刚度矩阵的性质与简支单元的单元刚度矩阵的性质基本相同，即自由式单元的局部单元刚度矩阵仍是对称矩阵。

2. 整体坐标系下的单元杆端力与杆端位移的关系

在做结构整体分析时，需根据结点平衡确定单元杆端力与结点力的关系，还要引入单元杆端位移与结点位移的关系。对于图7.23（a）所示结构，若采用局部坐标系下的单元杆端力和杆端位移，如图7.23（b）所示（为了简洁，单元杆端弯矩未画），则单元杆端位移与结点位移的关系、单元杆端力与结点力的关系将比较复杂；而若采用图7.23（c）所示单元杆端力及相应的杆端位移，整体分析时就会比较简单。称图7.23（c）所示单元杆端力及相应的杆端位移为整体坐标系下的单元杆端力及杆端位移，方向与结构的整体坐标系一致为正，编码也按整体坐标系 x、y、θ 的顺序确定。

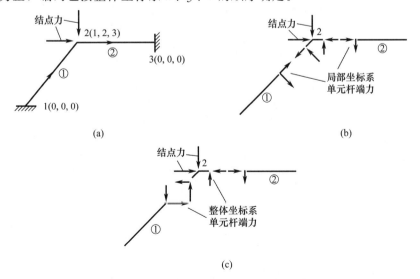

图7.23 局部坐标系与整体坐标系下的单元杆端力和杆端位移

下面建立整体坐标系下的单元杆端力与杆端位移的关系，可通过坐标转换由局部坐标系下的单元杆端力与杆端位移的关系获得。

用 $\{F\}^e$、$\{\Delta\}^e$ 表示整体坐标系下的单元杆端力和杆端位移，它们之间的关系应有如下形式。

$$\begin{Bmatrix} F_1^e \\ F_2^e \\ F_3^e \\ F_4^e \\ F_5^e \\ F_6^e \end{Bmatrix} = \begin{bmatrix} k_{11}^e & k_{12}^e & k_{13}^e & k_{14}^e & k_{15}^e & k_{16}^e \\ k_{21}^e & k_{22}^e & k_{23}^e & k_{24}^e & k_{25}^e & k_{26}^e \\ k_{31}^e & k_{32}^e & k_{33}^e & k_{34}^e & k_{35}^e & k_{36}^e \\ k_{41}^e & k_{42}^e & k_{43}^e & k_{44}^e & k_{45}^e & k_{46}^e \\ k_{51}^e & k_{52}^e & k_{53}^e & k_{54}^e & k_{55}^e & k_{56}^e \\ k_{61}^e & k_{62}^e & k_{63}^e & k_{64}^e & k_{65}^e & k_{66}^e \end{bmatrix} \begin{Bmatrix} \Delta_1^e \\ \Delta_2^e \\ \Delta_3^e \\ \Delta_4^e \\ \Delta_5^e \\ \Delta_6^e \end{Bmatrix} \qquad (7-14\text{a})$$

即

$$\{F\}^e = [k]^e \{\Delta\}^e \qquad (7-14\text{b})$$

其中 $[k]^e$ 为整体坐标系下的单元刚度矩阵，简称整体单元刚度矩阵，可由局部坐标系下的单元刚度矩阵 $[\bar{k}]^e$ 通过坐标转换得到。

（1）两种坐标系下的单元杆端力之间的关系。

图 7.24（a）所示为局部坐标系下的单元杆端力，图 7.24（b）为整体坐标系下的单元杆端力。因为它们均表示同一杆端的内力，所以它们在任意方向的合力应相同，力矩也相同，故有

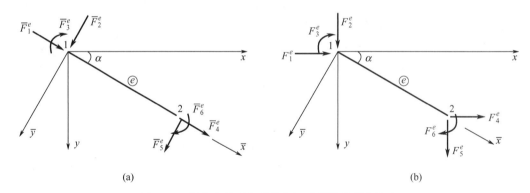

图 7.24　局部坐标系与整体坐标系下的单元杆端力

$$\left. \begin{aligned} \bar{F}_1^e &= F_1^e \cos\alpha + F_2^e \sin\alpha \\ \bar{F}_2^e &= -F_1^e \sin\alpha + F_2^e \cos\alpha \\ \bar{F}_3^e &= F_3^e \\ \bar{F}_4^e &= F_4^e \cos\alpha + F_5^e \sin\alpha \\ \bar{F}_5^e &= -F_4^e \sin\alpha + F_5^e \cos\alpha \\ \bar{F}_6^e &= F_6^e \end{aligned} \right\} \qquad (7-15)$$

用矩阵表示为

$$\begin{Bmatrix} \overline{F}_1 \\ \overline{F}_2 \\ \overline{F}_3 \\ \overline{F}_4 \\ \overline{F}_5 \\ \overline{F}_6 \end{Bmatrix}^e = \begin{bmatrix} \cos\alpha & \sin\alpha & 0 & 0 & 0 & 0 \\ -\sin\alpha & \cos\alpha & 0 & 0 & 0 & 0 \\ 0 & 0 & 1 & 0 & 0 & 0 \\ 0 & 0 & 0 & \cos\alpha & \sin\alpha & 0 \\ 0 & 0 & 0 & -\sin\alpha & \cos\alpha & 0 \\ 0 & 0 & 0 & 0 & 0 & 1 \end{bmatrix}^e \begin{Bmatrix} F_1 \\ F_2 \\ F_3 \\ F_4 \\ F_5 \\ F_6 \end{Bmatrix}^e \qquad (7-16)$$

或

$$\{\overline{F}\}^e = [T]^e \{F\}^e \qquad (7-17)$$

其中

$$[T]^e = \begin{bmatrix} \cos\alpha & \sin\alpha & 0 & 0 & 0 & 0 \\ -\sin\alpha & \cos\alpha & 0 & 0 & 0 & 0 \\ 0 & 0 & 1 & 0 & 0 & 0 \\ 0 & 0 & 0 & \cos\alpha & \sin\alpha & 0 \\ 0 & 0 & 0 & -\sin\alpha & \cos\alpha & 0 \\ 0 & 0 & 0 & 0 & 0 & 1 \end{bmatrix}^e \qquad (7-18)$$

称为单元坐标转换矩阵，它是用整体坐标系下的单元杆端力表示局部坐标系下的单元杆端力的联系矩阵。做如下计算。

$$[T]^e[T]^{eT} = \begin{bmatrix} \cos\alpha & \sin\alpha & 0 & 0 & 0 & 0 \\ -\sin\alpha & \cos\alpha & 0 & 0 & 0 & 0 \\ 0 & 0 & 1 & 0 & 0 & 0 \\ 0 & 0 & 0 & \cos\alpha & \sin\alpha & 0 \\ 0 & 0 & 0 & -\sin\alpha & \cos\alpha & 0 \\ 0 & 0 & 0 & 0 & 0 & 1 \end{bmatrix}^e \begin{bmatrix} \cos\alpha & -\sin\alpha & 0 & 0 & 0 & 0 \\ \sin\alpha & \cos\alpha & 0 & 0 & 0 & 0 \\ 0 & 0 & 1 & 0 & 0 & 0 \\ 0 & 0 & 0 & \cos\alpha & -\sin\alpha & 0 \\ 0 & 0 & 0 & \sin\alpha & \cos\alpha & 0 \\ 0 & 0 & 0 & 0 & 0 & 1 \end{bmatrix}^e = [I]$$

其中 $[I]$ 为单位矩阵，可见 $[T]^{eT}$ 是 $[T]^e$ 的逆矩阵，即

$$[T]^{eT} = [T]^{e-1} \qquad (7-19)$$

（2）两种坐标系下的单元杆端位移关系。

单元杆端位移的编码与符号规定与杆端力相同，整体坐标系下的单元杆端位移与局部坐标系下的单元杆端位移的关系与单元杆端力相同，有

$$\{\overline{\Delta}\}^e = [T]^e \{\Delta\}^e \qquad (7-20)$$

（3）整体坐标系下的单元刚度矩阵。

将式(7-17)两端左乘 $[T]^{eT}$，可得

$$\{F\}^e = [T]^{eT} \{\overline{F}\}^e \qquad (7-21)$$

将局部坐标系下的单元刚度方程 (7-12a) 代入式(7-21)，得

$$\{F\}^e = [T]^{eT} [\overline{k}]^e \{\overline{\Delta}\}^e \qquad (7-22)$$

将式(7-20)代入式(7-22)，得整体坐标系下的单元杆端力与杆端位移的关系为

$$\{F\}^e = [T]^{eT} [\overline{k}]^e [T]^e \{\Delta\}^e = [k]^e \{\Delta\}^e \qquad (7-23)$$

其中，整体坐标系下的单元刚度矩阵为

$$[k]^e = [T]^{eT} [\overline{k}]^e [T]^e \qquad (7-24)$$

将式(7-24)两侧做转置运算，即 $([A][B][C])^T = [C]^T[B]^T[A]^T$，并注意到局部坐标系下的单元刚度矩阵是对称矩阵 ($[\bar{k}]^e = [\bar{k}]^{eT}$)，因此有

$$[k]^{eT} = ([T]^{eT}[\bar{k}]^e[T]^e)^T = [T]^{eT}[\bar{k}]^{eT}[T]^e = [T]^{eT}[\bar{k}]^e[T]^e = [k]^e$$

可见整体坐标系下的单元刚度矩阵也为对称矩阵。

【例题 7-7】 试计算图 7.25（a）所示结构各单元的整体坐标系下的单元刚度矩阵，已知各单元 $E = 3 \times 10^7 \text{kN/m}^2$，$I = 0.04 \text{m}^4$，$A = 0.5 \text{m}^2$，$l = 4 \text{m}$。

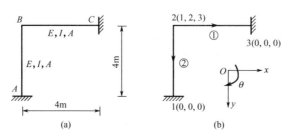

图 7.25　例题 7-7 图

解：单元编码、结点编码、结点位移编码及局部坐标系、结构整体坐标系如图 7.25（b）所示。将 $EA/l = 375 \times 10^4 \text{kN/m}$，$EI/l = 30 \times 10^4 \text{kN·m}$，$6EI/l^2 = 45 \times 10^4 \text{kN}$，$12EI/l^3 = 22.5 \times 10^4 \text{kN/m}$ 代入式(7-13)，得局部坐标系下的单元刚度矩阵为（为了简洁，将下面矩阵中各元素的单位省略）

$$[\bar{k}]^① = [\bar{k}]^② = \begin{bmatrix} 375 & 0 & 0 & -375 & 0 & 0 \\ 0 & 22.5 & 45 & 0 & -22.5 & 45 \\ 0 & 45 & 120 & 0 & -45 & 60 \\ -375 & 0 & 0 & 375 & 0 & 0 \\ 0 & -22.5 & -45 & 0 & 22.5 & -45 \\ 0 & 45 & 60 & 0 & -45 & 120 \end{bmatrix} \times 10^4$$

①单元：$\alpha^① = 0$

$$[T]^① = \begin{bmatrix} 1 & 0 & 0 & 0 & 0 & 0 \\ 0 & 1 & 0 & 0 & 0 & 0 \\ 0 & 0 & 1 & 0 & 0 & 0 \\ 0 & 0 & 0 & 1 & 0 & 0 \\ 0 & 0 & 0 & 0 & 1 & 0 \\ 0 & 0 & 0 & 0 & 0 & 1 \end{bmatrix} = [I]$$

将 $[\bar{k}]^①$、$[T]^①$ 代入式(7-24)得

$$[k]^① = [T]^{①T}[\bar{k}]^①[T]^① = [\bar{k}]^①$$

②单元：$\alpha^② = 90°$

$$[T]^② = \begin{bmatrix} 0 & 1 & 0 & 0 & 0 & 0 \\ -1 & 0 & 0 & 0 & 0 & 0 \\ 0 & 0 & 1 & 0 & 0 & 0 \\ 0 & 0 & 0 & 0 & 1 & 0 \\ 0 & 0 & 0 & -1 & 0 & 0 \\ 0 & 0 & 0 & 0 & 0 & 1 \end{bmatrix}$$

将 $[\bar{k}]^{②}$、$[T]^{②}$ 代入式(7-24)得

$$[k]^{②}=[T]^{②\mathrm{T}}[\bar{k}]^{②}[T]^{②}=\begin{bmatrix} 22.5 & 0 & -45 & -22.5 & 0 & -45 \\ 0 & 375 & 0 & 0 & -375 & 0 \\ -45 & 0 & 120 & 45 & 0 & 60 \\ -22.5 & 0 & 45 & 22.5 & 0 & 45 \\ 0 & -375 & 0 & 0 & 375 & 0 \\ -45 & 0 & 60 & 45 & 0 & 120 \end{bmatrix}\times 10^{4}$$

学习指导：掌握局部坐标系下的单元刚度矩阵中元素的物理意义，掌握单元刚度矩阵的性质，理解什么是整体坐标系下的单元杆端力和杆端位移、它们与局部坐标系下的单元杆端力和杆端位移有何关系、什么是坐标转换、为何要进行坐标转换、局部坐标系下的单元刚度矩阵与整体坐标系下的单元刚度矩阵有何关系，理解单元坐标转换矩阵的转置矩阵是其逆矩阵。

7.3.3 整体分析

整体分析的目的是建立结构结点力与结点位移的关系，二者之间由结构刚度矩阵相联系，得到结构刚度矩阵后，二者之间的关系就确定了。确定结构刚度矩阵的方法与 7.2 节所介绍的方法基本相同。下面结合图 7.26 所示结构介绍整体分析的过程。

1. 结点力与结点位移的关系

图 7.26 所示结构的结点力和结点位移均以与结构整体坐标系方向一致为正。对于图 7.26（a）所示结构，结点力向量和结点位移向量记作

$$\{P\}=\begin{Bmatrix} P_1 \\ P_2 \\ P_3 \end{Bmatrix},\ \{\Delta\}=\begin{Bmatrix} \Delta_1 \\ \Delta_2 \\ \Delta_3 \end{Bmatrix}$$

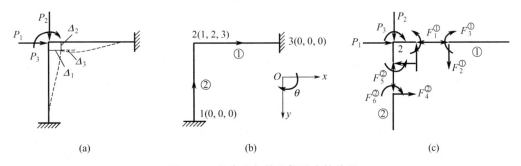

图 7.26 结点力与单元杆端力的关系

由结点 2 的平衡条件，可得

$$P_1=F_1^{①}+F_4^{②},\ P_2=F_2^{①}+F_5^{②},\ P_3=F_3^{①}+F_6^{②} \tag{7-25}$$

由结点 2 的位移协调条件，可得

$$\Delta_1=\Delta_1^{①}=\Delta_4^{②},\ \Delta_2=\Delta_2^{①}=\Delta_5^{②},\ \Delta_3=\Delta_3^{①}=\Delta_6^{②} \tag{7-26}$$

由结点 1、3 的位移边界条件，可得

$$\Delta_4^① = \Delta_5^① = \Delta_6^① = 0, \quad \Delta_1^② = \Delta_2^② = \Delta_3^② = 0 \tag{7-27}$$

对于①单元，由式(7-14a)，有

$$F_1^① = k_{11}^①\Delta_1^① + k_{12}^①\Delta_2^① + k_{13}^①\Delta_3^① + k_{14}^①\Delta_4^① + k_{15}^①\Delta_5^① + k_{16}^①\Delta_6^① \tag{7-28}$$

将式(7-26)、式(7-27)代入式(7-28)，得

$$F_1^① = k_{11}^①\Delta_1 + k_{12}^①\Delta_2 + k_{13}^①\Delta_3 \tag{7-29a}$$

同理，有

$$F_2^① = k_{21}^①\Delta_1 + k_{22}^①\Delta_2 + k_{23}^①\Delta_3 \tag{7-29b}$$

$$F_3^① = k_{31}^①\Delta_1 + k_{32}^①\Delta_2 + k_{33}^①\Delta_3 \tag{7-29c}$$

类似地，对于②单元，有

$$F_4^② = k_{44}^②\Delta_1 + k_{45}^②\Delta_2 + k_{46}^②\Delta_3 \tag{7-30a}$$

$$F_5^② = k_{54}^②\Delta_1 + k_{55}^②\Delta_2 + k_{56}^②\Delta_3 \tag{7-30b}$$

$$F_6^② = k_{64}^②\Delta_1 + k_{65}^②\Delta_2 + k_{66}^②\Delta_3 \tag{7-30c}$$

将式(7-29)、式(7-30)代入式(7-25)，得

$$P_1 = F_1^① + F_4^② = (k_{11}^① + k_{44}^②)\Delta_1 + (k_{12}^① + k_{45}^②)\Delta_2 + (k_{13}^① + k_{46}^②)\Delta_3$$

$$P_2 = F_2^① + F_5^② = (k_{21}^① + k_{54}^②)\Delta_1 + (k_{22}^① + k_{55}^②)\Delta_2 + (k_{23}^① + k_{56}^②)\Delta_3$$

$$P_3 = F_3^① + F_6^② = (k_{31}^① + k_{64}^②)\Delta_1 + (k_{32}^① + k_{65}^②)\Delta_2 + (k_{33}^① + k_{66}^②)\Delta_3$$

写成矩阵形式为

$$\begin{Bmatrix} P_1 \\ P_2 \\ P_3 \end{Bmatrix} = \begin{bmatrix} k_{11}^① + k_{44}^② & k_{12}^① + k_{45}^② & k_{13}^① + k_{46}^② \\ k_{21}^① + k_{54}^② & k_{22}^① + k_{55}^② & k_{23}^① + k_{56}^② \\ k_{31}^① + k_{64}^② & k_{32}^① + k_{65}^② & k_{33}^① + k_{66}^② \end{bmatrix} \begin{Bmatrix} \Delta_1 \\ \Delta_2 \\ \Delta_3 \end{Bmatrix} \tag{7-31a}$$

或

$$\{P\} = [K]\{\Delta\} \tag{7-31b}$$

称为结构刚度方程，由已知的结点力即可求出结构的结点位移。其中

$$[K] = \begin{bmatrix} K_{11} & K_{12} & K_{13} \\ K_{21} & K_{22} & K_{23} \\ K_{31} & K_{32} & K_{33} \end{bmatrix}$$

称为结构刚度矩阵，当结构有 N 个结点位移时，结构刚度矩阵是 $N \times N$ 阶矩阵，若求出了结构中各单元的整体坐标系下的单元刚度矩阵即可求出它。

刚架的结构刚度矩阵中元素的物理意义与连续梁的相同，即 K_{ij} 为结构当且仅当 $\Delta_j = 1$ 时的结点力 P_i。利用结构刚度矩阵中元素的物理意义可直接求结构刚度矩阵中的指定元素。结构刚度矩阵为对称矩阵。

【例题 7-8】图 7.26 (a) 所示结构，结点位移编码如图 7.26 (b) 所示。已知各单元 $E = 3 \times 10^7 \text{kN/m}^2$，$I = 0.04 \text{m}^4$，$A = 0.5 \text{m}^2$，$l = 4\text{m}$。试求结构刚度矩阵元素 K_{12}、K_{22}、K_{32}。

解： 在结点 2 上加约束，锁住结点的 3 个位移，令约束发生 $\Delta_2 = 1$、$\Delta_1 = 0$、$\Delta_3 = 0$ 位移，作出弯矩图，并取结点为隔离体，如图 7.27 所示。

由结点平衡条件，可得

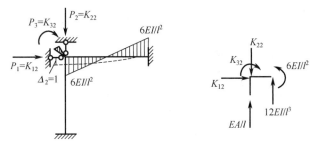

图 7.27　例题 7-8 图

$\sum F_x = 0 \quad K_{12} = 0$

$\sum F_y = 0 \quad K_{22} = \dfrac{EA}{l} + \dfrac{12EI}{l^3} = 375 \times 10^4 \text{kN/m} + 22.5 \times 10^4 \text{kN/m} = 397.5 \times 10^4 \text{kN/m}$

$\sum M = 0 \quad K_{32} = \dfrac{6EI}{l^2} = 45 \times 10^4 \text{kN}$

2. "对号入座"形成结构刚度矩阵

由式（7-31a）可知，刚架的结构刚度矩阵与连续梁的单元刚度矩阵一样，也是由各单元的单元刚度矩阵中的元素构成的。不同点是，连续梁的单元刚度矩阵不分整体还是局部，而刚架的单元刚度矩阵有整体和局部之分，刚架的刚度矩阵是由整体坐标系下的单元刚度矩阵构成的。与连续梁的单元刚度矩阵一样，刚架的结构刚度矩阵也可通过"对号入座"的方法形成。下面仍以图 7.26 所示结构为例说明"对号入座"的过程。

首先，根据结点位移的个数确定结构刚度矩阵的阶数，图 7.26 所示结构有 3 个结点位移，故结构刚度矩阵为 3×3 阶矩阵。

其次，计算整体坐标系下的单元刚度矩阵，并在上侧（或下侧）和右侧标出杆端的整体坐标系下的杆端位移编码所对应的结点位移编码，这些编码决定单元刚度矩阵元素在结构刚度矩阵中的位置，0 码对应的行与列上的元素在结构刚度矩阵中没有位置，如图 7.28 和图 7.29 所示。

①单元的单元刚度矩阵"对号入座"过程如图 7.28 所示。

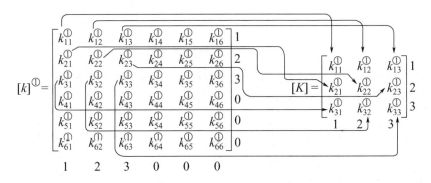

图 7.28　①单元的单元刚度矩阵"对号入座"过程

②单元的单元刚度矩阵"对号入座"过程如图 7.29 所示。

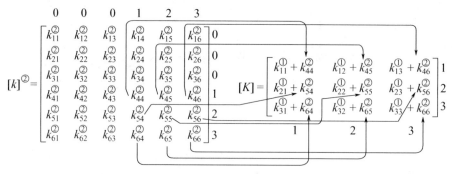

图 7.29 ②单元的单元刚度矩阵"对号入座"过程

这样"对号入座"形成的结构刚度矩阵与前面推导出的式(7-31a)是一致的。

将决定单元刚度矩阵元素在结构刚度矩阵中位置的整体坐标系下的杆端位移编码所对应的结点位移编码定义为单元定位向量,记为 $\{\lambda\}^e$。

①单元的单元定位向量为

$$\{\lambda\}^{①} = \begin{bmatrix} 1 & 2 & 3 & 0 & 0 & 0 \end{bmatrix}^T$$

②单元的单元定位向量为

$$\{\lambda\}^{②} = \begin{bmatrix} 0 & 0 & 0 & 1 & 2 & 3 \end{bmatrix}^T$$

单元定位向量反映了变形协调条件和支座处零位移边界条件。单元刚度矩阵元素向结构刚度矩阵中累加实现结点的平衡条件。

如果 e 单元的单元定位向量为 $\{\lambda\}^e = \begin{bmatrix} i & j & k & l & m & n \end{bmatrix}^T$,则 e 单元整体坐标系下的单元刚度矩阵中元素 k_{11} 累加到结构刚度矩阵的第 i 行第 i 列;k_{12} 累加到第 i 行第 j 列,k_{53} 累加到第 m 行第 k 列。

【例题 7-9】试求图 7.30(a)所示结构的结构刚度矩阵。已知 $E = 3 \times 10^7 \text{kN/m}^2$,$I = 0.04\text{m}^4$,$A = 0.5\text{m}^2$。

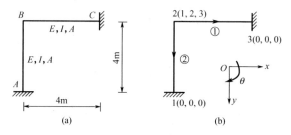

图 7.30 例题 7-9 图

解:单元、结点、结点位移编码及局部坐标系、结构整体坐标系如图 7.30(b)所示。求各单元整体坐标系下的单元刚度矩阵,见例题 7-7。

$$[k]^{①} = [\bar{k}]^{①} = \begin{bmatrix} 375 & 0 & 0 & -375 & 0 & 0 \\ 0 & 23.6 & 47.3 & 0 & -23.6 & 47.3 \\ 0 & 47.3 & 126 & 0 & -47.3 & 63 \\ -375 & 0 & 0 & 375 & 0 & 0 \\ 0 & -23.6 & -47.3 & 0 & 23.6 & -47.3 \\ 0 & 47.3 & 63 & 0 & -47.3 & 126 \end{bmatrix} \times 10^4$$

$$[k]^{②} = \begin{bmatrix} 23.6 & 0 & -47.3 & -23.6 & 0 & -47.3 \\ 0 & 375 & 0 & 0 & -375 & 0 \\ -47.3 & 0 & 126 & 47.3 & 0 & 63 \\ -23.6 & 0 & 47.3 & 23.6 & 0 & 47.3 \\ 0 & -375 & 0 & 0 & 375 & 0 \\ -47.3 & 0 & 63 & 47.3 & 0 & 126 \end{bmatrix} \times 10^4$$

①单元的单元定位向量为

$$\{\lambda\}^{①} = \begin{bmatrix} 1 & 2 & 3 & 0 & 0 & 0 \end{bmatrix}^T$$

根据单元定位向量可知，①单元整体坐标系下的单元刚度矩阵元素累加到结构刚度矩阵中的位置为：k_{11} 为第 1 行第 1 列，k_{12} 为第 1 行第 2 列，k_{13} 为第 1 行第 3 列，k_{14}、k_{15}、k_{16} 无须累加。其他 5 行元素类似。

②单元的单元定位向量为

$$\{\lambda\}^{②} = \begin{bmatrix} 1 & 2 & 3 & 0 & 0 & 0 \end{bmatrix}^T$$

②单元整体坐标系下的单元刚度矩阵元素累加到结构刚度矩阵中的过程与①单元类似。

结构刚度矩阵为

$$[K] = \begin{bmatrix} 397.5 & 0 & -45 \\ 0 & 397.5 & 45 \\ -45 & 45 & 240 \end{bmatrix} \times 10^4$$

学习指导：掌握根据结构刚度矩阵中元素的物理意义计算结构刚度矩阵元素，掌握"对号入座"形成结构刚度矩阵的过程，理解单元定位向量。请完成章后习题：11、12。

7.3.4　等效结点荷载

作用在单元当中的非结点荷载仍像连续梁那样化成等效结点荷载进行处理。

1. 按等效结点荷载的物理意义计算结构等效结点荷载

计算方法已在 7.2.5 节中介绍过，下面举例说明。

【**例题 7-10**】试求图 7.31（a）所示结构的等效结点荷载。

解：加约束使结点不能发生结点位移，作荷载引起的弯矩图，如图 7.31（b）所示。
取结点为隔离体，如图 7.31（c）所示。
由结点平衡求约束反力

$$\sum F_x = 0 \quad F_{1P} = -ql/2$$
$$\sum F_y = 0 \quad F_{2P} = -ql/2$$
$$\sum M = 0 \quad F_{3P} = ql^2/12 - ql^2/8 = -ql^2/24$$

将约束反力反方向作用于结点，如图 7.31（d）所示，即为等效结点荷载，用向量表示为

$$\{P_e\} = \begin{Bmatrix} P_1 \\ P_2 \\ P_3 \end{Bmatrix} = \begin{Bmatrix} ql/2 \\ ql/2 \\ ql^2/24 \end{Bmatrix}$$

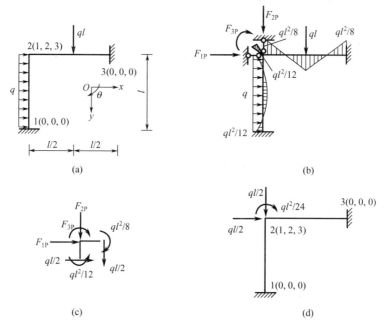

图 7.31 例题 7-10 图（1）

2. 按"对号入座"方法计算结构等效结点荷载

下面通过图 7.32（a）所示体系说明。

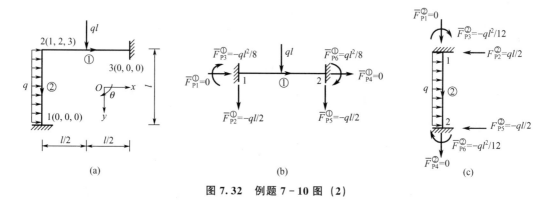

图 7.32 例题 7-10 图（2）

将荷载作用引起的两端固定单元的局部坐标系下的单元杆端力称作单元固端力，方向以与局部坐标系方向一致为正，记作 $\{\overline{F}_P\}^e$。图 7.32（b）、(c) 所示的①、②单元的单元固端力向量为

$$\{\overline{F}_P\}^{①} = [0 \quad -ql/2 \quad -ql^2/8 \quad 0 \quad -ql/2 \quad ql^2/8]^T$$

$$\{\overline{F}_P\}^{②} = [0 \quad ql/2 \quad ql^2/12 \quad 0 \quad ql/2 \quad -ql^2/12]^T$$

将单元固端力改变符号并转换成整体坐标系下的单元杆端力，称作单元等效结点荷载，记作 $\{P\}^e$。①、②单元的单元等效结点荷载向量为

$$\{P_e\}^{①} = -T^{①T}\{\overline{F}_P\}^{①} = \begin{bmatrix} 0 & ql/2 & ql^2/8 & 0 & ql/2 & -ql^2/8 \end{bmatrix}^T$$

$$\{P_e\}^{②} = -T^{②T}\{\overline{F}_P\}^{②}$$

$$= -\begin{bmatrix} 0 & -1 & 0 & 0 & 0 & 0 \\ 1 & 0 & 0 & 0 & 0 & 0 \\ 0 & 0 & 1 & 0 & 0 & 0 \\ 0 & 0 & 0 & 0 & -1 & 0 \\ 0 & 0 & 0 & 1 & 0 & 0 \\ 0 & 0 & 0 & 0 & 0 & 1 \end{bmatrix} \begin{Bmatrix} 0 \\ ql/2 \\ ql^2/12 \\ 0 \\ ql/2 \\ -ql^2/12 \end{Bmatrix} = \begin{Bmatrix} ql/2 \\ 0 \\ -ql^2/12 \\ ql/2 \\ 0 \\ ql^2/12 \end{Bmatrix}$$

根据单元定位向量"对号入座"形成结构等效结点荷载。①、②单元的单元定位向量为

$$\{\lambda\}^{①} = \begin{bmatrix} 1 & 2 & 3 & 0 & 0 & 0 \end{bmatrix}^T$$
$$\{\lambda\}^{②} = \begin{bmatrix} 1 & 2 & 3 & 0 & 0 & 0 \end{bmatrix}^T$$

"对号入座"过程为

$$\{P_e\}^{①} = \begin{Bmatrix} 0 \\ ql/2 \\ ql^2/8 \\ 0 \\ ql/2 \\ -ql^2/8 \end{Bmatrix} \begin{matrix} 1 \\ 2 \\ 3 \\ 0 \\ 0 \\ 0 \end{matrix} \quad \{P_e\} = \begin{Bmatrix} 0 \\ ql/2 \\ ql^2/8 \end{Bmatrix} \begin{matrix} 1 \\ 2 \\ 3 \end{matrix}$$

$$\{P_e\}^{②} = \begin{Bmatrix} ql/2 \\ 0 \\ -ql^2/12 \\ ql/2 \\ 0 \\ ql^2/12 \end{Bmatrix} \begin{matrix} 1 \\ 2 \\ 3 \\ 0 \\ 0 \\ 0 \end{matrix} \quad \{P_e\} = \begin{Bmatrix} 0+ql/2 \\ ql/2+0 \\ ql^2/8 - ql^2/12 \end{Bmatrix} \begin{matrix} 1 \\ 2 \\ 3 \end{matrix}$$

因此结构等效结点荷载为

$$\{P_e\} = \begin{Bmatrix} P_1 \\ P_2 \\ P_3 \end{Bmatrix} = \begin{Bmatrix} ql/2 \\ ql/2 \\ ql^2/24 \end{Bmatrix}$$

学习指导：理解单元固端力、单元等效结点荷载、结构等效结点荷载的概念，会计算单元等效结点荷载，能根据单元刚度矩阵中元素的物理意义求结构等效结点荷载中的指定元素，了解"对号入座"方法形成结构等效结点荷载的过程。

7.3.5 方程求解与杆端力计算

求出结构刚度矩阵和结构结点荷载后，即可由结构刚度方程求结构结点位移。因为结点位移与整体坐标系下的单元杆端位移相等，由已知的结点位移 $\{\Delta\}$ 即可得到整体坐标系下的单元杆端位移 $\{\Delta\}^e$。将整体坐标系下的单元杆端位移进行坐标转换，得到局部坐

标系下的单元杆端位移。

$$\{\bar{\Delta}\}^e = [T]^e \{\Delta\}^e$$

代入局部坐标系下的单元刚度方程可求得局部坐标系下的单元杆端力，即

$$\{\bar{F}\}^e = [\bar{k}]^e \{\bar{\Delta}\}^e = [\bar{k}]^e [T]^e \{\Delta\}^e$$

这样求得的单元杆端力仅是等效结点荷载引起的单元杆端力，最终单元杆端力还需在其上加单元固端力，即

$$\{\bar{F}\}^e = [\bar{k}]^e [T]^e \{\Delta\}^e + \{\bar{F}_P\}^e \tag{7-32}$$

【例题 7-11】试计算图 7.33（a）所示结构，作内力图。已知各单元 $E = 3 \times 10^7 \text{kN/m}^2$, $I = 0.04 \text{m}^4$, $A = 0.5 \text{m}^2$, $l = 4\text{m}$, $q = 6\text{kN/m}$。

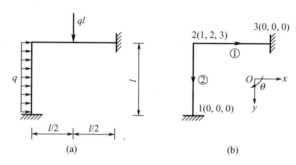

图 7.33 例题 7-11 图

解：（1）离散化。

单元、结点、结点位移编码及局部坐标系、结构整体坐标系如图 7.33（b）所示。

（2）计算局部坐标系下的单元刚度矩阵。

本例题局部坐标系下的单元刚度矩阵已在例题 7-7 中算出，为

$$[\bar{k}]^{①} = [\bar{k}]^{②} = \begin{bmatrix} 375 & 0 & 0 & -375 & 0 & 0 \\ 0 & 22.5 & 45 & 0 & -22.5 & 45 \\ 0 & 45 & 120 & 0 & -45 & 60 \\ -375 & 0 & 0 & 375 & 0 & 0 \\ 0 & -22.5 & -45 & 0 & 22.5 & -45 \\ 0 & 45 & 60 & 0 & -45 & 120 \end{bmatrix} \times 10^4$$

（3）计算整体坐标系下的单元刚度矩阵。

本例题整体坐标系下的单元刚度矩阵已在例题 7-7 中算出，为

$$[k]^{①} = [T]^{①\text{T}} [\bar{k}]^{①} [T]^{①} = [\bar{k}]^{①}$$

$$[k]^{②} = [T]^{②\text{T}} [\bar{k}]^{②} [T]^{②} = \begin{bmatrix} 22.5 & 0 & -45 & -22.5 & 0 & -45 \\ 0 & 375 & 0 & 0 & -375 & 0 \\ -45 & 0 & 120 & 45 & 0 & 60 \\ -22.5 & 0 & 45 & 22.5 & 0 & 45 \\ 0 & -375 & 0 & 0 & 375 & 0 \\ -45 & 0 & 60 & 45 & 0 & 120 \end{bmatrix} \times 10^4$$

其中坐标转换矩阵为

$$[T]^{①} = \begin{bmatrix} 1 & 0 & 0 & 0 & 0 & 0 \\ 0 & 1 & 0 & 0 & 0 & 0 \\ 0 & 0 & 1 & 0 & 0 & 0 \\ 0 & 0 & 0 & 1 & 0 & 0 \\ 0 & 0 & 0 & 0 & 1 & 0 \\ 0 & 0 & 0 & 0 & 0 & 1 \end{bmatrix} = [I]$$

$$[T]^{②} = \begin{bmatrix} 0 & 1 & 0 & 0 & 0 & 0 \\ -1 & 0 & 0 & 0 & 0 & 0 \\ 0 & 0 & 1 & 0 & 0 & 0 \\ 0 & 0 & 0 & 0 & 1 & 0 \\ 0 & 0 & 0 & -1 & 0 & 0 \\ 0 & 0 & 0 & 0 & 0 & 1 \end{bmatrix}$$

(4) 集成结构刚度矩阵。

本例题结构刚度矩阵已在例题 7-9 中求得，为

$$[K] = \begin{bmatrix} 397.5 & 0 & -45 \\ 0 & 397.5 & 45 \\ -45 & 45 & 240 \end{bmatrix} \times 10^4$$

(5) 计算单元固端力、单元等效结点荷载。

本例题单元固端力矩阵和单元等效结点荷载向量已在 7.3.4 节中求出，将 $l=4\text{m}$、$q=6\text{kN/m}$ 代入，得单元固端力为

$$\{\overline{F}_P\}^{①} = [0 \quad -ql/2 \quad -ql^2/8 \quad 0 \quad -ql/2 \quad ql^2/8]^T = [0 \quad -12 \quad -12 \quad 0 \quad -12 \quad 12]^T$$

$$\{\overline{F}_P\}^{②} = [0 \quad -ql/2 \quad -ql^2/12 \quad 0 \quad ql/2 \quad -ql^2/12]^T = [0 \quad 12 \quad 8 \quad 0 \quad 12 \quad -8]^T$$

单元等效结点荷载为

$$\{P_e\}^{①} = [0 \quad ql/2 \quad ql^2/8 \quad 0 \quad ql/2 \quad -ql^2/8] = [0 \quad 12 \quad 12 \quad 0 \quad 12 \quad -12]^T$$

$$\{P_e\}^{②} = [ql/2 \quad 0 \quad -ql^2/12 \quad ql/2 \quad 0 \quad ql^2/12] = [12 \quad 0 \quad -8 \quad 12 \quad 0 \quad 8]^T$$

(6) 计算结构结点荷载。

本例题结构结点荷载向量已在 7.3.4 节中求出，没有直接结点荷载，结构结点荷载与结构等效结点荷载相等，将 $l=4\text{m}$、$q=6\text{kN/m}$ 代入，得

$$\{P\} = \{P_e\} = \begin{Bmatrix} P_1 \\ P_2 \\ P_3 \end{Bmatrix} = \begin{Bmatrix} ql/2 \\ ql/2 \\ ql^2/24 \end{Bmatrix} = \begin{Bmatrix} 12 \\ 12 \\ 4 \end{Bmatrix}$$

(7) 解方程，求结点位移。

$$\begin{Bmatrix} 12 \\ 12 \\ 4 \end{Bmatrix} = \begin{bmatrix} 397.5 & 0 & -45 \\ 0 & 397.5 & 45 \\ -45 & 45 & 240 \end{bmatrix} \times 10^4 \begin{Bmatrix} \Delta_1 \\ \Delta_2 \\ \Delta_3 \end{Bmatrix}$$

$$\begin{Bmatrix} \Delta_1 \\ \Delta_2 \\ \Delta_3 \end{Bmatrix} = \begin{Bmatrix} 0.0322 \\ 0.0282 \\ 0.0174 \end{Bmatrix} \times 10^{-4}$$

(8) 计算单元杆端力。

单元整体坐标系下的杆端位移为

$$\{\Delta\}^① = [0.0322 \quad 0.0282 \quad 0.0174 \quad 0 \quad 0 \quad 0]^T \times 10^{-4}$$

$$\{\Delta\}^② = [0.0322 \quad 0.0282 \quad 0.0174 \quad 0 \quad 0 \quad 0]^T \times 10^{-4}$$

局部坐标系下的单元杆端力为

$$\{\overline{F}\}^① = [\overline{k}]^①[T]^①\{\Delta\}^① + \{\overline{F}_P\}^① = [\overline{k}]^①\{\Delta\}^① + \{\overline{F}_P\}^①$$

$$= \begin{bmatrix} 375 & 0 & 0 & -375 & 0 & 0 \\ 0 & 22.5 & 45 & 0 & -22.5 & 45 \\ 0 & 45 & 120 & 0 & -45 & 60 \\ -375 & 0 & 0 & 375 & 0 & 0 \\ 0 & -22.5 & -45 & 0 & 22.5 & -45 \\ 0 & 45 & 60 & 0 & -45 & 120 \end{bmatrix} \times 10^4 \begin{Bmatrix} 0.0322 \\ 0.0282 \\ 0.0174 \\ 0 \\ 0 \\ 0 \end{Bmatrix} \times 10^{-4} + \begin{Bmatrix} 0 \\ -12 \\ -12 \\ 0 \\ -12 \\ 12 \end{Bmatrix} \approx \begin{Bmatrix} 12.1 \\ -10.6 \\ -8.6 \\ -12.1 \\ -13.4 \\ 14.3 \end{Bmatrix}$$

$$\{\overline{F}\}^② = [\overline{k}]^②[T]^②\{\Delta\}^② + \{\overline{F}_P\}^②$$

$$= \begin{bmatrix} 375 & 0 & 0 & -375 & 0 & 0 \\ 0 & 22.5 & 45 & 0 & -22.5 & 45 \\ 0 & 45 & 120 & 0 & -45 & 60 \\ -375 & 0 & 0 & 375 & 0 & 0 \\ 0 & -22.5 & -45 & 0 & 22.5 & -45 \\ 0 & 45 & 60 & 0 & -45 & 120 \end{bmatrix} \times 10^4 \begin{bmatrix} 0 & 1 & 0 & 0 & 0 & 0 \\ -1 & 0 & 0 & 0 & 0 & 0 \\ 0 & 0 & 1 & 0 & 0 & 0 \\ 0 & 0 & 0 & 0 & 1 & 0 \\ 0 & 0 & 0 & -1 & 0 & 0 \\ 0 & 0 & 0 & 0 & 0 & 1 \end{bmatrix}$$

$$\begin{Bmatrix} 0.0322 \\ 0.0282 \\ 0.0174 \\ 0 \\ 0 \\ 0 \end{Bmatrix} \times 10^{-4} + \begin{Bmatrix} 0 \\ 12 \\ 8 \\ 0 \\ 12 \\ -8 \end{Bmatrix} \approx \begin{Bmatrix} 10.6 \\ 12.1 \\ 8.6 \\ -10.6 \\ 11.9 \\ -8.4 \end{Bmatrix}$$

(9) 作内力图。

由求出的单元杆端力可作出内力图,如图 7.34 所示。

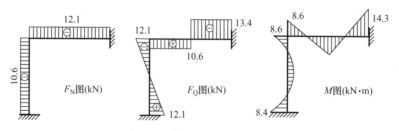

图 7.34 例题 7-11 的内力图

学习指导:通过例题 7-11 了解矩阵位移法计算刚架的整个过程,掌握单元杆端力的计算,掌握由杆端力画内力图。需要注意单元杆端力的正负是根据坐标系规定的,而内力图的正负则是按内力符号规定绘制的。请完成章后习题:16、17、21。

以上各节通过连续梁和刚架介绍了矩阵位移法的基本概念和计算过程,这种方法适合编制计算机程序，手算则过于烦琐。本章介绍一些手算例题的目的是理解矩阵位移法的概念和解题过程。矩阵位移法分先处理法和后处理法，这里介绍的是先处理法。关于后处理法和刚架中有铰结点的情况，以及桁架、组合结构的计算可参考其他教材，掌握了本章的学习内容可以为后续这些内容的学习垫定基础。

习 题

一、单项选择题

1. 单元刚度矩阵中的元素 k_{ii}^e 的值（　　）。
   A. ≥ 0　　　　B. ≤ 0　　　　C. < 0　　　　D. > 0

2. 简支单元刚度矩阵中的元素 k_{ij}^e 为（　　）。
   A. 发生 $\theta_i=1$、$\theta_j=0$ 杆端位移时 i 杆端的杆端力
   B. 发生 $\theta_i=1$、$\theta_j=0$ 杆端位移时 j 杆端的杆端力
   C. 发生 $\theta_i=0$、$\theta_j=1$ 杆端位移时 i 杆端的杆端力
   D. 发生 $\theta_i=0$、$\theta_j=1$ 杆端位移时 j 杆端的杆端力

3. 已知一个简支单元的长度为 4m，抗弯刚度 $EI=1.2\times 10^4 \text{kN}\cdot\text{m}^2$，其单元刚度矩阵为（　　）。

   A. $\begin{bmatrix} 0.6 & 0.3 \\ 0.3 & 0.6 \end{bmatrix} \times 10^4 \text{kN}\cdot\text{m}$　　B. $\begin{bmatrix} 1.2 & 0.6 \\ 0.6 & 1.2 \end{bmatrix} \times 10^4 \text{kN}\cdot\text{m}$

   C. $\begin{bmatrix} 2.4 & 1.2 \\ 1.2 & 2.4 \end{bmatrix} \times 10^4 \text{kN}\cdot\text{m}$　　D. $\begin{bmatrix} 4.8 & 2.4 \\ 2.4 & 4.8 \end{bmatrix} \times 10^4 \text{kN}\cdot\text{m}$

4. 已知习题 3 所述单元的杆端位移为 $\{\Delta\}^e = [0.0023 \quad -0.0031]^T$，单元中无外力作用，则单元杆端力为（　　）。
   A. $[9 \quad -23.4]^T \text{kN}\cdot\text{m}$　　B. $[46.2 \quad -23.4]^T \text{kN}\cdot\text{m}$
   C. $[9 \quad 51]^T \text{kN}\cdot\text{m}$　　D. $[46.2 \quad 51]^T \text{kN}\cdot\text{m}$

5. 若已知简支单元的杆端力为 $\{F\}^e = [8 \quad -3]^T \text{kN}\cdot\text{m}$，当单元中无外力作用时，单元的弯矩图为（　　）。

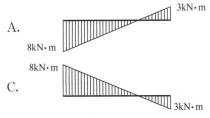

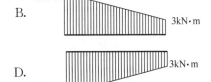

6. 图 7.35 所示梁的结构刚度矩阵元素 K_{23} 为（　　）。
   A. $8i$　　　　B. $6i$　　　　C. $4i$　　　　D. $2i$

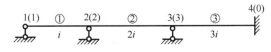

图 7.35　题 6 图

7. 图 7.35 所示梁，②单元的单元刚度矩阵元素 $k_{21}^{②}$ 应累加到结构刚度矩阵中的（　　）。

    A. 第 2 行第 1 列　　　　　　B. 第 2 行第 3 列

    C. 第 1 行第 2 列　　　　　　D. 第 3 行第 2 列

8. 图 7.36 所示梁的结构刚度矩阵中，等于零的元素有（　　）。

    A. K_{31}、K_{32}、K_{34}　　　　　　B. K_{41}、K_{31}、K_{21}

    C. K_{14}、K_{13}、K_{24}　　　　　　D. K_{43}、K_{42}、K_{41}

图 7.36　题 8 图

9. 结构非结点荷载与它的等效结点荷载，二者引起的（　　）。

    A. 内力相等　　　　　　　　B. 结点位移相等

    C. 内力、位移均相等　　　　D. 杆端力相等

10. 图 7.37 所示各结构均考虑轴向变形，结点位移编码正确的有（　　）。

    A.（a）、（b）　　B.（c）、（b）　　C.（c）、（a）　　D.（a）、（b）、（c）

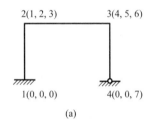　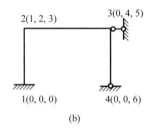　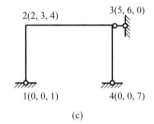

    (a)　　　　　　　　　　(b)　　　　　　　　　　(c)

图 7.37　题 10 图

11. 图 7.38 所示结构，结构整体编码如图所示，③单元的单元定位向量为（　　）。

    A. $[2\ 3\ 4\ 0\ 0\ 8]^T$　　　　B. $[2\ 0\ 3\ 0\ 4\ 8]^T$

    C. $[0\ 0\ 8\ 2\ 3\ 4]^T$　　　　D. $[0\ 2\ 0\ 3\ 8\ 4]^T$

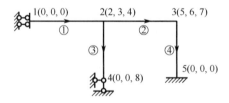

图 7.38　题 11 图

12. 已知单元定位向量为 $[1\ 0\ 5\ 7\ 8\ 9]^T$，则整体坐标系下的单元刚度矩阵元素 k_{35} 应累加到结构刚度矩阵元素（　　）上。

    A. K_{23}　　　　B. K_{58}　　　　C. K_{53}　　　　D. K_{28}

二、填空题

13. 单元刚度矩阵中元素 $\bar{k}_{ij}^{e} = \bar{k}_{ji}^{e}$（$i \neq j$），该结论是根据_____定理得到的。

14. 根据反力互等定理，可知单元刚度矩阵是_____矩阵。

15. 图 7.39 所示结构②单元的等效结点荷载为_____。

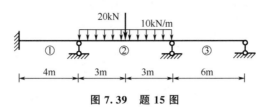

图 7.39 题 15 图

16. 图 7.40 示结构，已知其结点位移矩阵为 $\{\Delta\} = [2.3 \quad 4.6 \quad 5.1]^T$，②单元局部坐标系下的杆端位移 $\overline{\Delta}^{②} = [\underline{\qquad}]^T$。

17. 图 7.41 所示结构计轴向变形时，结构刚度矩阵的阶数为_____。

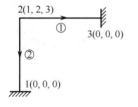 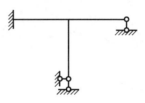

图 7.40 题 16 图 　　　　图 7.41 题 17 图

三、计算题

18. 试作图 7.42 所示梁的弯矩图。

19. 试求图 7.43 所示结构的结构刚度矩阵和结点荷载向量。EI = 常数。

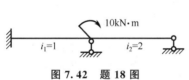 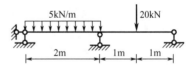

图 7.42 题 18 图 　　　　图 7.43 题 19 图

20. 试求图 7.44 所示结构的结构刚度矩阵和结点荷载向量。

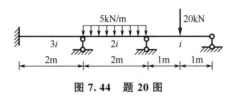

图 7.44 题 20 图

第7章 习题参考答案

21. 试求图 7.45 所示结构（计轴向变形）的结构刚度矩阵和结点荷载向量。EI = 常数。

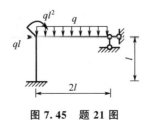

图 7.45 题 21 图

第7章拓展习题 及参考答案

第8章 结构动力计算

知识结构图

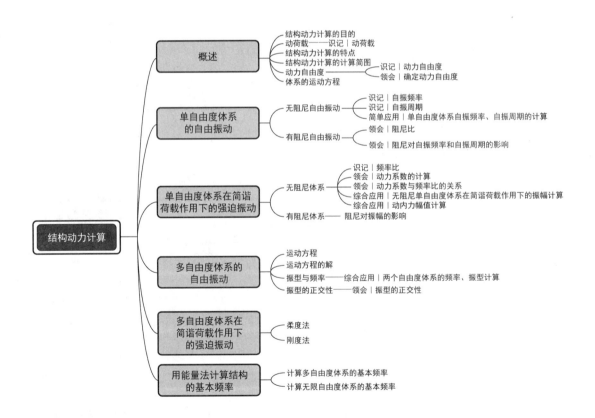

8.1 概　　述

8.1.1 结构动力计算的目的

振动是自然界普遍存在的现象，我们身边的一切物体，包括各种建筑结构都处在振动之中。一般情况下，振动较小我们感觉不到，对结构没有多少影响，但是当结构受到地震、强风等外部作用时则会产生激烈的振动，可能会造成结构的破坏。有时当外部作用的频率与结构的自振频率相等或相近时，即使作用较小，结构也会发生人们熟知的"共振"而产生破坏。另外，有些振动虽然不会造成结构的破坏但会影响使用功能，如多层工业厂房楼板的振动可能影响机床的加工精度，影响工人的身体健康。为了减轻振动对结构的不利影响，在设计时需对结构做动力分析，通过对结构进行动力计算以保证结构的强度要求，保证结构在振动中位移、速度和加速度控制在规定的范围内。

建筑结构设计中常见的动力计算有动力基础的振动计算、多层厂房楼板的振动计算、抗震和抗风计算、隔振设计等，这些计算均以本章内容为基础。

8.1.2 动荷载

使结构发生激烈振动的，大小、方向、作用位置随时间变化的荷载称为动荷载。激烈振动是指振动中的加速度较大，从而使惯性力与结构上其他静荷载相比较大而不能略去不计的振动。结构上的其他荷载，包括结构的自重、结构上位置固定的物体的重力，以及不能使结构发生激烈振动的随时间缓慢变化的荷载为静荷载。静荷载与动荷载的划分不是一成不变的，要根据具体问题确定，如分析结构强度时的静荷载在分析振动对精密仪器的影响时可能会作为动荷载考虑。

建筑工程中常见的动荷载有简谐荷载、冲击荷载、突加荷载、随机荷载等。本章仅讨论简谐荷载作用下的动力计算，因此对其他动荷载不做介绍。

若图 8.1 所示结构上作用的动荷载 $F_P(t)$ 随时间按正弦规律变化，即

$$F_P(t) = F_0 \sin\theta t$$

则称其为简谐荷载。式中，θ 称为荷载的圆频率，简称荷载频率；F_0 称为荷载幅值，它随时间的变化规律如图 8.2 所示。

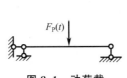

图 8.1　动荷载

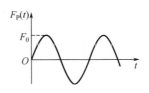

图 8.2　简谐荷载

8.1.3 结构动力计算的特点

与静力计算相比,结构动力计算有如下特点。
(1)必须考虑惯性力的作用。
(2)内力和位移不仅是位置坐标的函数,而且是时间 t 的函数,同一截面的内力和位移在不同时刻是不同的。

8.1.4 结构动力计算的计算简图

发生振动的结构称为振动体系。实际的振动体系通常是非常复杂的,在研究振动体系的振动问题时总是要将其简化成理想的力学模型或计算简图。图 8.3 所示体系即是某实际结构的计算简图,若将其拉离平衡位置,然后释放,它将以平衡位置为中心左右振动。由于结构的振动过程是动能与势能不断转换的过程,而储存动能的元件是质量,储存势能的元件是弹簧。在振动过程中存在振动能量的损失,将引起振动能量损失的作用称为阻尼。因此振动体系中应有 3 个基本参数,即质量 m、刚度 k 和阻尼 c。

1. 质量

实际结构的质量是分布质量,所有构件均有质量。为了方便计算,通常将分布于结构各构件的质量假想地集中到有限的几个点上,而将构件本身看成是无质量的。例如图 8.4(a)所示刚架可以简化为图 8.4(b)。图 8.4(a)中,梁、柱的质量是分布质量,图中的 $\overline{m}$ 为质量分布集度,表示单位长度上的质量大小;图 8.4(b)中,梁、柱的质量被集中到结点上,形成两个质点,梁、柱本身没有质量。图中的 ◎ 为质点,是具有质量的几何点。

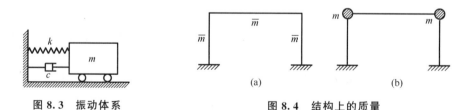

图 8.3 振动体系   图 8.4 结构上的质量

2. 刚度

刚度是构件抵抗变形的能力。比如弹簧具有刚度,弹簧的刚度用刚度系数 k 表示,k 表示使弹簧发生单位变形时所需施加的力,如图 8.5(a)所示。结构也具有刚度,结构振动时其对结构上的质量起到与弹簧相同的作用。图 8.5(b)所示悬臂梁可以简化为质量弹簧体系,如图 8.5(e)所示。弹簧代替了梁,弹簧刚度系数 k 通过静力计算方法计算,由图 8.5(c)、(d)可算得 $k=3EI/l^3$,因此 $k=3EI/l^3$ 也称为图 8.5(a)所示悬臂梁的刚度系数。

3. 阻尼

结构在振动过程中,振动能量会有耗散,耗散振动能量的作用称为阻尼。引起能量耗

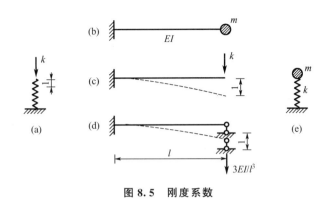

图 8.5 刚度系数

散的因素有很多,像材料的内摩擦、构件之间在连接点处的外摩擦、介质阻力等都会使振动的能量减少。在动力分析中通常将阻尼用阻碍振动的力来代表,这个力称为阻尼力,记作 F_D。工程中通常假定阻尼力与质量的速度成正比,方向相反,即

$$F_D(t) = -c\dot{y}(t)$$

式中,c 为阻尼系数,由试验确定;$y(t)$ 为质量的位移,$\dot{y}(t)$ 为质量的速度,字符上的点表示对时间的一阶导数。符合这种阻尼假定的阻尼称为黏滞阻尼。在计算简图中,阻尼用阻尼器表示,如图 8.3 所示。

结构中的杆件、支座在动力分析的计算简图中的简化形式与静力分析相同。

8.1.5 动力自由度

1. 动力自由度的概念

动力计算要计算的量有位移、速度、加速度、内力、惯性力等,它们之间由物理方程、运动方程等相联系,并不是独立的。通常将质点的位移作为分析的基本未知量,当求出质点的位移后,对时间求导数即可确定速度、加速度,有了加速度即可确定惯性力,有了惯性力即可按静力分析方法确定内力。一个体系有多少个基本未知量,或者说有多少个未知的质点位移,可通过分析体系的动力自由度来确定。

体系的动力自由度是指确定体系上所有质点的位置所需要的独立的几何参数的数目。平面上的一个质点,如图 8.6(a)所示,确定其位置需要两个参数 $y_1(t)$、$y_2(t)$,这两个参数是独立的,因此平面上的自由质点有两个自由度。当质点之间有杆件相连或与支座相连时,若不考虑杆件的轴向变形,自由度将减少。如图 8.6(b)所示,不计柱子的轴向变形,体系只有 1 个自由度。为了减少体系的动力自由度以方便计算,刚架中的杆件一般均不计轴向变形。

2. 动力自由度的确定方法

动力自由度可采用附加支杆的方法来确定。具体做法是:在质量上加支杆约束质量的位移,使体系中所有质量均不能运动,所加的最少支杆个数即为体系的动力自由度。要注意的是:质量之间有杆件相连,这些杆件已经对质量的位移有了一些约束,加支杆的时候

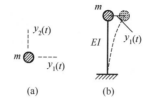

图 8.6 动力自由度

要考虑这些约束的作用。下面举例说明。

【例题 8-1】 试确定图 8.7（a）所示体系的动力自由度。

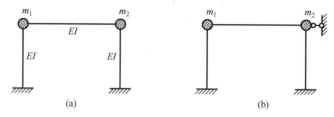

图 8.7 例题 8-1 图

解：因为柱子可以发生弯曲变形，故质点可以发生水平位移。在质点 m_2 上加水平链杆，如图 8.7（b）所示。柱子不计轴向变形，故 m_2 不能上下移动；梁不计轴向变形，则质点 m_1 也不能水平运动；柱子无轴向变形，故 m_1 也无竖向位移，因此体系的动力自由度为 1。

【例题 8-2】 试确定图 8.8（a）所示体系的动力自由度。

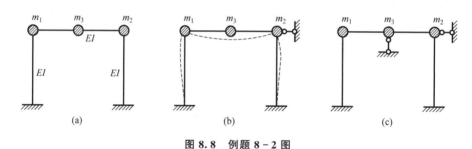

图 8.8 例题 8-2 图

解：像例题 8-1 一样在 m_2 上加水平链杆，使得 m_1 和 m_2 不能移动。由于梁的弯曲仍然可使 m_3 发生竖向运动，如图 8.8（b）所示，因此要在 m_3 上加竖向链杆，约束 m_3 的竖向位移，如图 8.8（c）所示。由于体系加了两个链杆使所有质量均不能运动，故体系的动力自由度为 2。

动力自由度为 1 的体系称为单自由度体系，动力自由度大于 1 的体系称为多自由度体系，质量是连续分布的并且可发生任意变形的体系称为无限自由度体系。因为动力自由度决定了动力计算的基本未知量的个数，并且单自由度体系与多自由度体系的分析方法不同，所以正确确定体系的动力自由度非常重要。

这里要注意动力自由度与体系几何组成分析时的自由度的区别。几何组成分析时的自由度是确定体系上所有构件的位置所需的独立坐标数，分析时将杆件看成刚体；动力自由度是确定体系上所有质量的位置所需的独立坐标数，分析时杆件是变形体。

8.1.6 体系的运动方程

为了求解质量的位移,需建立位移与动荷载之间的关系方程。将体系振动中各参数间应满足的方程称为运动方程。建立运动方程最基本的方法是利用牛顿第二定律。

设平面上的一个质量为 m 的质点受动荷载 $F_P(t)$ 作用,质点位移为 $y(t)$,如图 8.9 (a) 所示。在 $F_P(t)$ 作用下,质点的运动状态会发生变化,即产生加速度 $\ddot{y}(t)$。根据牛顿第二定律,m、$F_P(t)$ 和 $\ddot{y}(t)$ 之间的关系为

$$F_P(t) = m\ddot{y}(t) \tag{8-1}$$

此即为质点的运动方程。

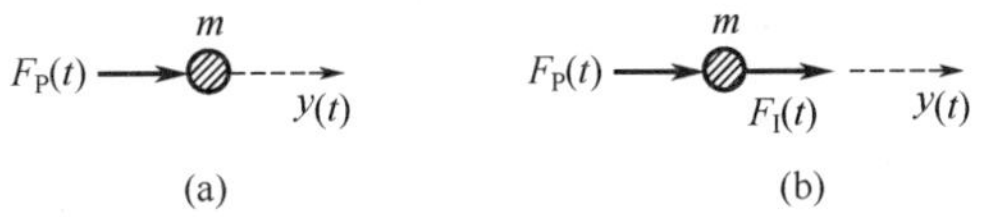

图 8.9 自由质点的运动

对结构上的非自由质点,也可以用牛顿第二定律列运动方程。图 8.10 (a) 所示体系,质点在 t 时刻的位移为 $y(t)$,将质点取出,标出质点上作用的力,如图 8.10 (b) 所示。质点上有动荷载 $F_P(t)$ 和柱对质点向左的拉力(称为弹性恢复力)$ky(t)$ [$ky(t)$ 的物理意义如图 8.10 (c) 所示],由牛顿第二定律,有

$$F_P(t) - ky(t) = m\ddot{y}(t) \tag{8-2}$$

其中 $k = 3EI/l^3$ 为体系的刚度系数(图 8.5),代入式(8-2),整理得

$$m\ddot{y}(t) + \frac{3EI}{l^3}y(t) = F_P(t) \tag{8-3}$$

即为体系的运动方程。

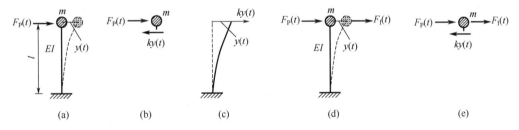

图 8.10 非自由质点上的力

当体系中的质点、杆件较多时,用牛顿第二定律列运动方程不方便,故常用基于达朗贝尔原理的惯性力法建立运动方程。

达朗贝尔原理:若假想地在运动质点 m 上施加惯性力 $F_I(t) = -m\ddot{y}(t)$,则可以认为质点在形式上处于平衡状态。其中 $\ddot{y}(t)$ 为质点的加速度。

下面根据达朗贝尔原理列图 8.9 (a) 中质点的运动方程。在质点上加惯性力,如图 8.9 (b)所示。将质点看成是平衡的,列平衡方程

$$\sum F_x = 0 \quad F_P(t) + F_I(t) = 0 \tag{8-4}$$

将惯性力 $F_I(t) = -m\ddot{y}(t)$ 代入式(8-4)，得到质点的运动方程

$$F_P(t) = m\ddot{y}(t) \tag{8-5}$$

与直接用牛顿第二定律列出的关系相同。注意，式(8-4)仅是形式上的平衡方程，其实质仍是运动方程，因为质点上并无惯性力作用，惯性力是假想加在质点上的。将这种列运动方程的方法称作惯性力法（或动静法）。采用这种方法的好处是可以将静力学中研究平衡问题的方法应用于研究动力学中的不平衡问题。

下面用惯性力法列图 8.10（a）所示体系的运动方程。

在 t 时刻，质点的位移为 $y(t)$，在质点上加惯性力 $F_I(t) = -m\ddot{y}(t)$，如图 8.10（d）所示。认为质点在 t 时刻处于平衡状态，取隔离体如图 8.10（e）所示。由隔离体的平衡，可得

$$F_P(t) - ky(t) = m\ddot{y}(t) \tag{8-6}$$

将体系的刚度系数 $k = 3EI/l^3$ 代入式(8-6)，得体系的运动方程

$$m\ddot{y}(t) + \frac{3EI}{l^3}y(t) = F_P(t)$$

同样与直接用牛顿第二定律列出的体系的运动方程一致，这种列运动方程的方法称为刚度法。刚度法所列方程在形式上是平衡方程。还有另一种方法称为柔度法，柔度法所列方程在形式上是位移方程。

以图 8.11（a）所示体系为例说明柔度法列运动方程的过程。在质点上加惯性力后，认为体系处于平衡状态，位移 $y(t)$ 可看成是动荷载 $F_P(t)$ 和惯性力 $F_I(t)$ 引起的静位移。在体系上加单位力，如图 8.11（b）所示，求出单位力引起的位移 δ。由图乘法可求得 $\delta = \frac{l^3}{3EI}$，称为柔度系数。利用柔度系数可求得动荷载 $F_P(t)$ 和惯性力 $F_I(t)$ 引起的位移为 $\delta[F_P(t) + F_I(t)]$。对比图 8.11（a）和图 8.11（c），可见其作用力相同，位移也相同，即

$$y(t) = \delta[F_P(t) + F_I(t)] \tag{8-7}$$

将 $F_I(t) = -m\ddot{y}(t)$ 和 $\delta = \frac{l^3}{3EI}$ 代入式(8-7)，整理后得

$$m\ddot{y}(t) + \frac{3EI}{l^3}y(t) = F_P(t)$$

与刚度法列出的方程相同。

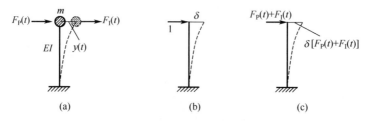

图 8.11 柔度系数和柔度法

刚度系数和柔度系数有如下关系
$$k\delta = 1$$
这可根据它们的物理意义从图 8.12 直接看出。

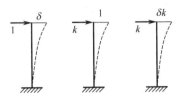

图 8.12 柔度系数与刚度系数的关系

学习指导：通过本节内容的学习，要了解学习结构动力计算的目的，理解动荷载的概念，了解动力计算的特点，掌握动力自由度的概念，能确定体系的动力自由度，了解建立运动方程的方法。请完成习题：1、2、3、7。

8.2 单自由度体系的自由振动

有些实际工程结构可以简化成单自由度体系计算，例如单层工业厂房、简支梁等，所以单自由度体系的振动分析具有实用性。另外，多自由度体系和无限自由度体系可以转化成单自由度体系来分析，因此单自由度体系的分析同时具有基础性。熟练掌握单自由度体系的分析对学好结构动力计算具有非常重要的意义。

结构振动可以分为自由振动和强迫振动。

（1）自由振动是指由初始扰动引起的、在振动中无动荷载作用的振动。例如将结构拉离平衡位置，然后释放，结构就会做自由振动。分析结构的自由振动的主要目的是确定体系的自振周期等动力特性，它们对结构在动荷载作用下的动力反应有重要影响。

（2）强迫振动是指由动荷载引起的振动，如开动结构上的机器所引起的结构振动。分析结构的强迫振动的主要目的是确定结构的动力反应（动力反应是指结构在振动过程中的位移、速度、加速度、内力等）。下面先讨论自由振动。

8.2.1 无阻尼自由振动

1. 运动方程及其解

在 8.1.6 节中已列出了图 8.11（a）所示单自由度体系在动荷载作用下的运动方程式（8-6）或式（8-7），令方程中的动荷载等于零，可得自由振动的运动方程为

$$m\ddot{y}(t) + ky(t) = 0 \quad \text{或} \quad m\delta\ddot{y}(t) + y(t) = 0 \tag{8-8}$$

设

$$\omega^2 = \frac{k}{m} = \frac{1}{m\delta} \tag{8-9}$$

代入式（8-8），得

$$\ddot{y}(t) + \omega^2 y(t) = 0 \tag{8-10}$$

这是一个二阶齐次常微分方程，其通解为

$$y(t) = C_1\cos\omega t + C_2\sin\omega t \tag{8-11}$$

其中，C_1、C_2 为积分常数，由初始条件确定。将式(8-11)对时间求导数，得

$$\dot{y}(t) = -C_1\omega\sin\omega t + C_2\omega\cos\omega t \tag{8-12}$$

设质点在 $t=0$ 时刻的位移为 y_0、速度为 v_0，分别称之为初位移和初速度。将 y_0、v_0 代入式(8-11)、式(8-12)可求得

$$C_1 = y_0, \quad C_2 = \frac{v_0}{\omega}$$

将 C_1、C_2 代入式(8-11)得单自由度体系自由振动的解为

$$y(t) = y_0\cos\omega t + \frac{v_0}{\omega}\sin\omega t \tag{8-13}$$

也可以写成单项形式

$$y(t) = A\sin(\omega t + \alpha) \tag{8-14}$$

其中 A 为振幅，表示质点振动过程中的最大位移，其解为

$$A = \sqrt{y_0^2 + \left(\frac{v_0}{\omega}\right)^2} \tag{8-15}$$

α 为初相位角，表示 $t=0$ 时的质点位置，其解为

$$\alpha = \arctan\frac{y_0\omega}{v_0} \tag{8-16}$$

$\omega t + \alpha$ 为相位角，表示 t 时刻的质点位置。

将式(8-14)按两角和公式展开，得

$$y(t) = A\sin\omega t\cos\alpha + A\cos\omega t\sin\alpha$$

与式(8-13)比较，若要使 t 取任意值时两式均相等，则两式中 $\sin\omega t$ 和 $\cos\omega t$ 的对应系数必须相等，即

$$\left.\begin{array}{l} A\cos\alpha = \dfrac{v_0}{\omega} \\ A\sin\alpha = y_0 \end{array}\right\}$$

两式平方后相加得式(8-15)，两式相除得式(8-16)。

2. 质点的运动规律

式(8-14)表明，单自由度体系做自由振动时，质点的位移随时间按正弦函数变化，由于正弦函数是周期为 2π 的周期函数，即

$$\sin(\omega t + \alpha) = \sin(\omega t + \alpha + 2\pi)$$

据此，由式(8-14)得

$$y(t) = A\sin(\omega t + \alpha) = A\sin(\omega t + \alpha + 2\pi) = A\sin\left[\omega\left(t + \frac{2\pi}{\omega}\right) + \alpha\right] = y\left(t + \frac{2\pi}{\omega}\right)$$

可见质点在 t 时刻的位移与经过 $2\pi/\omega$ s 后的位移相同，即质点的位移具有周期性，周期为 $2\pi/\omega$，用 T 表示为

$$T = \frac{2\pi}{\omega} \tag{8-17}$$

称为体系的自振周期或固有周期。

位移 $y(t)$ 随时间 t 的变化规律如图 8.13（a）所示，此图称为位移时程曲线。图 8.13（a）中，$a—b—c—d—e$ 部分描述了体系自由振动的一个循环；图 8.13（b）为图 8.13（a）中 $a—b—c—d—e$ 点对应的质点位置，质点上的箭头表示质点将要运动的方向。即质点从它的无变形位置 a，向右运动，在 b 点达到正的位移最大值 A，此时的速度为零；然后，位移开始减小，质点向左运动，又返回到无变形的位置 c，此时的速度最大；从此处质量继续向左运动，在 d 点达到位移最小值 $-A$，此时速度重新为零；位移开始重新减小，质点向右运动，再次返回到无变形位置 e。在时刻 e，即时刻 a 后的 $2\pi/\omega$ s，质点的状态（位移和速度）与它在时刻 a 的状态相同，质点又将开始振动的下一个循环。图 8.13（a）中还标出了周期 T、振幅 A、初位移 $y(0)$ 和初相位角 α，曲线的切线斜率为速度。

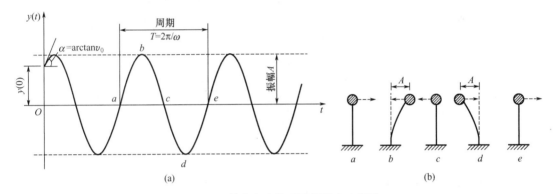

图 8.13 单自由度体系无阻尼自由振动

每秒的振动次数称为频率，又称工程频率，用 f 表示。因为 T s 振动一次，所以 1s 振动 $1/T$ 次，即

$$f = \frac{1}{T} \tag{8-18}$$

工程频率的单位为赫兹（Hz）。若每秒振动 n 次，则称其频率为 n Hz。

由式（8-17）得

$$\omega = 2\pi/T = 2\pi f \tag{8-19}$$

如果将式（8-19）中的 2π 看成 2π s 的话，ω 即为 2π s 的振动次数，称其为自振圆频率，简称自振频率或固有频率。

3. 自振周期及其计算

由式（8-9）、式（8-17）可见，结构的自振频率及自振周期只与结构的刚度和质量有关，是体系固有的动力特性。无论给体系以怎样的初始扰动，体系均按体系固有的自振周期做自由振动。初始扰动的大小只会影响自由振动的振幅和初相位角。此外，自振周期的平方与刚度系数成反比，与质量成正比，因此，若要改变体系的质量或刚度，可调整体系的自振周期。

自振周期用式（8-17）计算，即

$$T = 2\pi/\omega = 2\pi\sqrt{m/k} \tag{8-20a}$$

或

$$T = 2\pi \sqrt{m\delta} \quad (8-20\text{b})$$

计算时可根据刚度系数和柔度系数哪个易求来决定使用哪个公式。当直接给出了重力时，可将式(8-20)改写为

$$T = 2\pi \sqrt{W/kg} = 2\pi \sqrt{W\delta/g} \quad (8-21\text{a})$$

或

$$T = 2\pi \sqrt{\Delta_{st}/g} \quad (8-21\text{b})$$

式中，Δ_{st} 为重力沿振动方向作用于质点所引起的静位移，$\Delta_{st} = W\delta$。

结构自振频率的计算公式为

$$\omega = \sqrt{k/m} = \sqrt{1/m\delta} = \sqrt{g/\Delta_{st}} \quad (8-22)$$

【例题 8-3】长度为 $l=1\text{m}$ 的悬臂梁，在其端部装一质量为 $m=123\text{kg}$ 的电动机，如图 8.14（a）所示。悬臂梁的弹性模量 $E=2.06\times10^{11}\text{N/m}^2$，截面惯性矩 $I=78\text{cm}^4$。与电动机的重力相比，悬臂梁的自重可忽略不计。求悬臂梁的自振频率及自振周期。

图 8.14　例题 8-3 图

解： 该悬臂梁是一个单自由度体系，加单位力求其柔度系数，如图 8.15（b）所示。由图乘法得

$$\delta = \frac{l^3}{3EI} = \frac{1^3}{3\times2.06\times10^{11}\times78\times10^{-8}}\text{m/N} \approx 2.07\times10^{-6}\text{m/N}$$

悬臂梁的自振频率为

$$\omega = \sqrt{1/m\delta} = \sqrt{1/(123\times2.07\times10^{-6})}\text{s}^{-1} \approx 62.67\text{s}^{-1}$$

悬臂梁的自振周期为

$$T = 2\pi/\omega = 2\pi/62.67\text{s} \approx 0.1\text{s}$$

【例题 8-4】求图 8.15（a）所示排架的自振频率。不计屋盖变形。

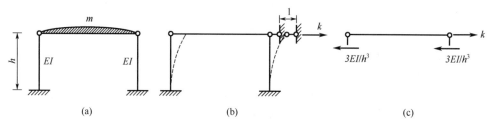

图 8.15　例题 8-4 图

解： 刚度系数容易计算，因此可以先求刚度系数。令柱端发生单位位移，如图 8.15（b）所示。由图 8.15（c）所示隔离体的平衡得刚度系数为

$$k = 6EI/h^3$$

代入式(8-22)，得其自振频率为

$$\omega=\sqrt{k/m}=\sqrt{6EI/mh^3}$$

8.2.2 有阻尼自由振动

按照前面的分析，自由振动一经发生便会以不变的振幅 A 一直振动下去（图 8.13）。而实际上，由于阻尼的作用，自由振动的振幅会逐渐减小，最终趋于静止。下面将讨论阻尼对自由振动的影响。

1. 运动方程及方程的解

考虑阻尼时列运动方程的方法与无阻尼时相同，不同之处是在质点上还需增加阻尼力 F_D，如图 8.16 所示。

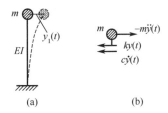

图 8.16 有阻尼单自由度体系

该体系运动方程为

$$m\ddot{y}(t)+c\dot{y}(t)+ky(t)=0 \quad (8-23a)$$

或

$$\ddot{y}(t)+\frac{c}{m}\dot{y}(t)+\frac{k}{m}y(t)=0 \quad (8-23b)$$

将 $\omega^2=k/m$ 代入式(8-23b)，得

$$\ddot{y}(t)+\frac{c}{m}\dot{y}(t)+\omega^2 y(t)=0 \quad (8-24)$$

设解的形式为

$$y(t)=e^{\lambda t} \quad (8-25)$$

其中 λ 待定，由满足方程式(8-24)来决定。将式(8-25)代入方程(8-24)，得

$$\lambda^2+\frac{c}{m}\lambda+\omega^2=0 \quad (8-26)$$

这是 λ 的一元二次方程，由求根公式得

$$\lambda=-\frac{c}{2m}\pm\sqrt{\left(\frac{c}{2m}\right)^2-\omega^2} \quad (8-27)$$

当式(8-25)中的 λ 取式(8-27)的值时，式(8-25)所表示的 $y(t)$ 便能满足方程式(8-24)，因此式(8-25)是方程式(8-24)的解。根据式(8-27)，$\frac{c}{2m}$ 与 ω 的取值不同，方程式(8-26)有 3 种不同形式的根，对应方程式(8-24)有以下 3 种不同形式的解。

(1) 当 $\frac{c}{2m}=\omega$，即 $\frac{c}{2m\omega}=1$ 时，根据式(8-27)，方程式(8-26)有两个相等的实根。

$$\lambda_1 = \lambda_2 = -\frac{c}{2m}$$

运动方程式(8-24)的通解为

$$y(t) = (C_1 + C_2 t)e^{-\frac{c}{2m}t} \qquad (8-28)$$

其中，C_1、C_2 为积分常数，由初始条件确定。引入初始条件后，可求得

$$C_1 = (1 + \frac{c}{2m}t)y_0,\ C_2 = v_0$$

代入式(8-28)，得

$$y(t) = [y_0 + (y_0\omega + v_0)t]e^{-\frac{c}{2m}t}$$

其位移时程曲线如图 8.17 所示。

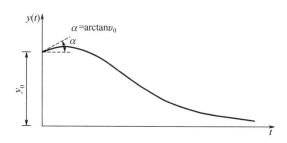

图 8.17 临界阻尼情况下的位移时程曲线

从图 8.17 可见，位移随时间逐渐变小，而不具有像图 8.13 所示的那样的振动性质，即初位移、初速度使质点离开静力平衡位置后很快便回到静力平衡位置，而不振动。原因是体系中的阻尼过大，使得初位移和初速度产生的振动能量在质点退回到静力平衡位置的过程中被阻尼消耗殆尽，没有多余的能量产生振动。这种情况的阻尼可以作为衡量阻尼大小的尺度。将这时的阻尼系数定义为临界阻尼系数，记作 c_r。由 $\frac{c}{2m\omega} = 1$，可得

$$c = 2m\omega$$

当结构的实际阻尼系数 c 达到 c_r，即 $c/c_r = 1$ 时，结构不能发生自由振动。将 c/c_r 称作阻尼比，记作 ξ，即

$$\xi = \frac{c}{c_r}$$

阻尼比是体系阻尼的无量纲测度，表示体系阻尼系数是体系临界阻尼系数的百分之几。例如，钢筋混凝土结构的阻尼比一般为 0.05，表示它的阻尼系数是临界阻尼系数的 5%。建筑结构的阻尼比一般都很小，为 0.005~0.05。即使像堤坝这样的阻尼较大的构筑物，阻尼比一般也小于 0.1。

(2) 当 $\frac{c}{2m} > \omega$，即 $\xi > 1$ 时，有两个不相等的实根。这时的阻尼系数大于临界阻尼系数，结构仍不能发生自由振动，这种情况称为强阻尼情况。

以上两种情况在建筑结构中几乎不存在，故不讨论。

(3) 当 $\frac{c}{2m} < \omega$，即 $\xi < 1$ 时，称为低阻尼情况，由式(8-27)知方程式(8-26)有两个不相等的复根。

$$\lambda = -\frac{c}{2m} \pm \sqrt{\left(\frac{c}{2m}\right)^2 - \omega^2} \qquad (8-29)$$

将 $c = 2m\omega\xi$ 代入式(8-29)，得

$$\lambda = -\xi\omega \pm i\omega\sqrt{1-\xi^2} \qquad (8-30)$$

其中，$i = \sqrt{-1}$ 为虚数。令

$$\omega_D = \omega\sqrt{1-\xi^2} \qquad (8-31)$$

则有

$$\left.\begin{aligned}\lambda_1 &= -\xi\omega + i\omega_D \\ \lambda_2 &= -\xi\omega - i\omega_D\end{aligned}\right\} \qquad (8-32)$$

根据所设解的形式 $y(t) = e^{\lambda t}$，有

$$y(t) = C_1 e^{\lambda_1 t} + C_2 e^{\lambda_2 t} \qquad (8-33)$$

将式(8-32)代入式(8-33)，得

$$y(t) = e^{-\xi\omega t}(C_1 e^{i\omega_D t} + C_2 e^{-i\omega_D t}) \qquad (8-34)$$

式(8-34)可以变换为

$$y(t) = e^{-\xi\omega t}(D_1 \cos\omega_D t + D_2 \sin\omega_D t) \qquad (8-35)$$

其中，D_1、D_2 为变换后的积分常数，由初始条件确定。

设初位移和初速度为 $y(0) = y_0$、$\dot{y}(0) = v_0$ 代入式(8-35)，得

$$D_1 = y_0, \quad D_2 = (v_0 + \omega\xi y_0)/\omega_D$$

将 D_1、D_2 代回式(8-35)，得低阻尼时的运动方程的解为

$$y(t) = e^{-\xi\omega t}\left(y_0 \cos\omega_D t + \frac{v_0 + \omega\xi y_0}{\omega_D}\sin\omega_D t\right) \qquad (8-36)$$

式(8-36)也可以写成单项形式：

$$y(t) = A e^{-\xi\omega t}\sin(\omega_D t + \alpha) \qquad (8-37)$$

将其展开，得

$$y(t) = e^{-\xi\omega t}(A\sin\omega_D t \cdot \cos\alpha + A\cos\omega_D t \cdot \sin\alpha) \qquad (8-38)$$

将式(8-38)与式(8-36)对比，得

$$\left.\begin{aligned}A\cos\alpha &= \frac{v_0 + \omega\xi y_0}{\omega_D} \\ A\sin\alpha &= y_0\end{aligned}\right\} \qquad (8-39)$$

由式(8-39)可解得

$$A = \sqrt{\left(\frac{v_0 + \omega\xi y_0}{\omega_D}\right)^2 + y_0^2}, \quad \tan\alpha = \frac{y_0 \omega_D}{v_0 + \omega\xi y_0}$$

2. 有阻尼自由振动分析

根据有阻尼自由振动运动方程的解[式(8-37)]可作出位移时程曲线，如图8.18所示。为了对比，在图中还将无阻尼的曲线画出。从图中可见有阻尼自由振动是衰减的周期振动，阻尼对自振周期和振幅均有影响。

(1) 阻尼对自振周期的影响。

由式(8-37)可推得有阻尼自振周期为

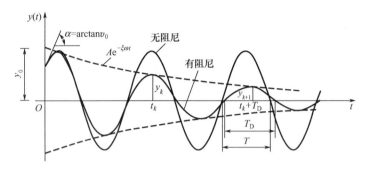

图 8.18 单自由度体系有阻尼自由振动

$$T_D = \frac{2\pi}{\omega_D} \tag{8-40}$$

由式(8-31)知，ω_D 为有阻尼自振频率，将其代入式(8-40)得

$$T_D = \frac{2\pi}{\omega\sqrt{1-\xi^2}} = T/\sqrt{1-\xi^2}$$

其中，ω、T 为无阻尼自振频率和自振周期。因为 ξ 一般很小，有阻尼自振频率 ω_D 和自振周期 T_D 与无阻尼自振频率 ω 和自振周期 T 相差不大。比如，当 $\xi=0.1$ 时，$\omega_D=0.995\omega$、$T_D=1.005T$。因此计算自振频率和自振周期时可不考虑阻尼的影响。

(2) 阻尼对振幅的影响。

设在 $t=t_k$ 时，$\sin(\omega_D t_k + \alpha)=1$，振幅为

$$y_k = A e^{-\xi \omega t_k}$$

经过一个自振周期 T_D，$\sin[\omega_D(t_k+T_D)+\alpha]=1$，则下一个振幅为

$$y_{k+1} = A e^{-\xi \omega (t_k+T_D)}$$

显然 $y_{k+1} < y_k$，即振幅是衰减的。相邻振幅的比值为

$$\frac{y_k}{y_{k+1}} = e^{\xi \omega T_D} \tag{8-41}$$

它是不随时间变化的常数。若不计阻尼，即 $\xi=0$，则相邻振幅的比值为 1，不衰减。ξ 愈大，相邻振幅的比值愈远离 1，表明衰减愈快。利用式(8-41)可以实测结构的阻尼比。将式(8-41)等号两侧取自然对数，得

$$\ln \frac{y_k}{y_{k+1}} = \xi \omega T_D$$

考虑到

$$T_D = \frac{2\pi}{\omega_D} \approx \frac{2\pi}{\omega}$$

因此有

$$\xi = \frac{1}{2\pi} \ln \frac{y_k}{y_{k+1}} \tag{8-42}$$

测出结构自由振动时的振幅后，由式(8-42)即可计算出结构的阻尼比。

学习指导：对于无阻尼自由振动，需了解什么是自由振动、自由振动的运动规律、振幅的计算，理解频率、周期的性质，重点掌握自振周期、自振频率的计算，要熟记求自振周期、自振频率的计算公式。对于有阻尼自由振动，需了解什么是低阻尼，阻尼对自振周

期、自振振幅有何影响。

求自振频率和自振周期的关键是正确理解和计算结构的刚度系数和柔度系数。而刚度系数和柔度系数的计算属于静力计算，若不能正确求解刚度系数和柔度系数则需要复习前面章节的内容。

请完成章后习题：4、9、14。

8.3　单自由度体系在简谐荷载作用下的强迫振动

动荷载作用下的振动称为强迫振动。简谐荷载作用下的强迫振动是工程中常见的振动。从结构在简谐荷载作用下的动力反应中所得到的一些结论具有典型意义，而且分析结果可用于其他动荷载的反应分析中，因此简谐荷载的动力反应分析是很重要的。

8.3.1　无阻尼体系

1. 运动方程及方程的解

设图 8.19 所示结构受简谐荷载 $F_P(t)=F_0\sin\theta t$ 作用，将其代入式(8-6)得运动方程

$$m\ddot{y}(t)+ky(t)=F_0\sin\theta t \qquad (8-43)$$

式中，F_0 为荷载幅值；θ 为荷载频率。用 m 除方程两侧，得

$$\ddot{y}(t)+\omega^2 y(t)=\frac{F_0}{m}\sin\theta t \qquad (8-44)$$

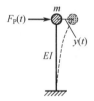

图 8.19　单自由度体系强迫振动

这是一个二阶非齐次常微分方程，其通解由齐次方程的通解和它的特解构成。齐次方程的通解即自由振动方程式(8-10)的通解式(8-11)，即

$$y(t)=C_1\cos\omega t+C_2\sin\omega t$$

下面求方程式(8-44)的特解。

设方程式(8-44)的特解为

$$y(t)=A\sin\theta t \qquad (8-45)$$

其中 A 待定，由所设特解满足方程(8-44)确定。将式(8-45)代入方程(8-44)，得

$$(-\theta^2+\omega^2)A\sin\theta t=\frac{F_0}{m}\sin\theta t$$

由此得

$$A=\frac{F_0}{m(\omega^2-\theta^2)} \qquad (8-46)$$

将式(8-46)代回到式(8-45)，得方程式(8-44)的特解为

$$y(t) = \frac{F_0}{m(\omega^2 - \theta^2)} \sin\theta t$$

因此运动方程式(8-44)的通解为

$$y(t) = C_1 \cos\omega t + C_2 \sin\omega t + \frac{F_0}{m(\omega^2 - \theta^2)} \sin\theta t \qquad (8-47)$$

其中，C_1、C_2 为积分常数，由初始条件确定。

2. 解的分析

运动方程的通解式(8-47)的前两项按结构自振频率 ω 振动，如果考虑阻尼，它们将很快消失，将这个阶段称为过渡阶段，通常不予考虑，这一点将在稍后说明。它们消失后，只剩下按荷载频率振动的第 3 项，将这个阶段称为平稳阶段，一般只考虑平稳阶段。在平稳阶段，位移为

$$y(t) = \frac{F_0}{m(\omega^2 - \theta^2)} \sin\theta t \qquad (8-48)$$

是按荷载频率作等幅简谐振动。振幅为

$$A = \frac{F_0}{m(\omega^2 - \theta^2)} = \frac{F_0}{m\omega^2} \cdot \frac{1}{1 - \theta^2/\omega^2} = y_{st}\beta \qquad (8-49)$$

其中

$$y_{st} = \frac{F_0}{m\omega^2} = F_0\delta \qquad (8-50)$$

$$\beta = \frac{1}{1 - \theta^2/\omega^2} \qquad (8-51)$$

其中，y_{st} 为荷载幅值作为静荷载所引起的静位移；β 是一个仅与频率比值 θ/ω 有关的无量纲系数，称为动力系数。从式(8-49)可见 β 是振幅 A 与 y_{st} 的比值，表示按动荷载计算出的最大位移是按静荷载计算出的位移的倍数。动力系数 β 与频率比 θ/ω（简称"频比"）的关系曲线如图 8.20 所示。

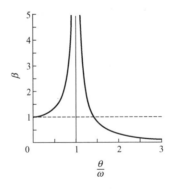

图 8.20　动力系数与频比的关系曲线

从图 8.20 中可得到振幅与频比的关系如下。

(1) 当 $\dfrac{\theta}{\omega} \to 0$ 时，$\beta \to 1$，$A \to y_{st}$。这说明当荷载频率与自振频率相比很小时，可作为

静荷载计算。比如当 $\frac{\theta}{\omega}<0.2$ 时，可将简谐荷载当作静力计算，计算结果的误差小于 $\pm 5\%$。

(2) 当 $\frac{\theta}{\omega}\to 1$ 时，$\beta\to\infty$，$A\to\infty$。这说明随荷载频率趋近于结构自振频率，振幅趋于无穷大。这种现象即为人们熟知的共振，应避免这种情况的发生。

(3) 当 $\frac{\theta}{\omega}\to\infty$ 时，$\beta\to 0$，$A\to 0$。这说明当荷载频率与结构自振频率相比很大时，振幅会很小。

(4) 当 $0<\frac{\theta}{\omega}<1$ 时，β 随 $\frac{\theta}{\omega}$ 的增加而增加。在这种情况下，若要减小振幅则需要增大自振频率，可通过提高结构刚度、减小结构自重来增大自振频率。

(5) 当 $\frac{\theta}{\omega}>1$ 时，β 的绝对值随 $\frac{\theta}{\omega}$ 的增加而减小。在这种情况下，若要减小振幅需减小自振频率，可通过降低结构刚度、增加结构自重来减小自振频率。另外，这时的动力系数 $\beta<0$，将式(8-48)改写为

$$y(t)=\frac{F_0}{m(\omega^2-\theta^2)}\sin\theta t=\frac{1}{m\omega^2}\cdot\frac{1}{1-\theta^2/\omega^2}F_P(t)=\delta\beta F_P(t) \quad (8-52)$$

式中 δ 为正值，当 β 为负值时说明振动过程中质点的位移 $y(t)$ 与荷载 $F_P(t)$ 反向。因为振动是往复过程，计算振幅时只需取 β 的绝对值。

3. 振幅和动内力幅值的计算

振幅按式(8-49)计算。对于像图 8.19 所示的那样的单自由度体系，动荷载作用在质点上，结构中的内力与质点位移成比例，动力系数不仅是位移的动力系数也是内力的动力系数。动荷载幅值作为静荷载所引起的内力乘以动力系数即为动内力的最大值。据此可得求振幅和动内力幅值的计算步骤如下。

(1) 将动荷载幅值作为静荷载，求静位移、静内力。
(2) 计算动力系数。
(3) 将静位移、静内力分别乘以动力系数即得振幅和动内力幅值。

【例题 8-5】图 8.21 所示悬臂梁的弹性模量 $E=2.06\times 10^{11}\text{N/m}^2$，截面惯性矩 $I=78\text{cm}^4$，梁长 $l=1\text{m}$。在其端部装有一台质量为 123kg 的电动机，电动机转速为 $n=1200\text{r/min}$，转动产生的离心力为 $F_0=4.9\text{kN}$。试求梁中最大动位移和最大动弯矩。不计梁重，不计阻尼。

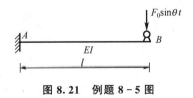

图 8.21　例题 8-5 图

解：A 端弯矩最大，B 端位移最大。

(1) 求静位移 y_{st} 和静弯矩 M_{st}。

体系的柔度系数已在例题 8-3 中求出,为

$$\delta = 2.07 \times 10^{-6} \mathrm{m/N}$$

F_0 引起的 B 端的静位移为

$$y_{\mathrm{st}} = F_0 \delta = 4.9 \mathrm{kN} \times 2.07 \times 10^{-6} \mathrm{m/N} \approx 0.01 \mathrm{mm}$$

F_0 引起的 A 端的静弯矩为

$$M_{\mathrm{st}} = F_0 l = 4.9 \mathrm{kN} \times 1 \mathrm{m} = 4.9 \mathrm{kN \cdot m}$$

(2) 计算动力系数。

荷载频率为

$$\theta = \frac{n}{60} \times 2\pi \approx 125.66 \mathrm{s}^{-1}$$

结构自振频率已在例题 8-3 中求出,为

$$\omega \approx 62.67 \mathrm{s}^{-1}$$

动力系数为

$$\beta = \frac{1}{1 - \theta^2/\omega^2} \approx -\frac{1}{3}$$

(3) 求最大动位移(振幅)、最大动弯矩。

最大动位移为

$$A = y_{\mathrm{st}} |\beta| = 0.01 \mathrm{mm} \times \frac{1}{3} \approx 0.0033 \mathrm{mm}$$

最大动弯矩为

$$M_A = M_{\mathrm{st}} |\beta| = 4.9 \mathrm{kN \cdot m} \times \frac{1}{3} \approx 1.63 \mathrm{kN \cdot m}$$

注意:以上所求最大动位移和最大动弯矩是在静平衡基础上由于振动引起的动力反应。若求最大位移和最大弯矩,还需加上由体系上的静荷载(比如重力)所引起的位移和弯矩。

【例题 8-6】已知图 8.22(a)所示排架的自振频率是荷载频率的 2 倍,即 $\omega = 2\theta$。试求最大动弯矩图。不计阻尼,不计柱的质量。

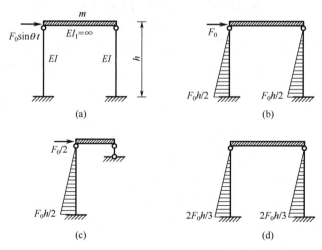

图 8.22 例题 8-6 图

解： 荷载幅值作为静荷载所引起的弯矩图，如图 8.22（b）所示。此图有多种作法，力法、位移法均可。这里利用对称性取半结构进行计算，如图 8.22（c）所示。

求动力系数

$$\beta = \frac{1}{1-\theta^2/\omega^2} = \frac{1}{1-(1/2)^2} = \frac{4}{3}$$

将图 8.22（b）中的静弯矩图的纵标乘以动力系数得最大动弯矩图，如图 8.22（d）所示。因为振动中受拉侧是双向变化的，所以最大动弯矩图可画在任意一侧。

8.3.2 有阻尼体系

1. 运动方程及方程的解

列运动方程时加入阻尼力，如图 8.23 所示，得到有阻尼的强迫振动运动方程为

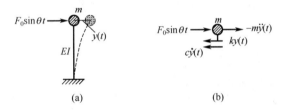

图 8.23 单自由度体系有阻尼强迫振动

$$m\ddot{y}(t) + c\dot{y}(t) + ky(t) = F_0\sin\theta t \tag{8-53}$$

各项除以 m，并注意到

$$\omega^2 = \frac{k}{m}, \quad \xi = \frac{c}{2m\omega}$$

式（8-53）可改写为

$$\ddot{y}(t) + 2\xi\omega\dot{y}(t) + \omega^2 y(t) = \frac{F_0}{m}\sin\theta t \tag{8-54}$$

此即为简谐荷载作用下的有阻尼单自由度体系的运动方程。

运动方程式（8-54）是一个二阶非齐次常微分方程，它的解由齐次方程的通解与非齐次方程的特解构成。齐次方程的通解即自由振动的解，见式（8-35）。下面求非齐次方程的特解。

设特解为

$$y(t) = C_1\sin\theta t + C_2\cos\theta t \tag{8-55}$$

其中 C_1、C_2 由满足微分方程确定。对 $y(t)$ 求导数，得

$$\dot{y}(t) = C_1\theta\cos\theta t - C_2\theta\sin\theta t \tag{8-56}$$

$$\ddot{y}(t) = -C_1\theta^2\sin\theta t - C_2\theta^2\cos\theta t \tag{8-57}$$

将式（8-55）~式（8-57）代入方程式（8-54），令等号两侧的 $\sin\theta t$ 项的系数相等，两侧的 $\cos\theta t$ 项的系数相等，可得

$$2\xi\omega\theta C_1 + (\omega^2 - \theta^2)C_2 = 0$$

$$(\omega^2-\theta^2)C_1-2\xi\omega\theta C_2=F_0/m$$

解方程，得

$$\left.\begin{array}{l}C_1=\dfrac{F_0}{m}\dfrac{\omega^2-\theta^2}{(\omega^2-\theta^2)^2+4\xi^2\omega^2\theta^2}\\[2mm]C_2=\dfrac{F_0}{m}\dfrac{-2\xi\omega\theta}{(\omega^2-\theta^2)^2+4\xi^2\omega^2\theta^2}\end{array}\right\} \tag{8-58}$$

将式(8-58)代入式(8-55)得方程式(8-54)的特解。

方程式(8-54)的通解为

$$y(t)=e^{-\xi\omega t}(D_1\cos\omega_D t+D_2\sin\omega_D t)+C_1\sin\theta t+C_2\cos\theta t \tag{8-59}$$

式中，C_1、C_2 由式(8-58)确定，D_1、D_2 由初始条件确定。通解式(8-59)中有两种不同的振动分量，一种是按结构自振频率振动的分量，另一种是按荷载频率振动的分量。从式(8-59)中可以看出，按结构自振频率振动的分量随时间衰减，当它消失后，只剩下按荷载频率振动的分量，这时为平稳阶段，对应的振动称为稳态振动；而按结构自振频率振动的分量消失之前称为过渡阶段，对应的振动称为瞬态振动。图8.24画出了式(8-59)表示的总位移反应和稳态位移反应。由于过渡阶段很短，因此一般只分析稳态位移反应。

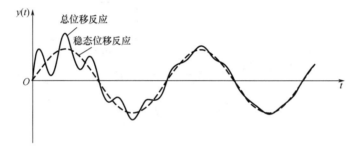

图 8.24　有阻尼位移反应

稳态位移反应为

$$y(t)=C_1\sin\theta t+C_2\cos\theta t$$

可以写成单项形式

$$y(t)=A\sin(\theta t-\alpha) \tag{8-60}$$

其中振幅 A 和相位角 α 分别为

$$A=\sqrt{C_1^2+C_2^2} \tag{8-61}$$

$$\alpha=\arctan\dfrac{C_2}{C_1} \tag{8-62}$$

将式(8-58)代入，得振幅和相位角

$$A=\dfrac{F_0}{m\omega^2}\left[\left(1-\dfrac{\theta^2}{\omega^2}\right)^2+4\xi^2\dfrac{\theta^2}{\omega^2}\right]^{-\frac{1}{2}} \tag{8-63}$$

$$\alpha=\arctan\dfrac{2\xi\theta/\omega}{1-\theta^2/\omega^2} \tag{8-64}$$

可见，稳态位移与动荷载之间有相位差，位移滞后于动荷载。

2. 振幅与频比、阻尼比的关系

稳态位移反应振幅的计算式(8-63)也可以写成与无阻尼情况相似的形式，即

$$A = y_{st}\beta \tag{8-65}$$

其中 y_{st} 为荷载幅值引起的静位移，β 为动力系数，为

$$\beta = \left[\left(1-\frac{\theta^2}{\omega^2}\right)^2 + 4\xi^2\frac{\theta^2}{\omega^2}\right]^{-\frac{1}{2}} \tag{8-66}$$

动力系数与频比、阻尼比均有关，对应不同的阻尼比画出动力系数与频比的关系曲线，如图8.25所示。

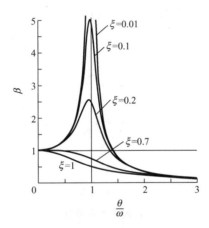

图 8.25 动力系数与频比、阻尼比的关系曲线

从图 8.25 可见：对于低阻尼体系，当频比在 1 附近时，阻尼对动力系数的影响较大，而在远离 1 时影响较小。通常将 $0.75 < \theta/\omega < 1.25$ 定义为共振区，在共振区内振动时要考虑阻尼，而在共振区外可不考虑阻尼影响。

动力系数的最大值并不发生于 $\theta/\omega = 1$ 处，而是发生在 θ/ω 稍小于 1 处。一般可以认为动力系数的最大值发生在 $\theta/\omega = 1$ 处。将 $\theta/\omega = 1$ 代入式(8-66)，得到共振时的动力系数为

$$\beta_{max} = \frac{1}{2\xi} \tag{8-67}$$

学习指导：了解什么是强迫振动，重点掌握简谐荷载作用下体系的振幅、动内力幅值的计算，了解阻尼对动力系数的影响，理解动力系数的概念、动力系数与频比的关系。

本节有较多的数学推导，能看懂即可。经分析得到的动力学结论需理解。

请完成习题：5、8、15、16。

8.4 多自由度体系的自由振动

只有一些简单的结构可以按单自由度体系分析，多数工程结构都需要按多自由度体系来进行动力分析。特别是在当前计算机已经得到普遍应用的情况下，一般均将质量连续分布的无限自由度体系化为多自由度体系计算。本节及下节只对两个自由度体系分析，有了这些知识读者便不难将其扩展到自由度更多的体系上去。

多自由体系的振动分析也分为自由振动分析和强迫振动分析。自由振动分析是确定体系的自振周期和自振频率等动力特性,不计阻尼,为强迫振动分析做准备;强迫振动分析是确定体系的动力反应。

8.4.1 运动方程

与单自由度体系一样,建立多自由度体系的运动方程也有柔度法和刚度法。

1. 柔度法

下面以图 8.26(a)所示两个自由度体系为例说明用柔度法建立多自由度体系运动方程的过程。

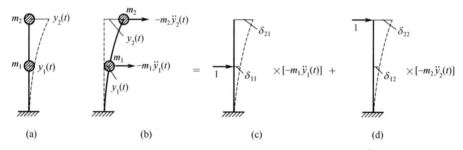

图 8.26 两个自由度体系柔度法列运动方程

指明位移正向,如图 8.26(a)所示。在 t 时刻沿位移正向在质点上加惯性力,如图 8.26(b)所示。加惯性力后,认为质点在 t 时刻处于假想的平衡状态,即认为图 8.26(b)所示位移是惯性力引起的静位移。根据叠加原理,图 8.26(b)所示受力状态与图 8.26(c)所示单位力状态乘以 $[-m_1\ddot{y}_1(t)]$ 加图 8.26(d)所示单位力状态乘以 $[-m_2\ddot{y}_2(t)]$ 相同。其受力相同,引起的位移也相同,因此有

$$\left.\begin{array}{l} y_1(t)=\delta_{11}[-m_1\ddot{y}_1(t)]+\delta_{12}[-m_2\ddot{y}_2(t)] \\ y_2(t)=\delta_{21}[-m_1\ddot{y}_1(t)]+\delta_{22}[-m_2\ddot{y}_2(t)] \end{array}\right\} \quad (8-68)$$

此即为用柔度法列出的运动方程。方程中系数 δ_{ij} 称为柔度系数,可用静力学方法计算。方程式(8-68)也可以写成矩阵形式

$$\begin{Bmatrix} y_1(t) \\ y_2(t) \end{Bmatrix} = -\begin{bmatrix} \delta_{11} & \delta_{12} \\ \delta_{21} & \delta_{22} \end{bmatrix} \begin{bmatrix} m_1 & 0 \\ 0 & m_2 \end{bmatrix} \begin{Bmatrix} \ddot{y}_1(t) \\ \ddot{y}_2(t) \end{Bmatrix}$$

简记为

$$\{y(t)\}=-[\delta][M]\{\ddot{y}(t)\} \quad (8-69)$$

其中,$\{y(t)\}$ 称为动位移向量,$[\delta]$ 称为柔度矩阵,$[M]$ 称为质量矩阵,$\{\ddot{y}(t)\}$ 称为加速度向量。

2. 刚度法

下面以图 8.27(a)所示体系为例说明用刚度法建立多自由度体系运动方程的过程。

指明位移正向,如图 8.27 (a) 所示。在 t 时刻沿位移正向在质点上加惯性力,如图 8.27 (b)所示。加惯性力后,认为质点在 t 时刻处于假想的平衡状态,即认为图 8.27 (b) 所示位移是惯性力引起的静位移。根据叠加原理,图 8.27 (b) 所示位移状态与图 8.27 (c) 所示单位位移状态乘以 $y_1(t)$ 加图 8.27 (d) 所示单位位移状态乘以 $y_2(t)$ 相同。其位移相同,引起的受力也相同,因此有

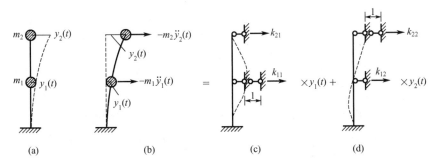

图 8.27 两个自由度体系刚度法列运动方程

$$\left.\begin{array}{l}-m_1\ddot{y}_1(t)=k_{11}y_1(t)+k_{12}y_2(t)\\ -m_2\ddot{y}_2(t)=k_{21}y_1(t)+k_{22}y_2(t)\end{array}\right\} \quad (8-70)$$

此即为用刚度法列出的运动方程。方程中系数 k_{ij} 称为刚度系数,可用静力学方法计算。式(8-70) 也可以写成矩阵形式

$$-\begin{bmatrix} m_1 & 0 \\ 0 & m_2 \end{bmatrix}\begin{Bmatrix} \ddot{y}_1(t) \\ \ddot{y}_2(t) \end{Bmatrix}=\begin{bmatrix} k_{11} & k_{12} \\ k_{21} & k_{22} \end{bmatrix}\begin{Bmatrix} y_1(t) \\ y_2(t) \end{Bmatrix}$$

简记为

$$-[M]\{\ddot{y}(t)\}=[K]\{y(t)\} \quad (8-71)$$

其中,$[K]$ 称为刚度矩阵。

可以证明刚度矩阵与柔度矩阵互为逆矩阵,即

$$[\delta][K]=[I] \quad (8-72)$$

其中,$[I]$ 为单位矩阵。利用此关系,将式(8-71)的等号两侧同时左乘柔度矩阵 $[\delta]$ 即得式(8-69)。

8.4.2 运动方程的解

式(8-70) 是一个二阶线性齐次常微分方程组,其通解由特解组合而成。先求特解。设特解为

$$\left.\begin{array}{l}y_1(t)=Y_1\sin(\omega t+\alpha)\\ y_2(t)=Y_2\sin(\omega t+\alpha)\end{array}\right\} \quad (8-73)$$

其中,Y_1、Y_2、ω 和 α 待定,由初始条件和满足运动方程来决定。将式(8-73)代入式(8-70),得

$$\left.\begin{array}{l}(k_{11}-m_1\omega^2)Y_1+k_{12}Y_2=0\\ k_{21}Y_1+(k_{22}-m_2\omega^2)Y_2=0\end{array}\right\} \quad (8-74)$$

这是一个齐次线性方程组。$Y_1=0$、$Y_2=0$ 满足式(8-74)，是方程的解。但是将其代回到式(8-73) 得 $y_1(t)=0$、$y_2(t)=0$，不具有振动性质，故不是自由振动的解。若要使特解具有振动性质，则 Y_1、Y_2 不能同时为零，这要求式(8-74) 有非零解。对于式(8-74)，有非零解的条件是系数组成的行列式等于零，即

$$\begin{vmatrix} k_{11}-m_1\omega^2 & k_{12} \\ k_{21} & k_{22}-m_2\omega^2 \end{vmatrix}=0 \qquad (8-75)$$

将其展开，得

$$(k_{11}-m_1\omega^2)(k_{22}-m_2\omega^2)-k_{12}k_{21}=0 \qquad (8-76)$$

这是一个关于 ω^2 的一元二次方程，解方程得两个正根，值小的记作 ω_1，值大的记作 ω_2。将 ω_1、ω_2 分别代入式(8-74) 求 Y_1、Y_2。因为这时式(8-74) 的系数行列式为零，两个方程不独立，不能求出 Y_1 和 Y_2，所以只能由其中的一个方程求出 Y_1 和 Y_2 的比值。将 ω_1 代入式(8-74) 中的第一个式子，这时的 Y_1 和 Y_2 记作 Y_{11} 和 Y_{21}，求得

$$\frac{Y_{11}}{Y_{21}}=-\frac{k_{12}}{k_{11}-\omega_1^2 m_1} \qquad (8-77)$$

将 ω_2 代入式(8-74) 中的第一个式子，这时的 Y_1 和 Y_2 记作 Y_{12} 和 Y_{22}，求得

$$\frac{Y_{12}}{Y_{22}}=-\frac{k_{12}}{k_{11}-\omega_2^2 m_1} \qquad (8-78)$$

至此，我们得到运动方程的两个特解为

$$\left.\begin{array}{l} y_1(t)=Y_{11}\sin(\omega_1 t+\alpha_1) \\ y_2(t)=Y_{21}\sin(\omega_1 t+\alpha_1) \end{array}\right\} \text{特解} 1 \qquad (8-79)$$

$$\left.\begin{array}{l} y_1(t)=Y_{12}\sin(\omega_2 t+\alpha_2) \\ y_2(t)=Y_{22}\sin(\omega_2 t+\alpha_2) \end{array}\right\} \text{特解} 2 \qquad (8-80)$$

式(8-70) 的通解为特解的线性组合，即运动方程的通解为

$$\left.\begin{array}{l} y_1(t)=Y_{11}\sin(\omega_1 t+\alpha_1)+Y_{12}\sin(\omega_2 t+\alpha_2) \\ y_2(t)=Y_{21}\sin(\omega_1 t+\alpha_1)+Y_{22}\sin(\omega_2 t+\alpha_2) \end{array}\right\} \qquad (8-81)$$

其中，Y_{11}、Y_{21}、Y_{12}、Y_{22}、α_1 和 α_2 待定。每个质点有初位移、初速度两个运动初始条件，体系有两个质点，共有 4 个运动初始条件，加上式(8-77)、式(8-78) 即可确定这 6 个常数。

8.4.3　振型与频率

1. 振型与频率的定义

振型的概念与计算在结构动力计算中非常重要，它是多自由度体系强迫振动分析方法——振型分解法的基础，也是抗震设计中确定地震作用的振型分解反应谱法的基础。

一个特解对应着一种振动形式。体系按特解振动时有如下特点。

(1) 按特解 1 振动时，两个质点的振动频率相同，均为 ω_1；按特解 2 振动时，两个质点的振动频率相同，均为 ω_2。

将 ω_1 和 ω_2 称作结构的自振频率，值小的 ω_1 称为结构的第一频率（或基本频率），值

大的 ω_2 称为结构的第二频率（或高阶频率）。

（2）按特解振动时，两个质点在任意时刻的位移比值保持不变。

按特解 1 振动时，根据式(8-79)，有

$$\frac{y_1(t)}{y_2(t)} = \frac{Y_{11}\sin(\omega_1 t + \alpha_1)}{Y_{21}\sin(\omega_1 t + \alpha_1)} = \frac{Y_{11}}{Y_{21}}$$

按特解 2 振动时，根据式(8-80)，有

$$\frac{y_1(t)}{y_2(t)} = \frac{Y_{12}\sin(\omega_2 t + \alpha_2)}{Y_{22}\sin(\omega_2 t + \alpha_2)} = \frac{Y_{12}}{Y_{22}}$$

由式(8-77)、式(8-78)可知，比值 Y_{11}/Y_{21} 和 Y_{12}/Y_{22} 是由体系的刚度系数和质量所决定的常数。假如根据体系的刚度和质量算得 $\frac{Y_{11}}{Y_{21}} = \frac{1}{2}$、$\frac{Y_{12}}{Y_{22}} = -1$，那么体系按特解 1 振动时，两个质点均做频率为 ω_1 的自由振动，振动中 $y_2(t) = 2y_1(t)$，振动形状保持不变，如图 8.28（a）所示；体系按特解 2 振动时，两个质点均做频率为 ω_2 的自由振动，振动中 $y_2(t) = -y_1(t)$，振动形状保持不变，如图 8.28（b）所示。

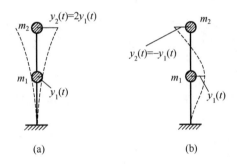

图 8.28 按振型做自由振动

将体系上的所有质量按相同频率做自由振动时的振动形状称作振型（或主振型）。将由比值 Y_{11}/Y_{21} 决定的与 ω_1 对应的振型称为第一振型（或基本振型），如图 8.29（a）所示；将由比值 Y_{12}/Y_{22} 决定的与 ω_2 对应的振型称为第二振型（或高阶振型），如图 8.29（b）所示。振型也可用矩阵表示，第一振型和第二振型分别记作

$$\{Y\}_1 = \begin{Bmatrix} Y_{11} \\ Y_{21} \end{Bmatrix}, \quad \{Y\}_2 = \begin{Bmatrix} Y_{12} \\ Y_{22} \end{Bmatrix}$$

$\{Y\}_1$ 称为第一振型向量，$\{Y\}_2$ 称为第二振型向量。

对于 N 个自由度体系，会有 N 个自振频率，从小到大依次称为第一频率、第二频率……第 N 频率；相应有 N 个振型，依次称为第一振型、第二振型……第 N 振型。

从式(8-76)、式(8-77)、式(8-78)可见，体系的自振频率和振型只与体系的质量、刚度有关，它们是体系固有的特性。若要改变体系的自振频率和振型，只能靠改变体系的质量和刚度来实现。

按特解，即按振型做自由振动是有条件的。

若体系的初位移和初速度满足

$$\frac{y_1(0)}{y_2(0)} = \frac{Y_{11}}{Y_{21}}, \quad \frac{\dot{y}_1(0)}{\dot{y}_2(0)} = \frac{Y_{11}}{Y_{21}}$$

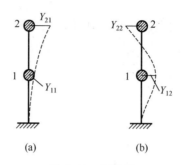

图 8.29 振型图

则体系按第一振型振动，振动频率一定是 ω_1。

若体系的初位移和初速度满足

$$\frac{y_1(0)}{y_2(0)}=\frac{Y_{12}}{Y_{22}},\quad \frac{\dot{y}_1(0)}{\dot{y}_2(0)}=\frac{Y_{12}}{Y_{22}}$$

则体系按第二振型振动，振动频率一定是 ω_2。

如果初位移和初速度不满足这样的条件，则体系将按式(8-81)所表达的形式振动，每个质点的位移均包含两个频率分量，振动形状每时每刻都是变化的。

2. 振型与频率的计算

与建立运动方程的两种方法对应，振型与频率的计算也分刚度法和柔度法两种方法。

(1) 刚度法。

当求出结构的刚度系数后，将其代入式(8-75)和式(8-76)，即为式(8-82)和式(8-83)。

$$\begin{vmatrix} k_{11}-m_1\omega^2 & k_{12} \\ k_{21} & k_{22}-m_2\omega^2 \end{vmatrix}=0 \tag{8-82}$$

或

$$(k_{11}-m_1\omega^2)(k_{22}-m_2\omega^2)-k_{12}k_{21}=0 \tag{8-83}$$

此方程称为频率方程。将其展开，得

$$(\omega^2)^2-\left(\frac{k_{11}}{m_1}+\frac{k_{22}}{m_2}\right)\omega^2+\frac{k_{11}k_{22}-k_{12}k_{21}}{m_1m_2}=0 \tag{8-84}$$

由一元二次方程的求根公式，得

$$\omega_{1,2}^2=\frac{1}{2}\left(\frac{k_{11}}{m_1}+\frac{k_{22}}{m_2}\right)\mp\sqrt{\left[\frac{1}{2}\left(\frac{k_{11}}{m_1}+\frac{k_{22}}{m_2}\right)\right]^2-\frac{k_{11}k_{22}-k_{12}k_{21}}{m_1m_2}} \tag{8-85}$$

将求得的频率代入式(8-74)，即为式(8-86)。

$$\left.\begin{array}{r}(k_{11}-m_1\omega^2)Y_1+k_{12}Y_2=0\\ k_{21}Y_1+(k_{22}-m_2\omega^2)Y_2=0\end{array}\right\} \tag{8-86}$$

此方程称为振型方程，可求得振型式(8-77)、式(8-78)，即

$$\frac{Y_{11}}{Y_{21}}=-\frac{k_{12}}{k_{11}-\omega_1^2m_1} \tag{8-87}$$

$$\frac{Y_{12}}{Y_{22}}=-\frac{k_{12}}{k_{11}-\omega_2^2m_1} \tag{8-88}$$

【例题 8-7】试求图 8.30（a）所示体系的自振频率和振型。已知：$m_1=m_2=m$。

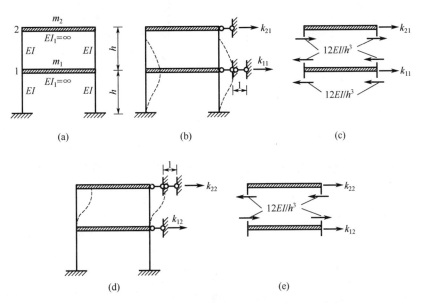

图 8.30　例题 8-7 图

解：（1）计算刚度系数。

根据刚度系数的物理意义 [图 8.30（b）、（d）]，由隔离体 [图 8.30（c）、（e）] 的平衡可得

$$k_{11}=48EI/h^3, \ k_{12}=k_{21}=-24EI/h^3, \ k_{22}=24EI/h^3$$

（2）计算自振频率。

将刚度系数，质量 $m_1=m$、$m_2=m$ 代入式(8-85)，得

$$\omega_1^2=9.167\frac{EI}{mh^3}, \ \omega_2^2=62.833\frac{EI}{mh^3}$$

开平方，得自振频率为

$$\omega_1=3.028\sqrt{\frac{EI}{mh^3}}, \ \omega_2=7.927\sqrt{\frac{EI}{mh^3}}$$

（3）计算振型。

将刚度系数、质量、自振频率代入式(8-87)、式(8-88)，得

$$\frac{Y_{11}}{Y_{21}}=-\frac{k_{12}}{k_{11}-\omega_1^2 m_1}=\frac{1}{1.618}, \ \frac{Y_{12}}{Y_{22}}=-\frac{k_{12}}{k_{11}-\omega_2^2 m_1}=-\frac{1}{0.618}$$

振型如图 8.31 所示，其中图 8.31（a）为第一振型，图 8.31（b）为第二振型。

由于式(8-85)、式(8-87)、式(8-88) 不易记住，而式(8-86) 容易记住，因此可从振型方程出发求自振频率和振型。下面举例说明。

【例题 8-8】试求图 8.32（a）所示体系的自振频率和振型。已知：$m_1=m_2=m$，$k=EI/h^3$。

解：计算刚度系数。由图 8.32（b）、（c）、（d）、（e）所示的刚度系数的意义及隔离体的平衡可求得

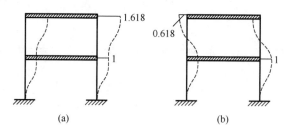

图 8.31 例题 8-7 振型图

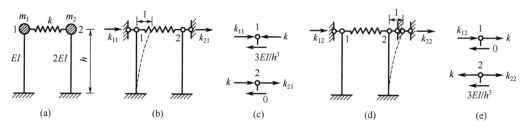

图 8.32 例题 8-8 图

$k_{11}=3EI/h^3+k=4EI/h^3$，$k_{12}=k_{21}=-k=-EI/h^3$，$k_{22}=6EI/h^3+k=7EI/h^3$

将刚度系数和质量代入振型方程式(8-86)，得

$$\left. \begin{array}{l} \left(\dfrac{4EI}{h^3}-m\omega^2\right)Y_1-\dfrac{EI}{h^3}Y_2=0 \\ -\dfrac{EI}{h^3}Y_1+\left(\dfrac{7EI}{h^3}-m\omega^2\right)Y_2=0 \end{array} \right\} \tag{a}$$

方程中各项除以 $\dfrac{EI}{h^3}$，得

$$\left. \begin{array}{l} \left(4-\dfrac{mh^3}{EI}\omega^2\right)Y_1-Y_2=0 \\ -Y_1+\left(7-\dfrac{mh^3}{EI}\omega^2\right)Y_2=0 \end{array} \right\} \tag{b}$$

设

$$\eta=\dfrac{mh^3}{EI}\omega^2 \tag{c}$$

将式(c)代入式(b)，得

$$\left. \begin{array}{l} (4-\eta)Y_1-Y_2=0 \\ -Y_1+(7-\eta)Y_2=0 \end{array} \right\} \tag{d}$$

若要使式(d)有非零解，系数行列式应为零，即

$$\begin{vmatrix} 4-\eta & -1 \\ -1 & 7-\eta \end{vmatrix}=0$$

展开

$$(4-\eta)(7-\eta)-1=0$$

或

$$\eta^2-11\eta+27=0$$

解方程，得
$$\eta_1 = 3.695, \eta_2 = 7.305$$

将 η_1、η_2 代入式(c) 得自振频率，为
$$\omega_1 = 1.92\sqrt{\frac{EI}{mh^3}}, \omega_2 = 2.70\sqrt{\frac{EI}{mh^3}}$$

将 η_1、η_2 分别代入式(d) 中的第一式（或第二式），得振型为
$$\frac{Y_{11}}{Y_{21}} = \frac{1}{0.305}, \frac{Y_{12}}{Y_{22}} = -\frac{1}{3.305}$$

该体系的振型图如图 8.33 所示，其中图 8.33（a）为第一振型，图 8.33（b）为第二振型。

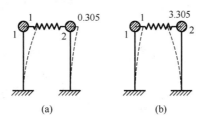

图 8.33 例题 8-8 的振型图

（2）柔度法。

当运动方程用柔度法写出时，用与前面类似的过程可得到用柔度系数表示的振型方程。

$$\left. \begin{array}{l} \left(\delta_{11}m_1 - \dfrac{1}{\omega^2}\right)Y_1 + \delta_{12}m_2Y_2 = 0 \\ \delta_{21}m_1Y_1 + \left(\delta_{22}m_2 - \dfrac{1}{\omega^2}\right)Y_2 = 0 \end{array} \right\} \quad (8-89)$$

频率方程为

$$\begin{vmatrix} \delta_{11}m_1 - \dfrac{1}{\omega^2} & \delta_{12}m_2 \\ \delta_{21}m_1 & \delta_{22}m_2 - \dfrac{1}{\omega^2} \end{vmatrix} = 0 \quad (8-90)$$

设
$$\lambda = \frac{1}{\omega^2}$$

代入式(8-90) 并展开，得
$$\lambda^2 - (\delta_{11}m_1 + \delta_{22}m_2)\lambda + (\delta_{11}\delta_{22} - \delta_{12}\delta_{21})m_1m_2 = 0$$

由一元二次方程的求根公式，得
$$\lambda_{1,2} = \frac{1}{2}\left[(\delta_{11}m_1 + \delta_{22}m_2) \pm \sqrt{(\delta_{11}m_1 + \delta_{22}m_2)^2 - 4(\delta_{11}\delta_{22} - \delta_{12}\delta_{21})m_1m_2}\right] \quad (8-91)$$

于是，自振频率为
$$\left. \begin{array}{l} \omega_1 = \dfrac{1}{\sqrt{\lambda_1}} \\ \omega_2 = \dfrac{1}{\sqrt{\lambda_2}} \end{array} \right\} \quad (8-92)$$

将自振频率代入振型方程，得振型

$$\left.\begin{array}{l}\dfrac{Y_{11}}{Y_{21}}=-\dfrac{\delta_{12}m_2}{\delta_{11}m_1-\dfrac{1}{\omega_1^2}}\\[2ex]\dfrac{Y_{12}}{Y_{22}}=-\dfrac{\delta_{12}m_2}{\delta_{11}m_1-\dfrac{1}{\omega_2^2}}\end{array}\right\} \quad (8-93)$$

【例题 8-9】 试求图 8.34（a）所示体系的自振频率和振型。已知：$m_1=m_2=m$。

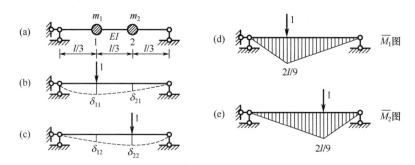

图 8.34　例题 8-9 图

解： 先求柔度系数。首先在体系上加单位力，如图 8.34（b）、（c）所示；然后作单位弯矩图，如图 8.34（d）、(e) 所示。由图乘法求得柔度系数为

$$\delta_{11}=\delta_{22}=\frac{4l^3}{243EI},\quad \delta_{12}=\delta_{21}=\frac{7l^3}{486EI}$$

将柔度系数、质量代入式(8-91)，得

$$\lambda_1=(\delta_{11}+\delta_{12})m=\frac{15ml^3}{486EI},\quad \lambda_2=(\delta_{11}-\delta_{12})m=\frac{ml^3}{486EI}$$

由式(8-92)得自振频率为

$$\omega_1=\frac{1}{\sqrt{\lambda_1}}=5.69\sqrt{\frac{EI}{ml^3}},\quad \omega_2=\frac{1}{\sqrt{\lambda_2}}=22\sqrt{\frac{EI}{ml^3}}$$

由式(8-93)，可得

$$\frac{Y_{11}}{Y_{21}}=\frac{1}{1},\quad \frac{Y_{12}}{Y_{22}}=-\frac{1}{1}$$

作出振型如图 8.35 所示，其中图 8.35（a）为第一振型，图 8.35（b）为第二振型。

图 8.35　例题 8-9 的振型图

由图 8.35 可知，第一振型是对称振型，第二振型是反对称振型，产生这种结果的原因是该体系为对称体系。动力分析中，将几何形状、刚度分布、约束、质量分布对某轴对称的体系称为对称体系。对称体系的振型可以分成两类，一类为对称振型，另一类为反对

称振型。例题 8-9 中，支座不对称，但不计轴向变形使得结构在两个支座处均无水平位移，故可看成对称体系。

【例题 8-10】 试求图 8.36（a）所示体系的自振频率和振型。

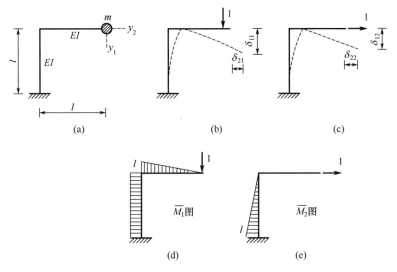

图 8.36　例题 8-10 图

解： 该体系有一个质点，两个自由度。设质点竖向位移为 y_1，以向下为正；水平位移为 y_2，以向右为正。

先求柔度系数。首先在体系上加单位力，如图 8.36（b）、（c）所示；然后作单位弯矩图，如图 8.36（d）、（e）。由图乘法求得柔度系数为

$$\delta_{11}=\frac{4l^3}{3EI},\ \delta_{12}=\delta_{21}=\frac{l^3}{2EI},\ \delta_{22}=\frac{l^3}{3EI}$$

将柔度系数、质量代入振型方程式（8-89），得

$$\left.\begin{array}{l}\left(\dfrac{4ml^3}{3EI}-\dfrac{1}{\omega^2}\right)Y_1+\dfrac{ml^3}{2EI}Y_2=0\\[2mm]\dfrac{ml^3}{2EI}Y_1+\left(\dfrac{ml^3}{3EI}-\dfrac{1}{\omega^2}\right)Y_2=0\end{array}\right\}$$

将方程中各项乘以 $\dfrac{EI}{ml^3}$，得

$$\left.\begin{array}{l}\left(\dfrac{4}{3}-\dfrac{EI}{ml^3\omega^2}\right)Y_1+\dfrac{1}{2}Y_2=0\\[2mm]\dfrac{1}{2}Y_1+\left(\dfrac{1}{3}-\dfrac{EI}{ml^3\omega^2}\right)Y_2=0\end{array}\right\} \quad (a)$$

令

$$\eta=\frac{EI}{ml^3\omega^2} \quad (b)$$

代入式（a），经整理，得

$$\left.\begin{array}{l}\left(\dfrac{4}{3}-\eta\right)Y_1+\dfrac{1}{2}Y_2=0\\[2mm]\dfrac{1}{2}Y_1+\left(\dfrac{1}{3}-\eta\right)Y_2=0\end{array}\right\} \quad (c)$$

系数行列式应为零，有

$$\begin{vmatrix} \dfrac{4}{3}-\eta & \dfrac{1}{2} \\ \dfrac{1}{2} & \dfrac{1}{3}-\eta \end{vmatrix}=0$$

展开，得

$$\eta^2-\dfrac{5}{3}\eta+\dfrac{7}{36}=0$$

解方程，得

$$\eta_1=1.540,\ \eta_2=0.126$$

将 η_1、η_2 代入式(b)得自振频率，为

$$\omega_1=0.806\sqrt{\dfrac{EI}{ml^3}},\ \omega_2=2.815\sqrt{\dfrac{EI}{ml^3}}$$

将 η_1、η_2 分别代入式(c)中的第一式(或第二式)，得振型为

$$\dfrac{Y_{11}}{Y_{21}}=2.414,\ \dfrac{Y_{12}}{Y_{22}}=-0.414$$

振型图如图 8.37 所示，其中图 8.37（a）为第一振型，图 8.37（b）为第二振型。

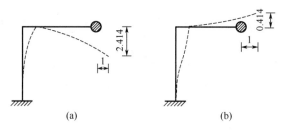

图 8.37　例题 8 - 10 的振型图

8.4.4　振型的正交性

振型具有一个很重要的性质，即正交性。正交性在多自由度体系的动力分析中起着很关键的作用。在介绍振型的正交性之前，先分析一下体系按振型振动时的运动规律。

当图 8.38（a）所示体系按第一振型振动时，体系上质点的位移为

$$\left.\begin{array}{l} y_1(t)=Y_{11}\sin(\omega_1 t+\alpha_1) \\ y_2(t)=Y_{21}\sin(\omega_1 t+\alpha_1) \end{array}\right\}$$

质点的加速度为

$$\left.\begin{array}{l} \ddot{y}_1(t)=-\omega_1^2 Y_{11}\sin(\omega_1 t+\alpha_1) \\ \ddot{y}_2(t)=-\omega_1^2 Y_{21}\sin(\omega_1 t+\alpha_1) \end{array}\right\}$$

质点上的惯性力为

$$\left.\begin{array}{l} F_{11}(t)=-m_1\ddot{y}_1(t)=m_1\omega_1^2 Y_{11}\sin(\omega_1 t+\alpha_1) \\ F_{12}(t)=-m_2\ddot{y}_2(t)=m_2\omega_1^2 Y_{21}\sin(\omega_1 t+\alpha_1) \end{array}\right\}$$

可见，当质点位移达到最大值时，质点上的惯性力也达到最大值。若在质点位移达到最大值时，在质点上加惯性力，则可认为此时结构处于平衡状态，如图8.38（b）所示。即振型可看成是将体系按振型振动时的惯性力幅值作为静荷载所引起的静位移。

第二振型也同样，如图8.38（c）所示。

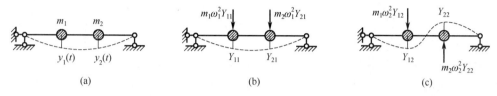

图 8.38 振型正交性

根据虚功互等定理，图8.38（b）状态上的外力在图8.38（c）所示状态位移上做的虚功等于图8.38（c）所示状态上的外力在图8.38（b）状态位移上做的虚功，有

$$m_1\omega_1^2 Y_{11}Y_{12} + m_2\omega_1^2 Y_{21}Y_{22} = m_2\omega_2^2 Y_{12}Y_{11} + m_2\omega_2^2 Y_{22}Y_{21}$$

移项后，整理得

$$(\omega_1^2 - \omega_2^2)(m_1 Y_{11}Y_{12} + m_2 Y_{21}Y_{22}) = 0$$

若 $\omega_1 \neq \omega_2$，则有

$$m_1 Y_{11}Y_{12} + m_2 Y_{21}Y_{22} = 0 \tag{8-94}$$

此即为振型具有的对质量正交的关系。

若将振型和质量分别用振型向量和质量矩阵表示，即

$$\{Y\}_1 = \begin{Bmatrix} Y_{11} \\ Y_{21} \end{Bmatrix}, \quad \{Y\}_2 = \begin{Bmatrix} Y_{12} \\ Y_{22} \end{Bmatrix}, \quad [M] = \begin{bmatrix} m_1 & 0 \\ 0 & m_2 \end{bmatrix}$$

则振型对质量的正交关系式(8-94)可以表示为

$$\begin{Bmatrix} Y_{11} \\ Y_{21} \end{Bmatrix}^T \begin{bmatrix} m_1 & 0 \\ 0 & m_2 \end{bmatrix} \begin{Bmatrix} Y_{12} \\ Y_{22} \end{Bmatrix} = 0$$

或

$$\begin{Bmatrix} Y_{12} \\ Y_{22} \end{Bmatrix}^T \begin{bmatrix} m_1 & 0 \\ 0 & m_2 \end{bmatrix} \begin{Bmatrix} Y_{11} \\ Y_{21} \end{Bmatrix} = 0$$

简记为

$$\{Y\}_i^T [M] \{Y\}_j = 0 \quad (i \neq j) \tag{8-95}$$

对于两个自由度体系，式中的 i 和 j 为1和2；对于自由度多于2的体系，式中的 i 和 j 为体系任意两个振型的序号。

将振型方程式(8-86)写成矩阵形式

$$\begin{bmatrix} k_{11} & k_{12} \\ k_{21} & k_{22} \end{bmatrix} \begin{Bmatrix} Y_1 \\ Y_2 \end{Bmatrix} = \omega^2 \begin{bmatrix} m_1 & 0 \\ 0 & m_2 \end{bmatrix} \begin{Bmatrix} Y_1 \\ Y_2 \end{Bmatrix}$$

简记为

$$[K]\{Y\} = \omega^2 [M]\{Y\} \tag{8-96}$$

因为振型是从振型方程求出的，故任意振型均满足振型方程。将 j 振型代入式(8-96)，有

$$[K]\{Y\}_j = \omega_j^2 [M]\{Y\}_j \tag{8-97}$$

式(8-97)等号两端同时左乘 i 振型的转置矩阵,得

$$\{Y\}_i^T[K]\{Y\}_j = \omega_j^2\{Y\}_i^T[M]\{Y\}_j \qquad (8-98)$$

根据式(8-95),式(8-98)右端等于零,因此有

$$\{Y\}_i^T[K]\{Y\}_j = 0 \qquad (i \neq j) \qquad (8-99)$$

此为振型对刚度正交的表达式。

振型对质量、刚度的正交性在结构动力分析中有许多应用。这里仅说明利用振型的这个性质验算振型计算的结果。

【例题 8-11】 验算例题 8-8 所求出的振型是否满足振型正交性条件。

解:由例题 8-8,质量矩阵、刚度矩阵及振型分别为

$$[M] = \begin{bmatrix} m & 0 \\ 0 & m \end{bmatrix}, [K] = \begin{bmatrix} 4 & -1 \\ -1 & 7 \end{bmatrix}\frac{EI}{h^3}, \{Y\}_1 = \begin{Bmatrix} 1 \\ 0.305 \end{Bmatrix}, \{Y\}_2 = \begin{Bmatrix} -1 \\ 3.305 \end{Bmatrix}$$

验算时,根据式(8-99),质量矩阵中各元素的公因子可提出消去,刚度矩阵类似。消去质量矩阵中的 m 和刚度矩阵中的 EI/h^3 后,验算如下。

$$\begin{Bmatrix} 1 \\ 0.305 \end{Bmatrix}^T \begin{bmatrix} 1 & 0 \\ 0 & 1 \end{bmatrix} \begin{Bmatrix} -1 \\ 3.305 \end{Bmatrix} = -1 + 0.305 \times 3.305 = 0.008 \approx 0$$

$$\begin{Bmatrix} 1 \\ 0.305 \end{Bmatrix}^T \begin{bmatrix} 4 & -1 \\ -1 & 7 \end{bmatrix} \begin{Bmatrix} -1 \\ 3.305 \end{Bmatrix} = \begin{Bmatrix} 1 \\ 0.305 \end{Bmatrix}^T \begin{Bmatrix} -7.305 \\ 24.135 \end{Bmatrix}$$

$$= (-7.305 + 0.305 \times 24.135) = 0.0561 \approx 0$$

满足正交性条件。

学习指导:通过本节内容的学习,要理解振型、频率的概念,掌握计算振型和自振频率的方法,理解振型的正交性。请完成章后习题:6、10、11、12、13、17、18、19。

8.5 多自由度体系在简谐荷载作用下的强迫振动

本节仅讨论结构上作用的动荷载为简谐荷载,并且结构上各简谐荷载的频率和相位相同的情况。当荷载频率远离结构自振频率时,可以不计阻尼影响。

下面分运动方程是按柔度法和刚度法建立的情况进行介绍。

8.5.1 柔度法

以图 8.39(a)所示体系为例加以说明。

在体系上加惯性力后,体系在图 8.39(b)所示位置上处于平衡状态。图 8.39(b)的受力等于图 8.39(c)、(d)、(e)三种状态的受力的叠加,位移也等于图 8.39(c)、(d)、(e)三种状态的位移的叠加,即

$$\left.\begin{aligned} y_1(t) &= \delta_{11}[-m_1\ddot{y}_1(t)] + \delta_{12}[-m_2\ddot{y}_2(t)] + \Delta_{1P}\sin\theta t \\ y_2(t) &= \delta_{21}[-m_1\ddot{y}_1(t)] + \delta_{22}[-m_2\ddot{y}_2(t)] + \Delta_{2P}\sin\theta t \end{aligned}\right\} \qquad (8-100)$$

与单自由度体系一样,多自由度体系在简谐荷载作用下的振动也分为过渡阶段和平稳阶段。因为过渡阶段很短,所以一般仅考虑平稳阶段的振动。设平稳阶段的质点位移为

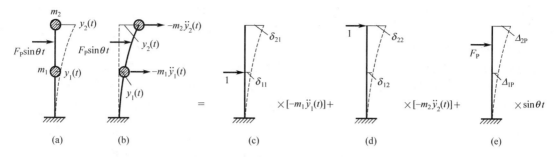

图 8.39　两个自由度体系的强迫振动

$$y_1(t) = Y_1 \sin\theta t \brace y_2(t) = Y_2 \sin\theta t \quad (8-101)$$

将式(8-101)代入式(8-100)，消去公因子 $\sin\theta t$ 后，得

$$(m_1\theta^2\delta_{11}-1)Y_1 + m_2\theta^2\delta_{12}Y_2 + \Delta_{1P} = 0 \brace m_1\theta^2\delta_{21}Y_1 + (m_2\theta^2\delta_{22}-1)Y_2 + \Delta_{2P} = 0 \quad (8-102)$$

这是以质点位移幅值为未知量的二元一次方程组，解方程组得质点振幅，为

$$Y_1 = \frac{D_1}{D_0} \brace Y_2 = \frac{D_2}{D_0} \quad (8-103)$$

其中

$$D_0 = \begin{vmatrix} (m_1\delta_{11}-1/\theta^2) & m_2\delta_{12} \\ m_1\delta_{21} & (m_2\delta_{22}-1/\theta^2) \end{vmatrix} \quad (8-104)$$

$$D_1 = \begin{vmatrix} -\Delta_{1P}/\theta^2 & m_2\delta_{12} \\ -\Delta_{2P}/\theta^2 & (m_2\delta_{22}-1/\theta^2) \end{vmatrix} \quad (8-105)$$

$$D_2 = \begin{vmatrix} (m_1\delta_{11}-1/\theta^2) & -\Delta_{1P}/\theta^2 \\ m_1\delta_{21} & -\Delta_{2P}/\theta^2 \end{vmatrix} \quad (8-106)$$

根据式(8-101)～式(8-106)，可总结出下面几点结论。

(1) 在平稳阶段，体系按荷载频率做简谐振动。

(2) 当 $\theta \to 0$ 时，由式(8-102)，有

$$Y_1 \to \Delta_{1P}, Y_2 \to \Delta_{2P}$$

其中，Δ_{1P}、Δ_{2P} 为荷载幅值作为静荷载所引起的质点位移 [图 8.39 (e)]。这时可将动荷载按静荷载计算。

(3) 当 $\theta \to \infty$ 时，由式(8-104)～式(8-106) 得

$$D_1 \to 0, D_2 \to 0$$

而 D_0 为常数，由式(8-103) 得

$$Y_1 \to 0, Y_2 \to 0$$

(4) 当 $\theta \to \omega_1$ 或 $\theta \to \omega_2$ 时，将 D_0 的表达式(8-104) 与式(8-90) 比较可知

$$D_0 \to 0$$

因此

$$Y_1 \to \infty, \quad Y_2 \to \infty$$

一般情况下，荷载频率与任意一个自振频率相等或靠近均会引起共振。N 自由度体系有 N 个频率，就会有 N 个共振区。

以上结论与单自由度体系受简谐荷载作用的情况基本相同。

计算时振幅时可以利用式(8-103)～式(8-106)，也可以直接解方程式(8-102)。

【例题 8-12】试求图 8.40 所示体系的稳态振幅。已知：$m_1 = m_2 = m$，$\theta = 0.6\omega_1$。

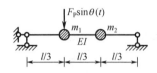

图 8.40　例题 8-12 图

解：（1）计算柔度系数。

在例题 8-9 中已求得柔度系数和基本频率为

$$\delta_{11} = \delta_{22} = \frac{4l^3}{243EI}, \quad \delta_{12} = \delta_{21} = \frac{7l^3}{486EI}, \quad \omega_1 = 5.69\sqrt{\frac{EI}{ml^3}}$$

所以荷载频率为

$$\theta = 0.6\omega_1 = 3.414\sqrt{\frac{EI}{ml^3}}$$

（2）计算荷载幅值引起的静位移。

由柔度系数可求得荷载幅值作为静荷载所引起的位移为

$$\Delta_{1P} = F_P \delta_{11} = \frac{4F_P l^3}{243EI}, \quad \Delta_{2P} = F_P \delta_{21} = \frac{7F_P l^3}{486EI}$$

（3）计算振幅。

将柔度系数等代入式(8-102)，整理得

$$\left. \begin{array}{l} -0.0693 I_1 + 0.0144 I_2 + 0.0165 F_P = 0 \\ 0.0144 I_1 - 0.0693 I_2 + 0.0144 F_P = 0 \end{array} \right\} \quad \text{(a)}$$

其中

$$I_1 = m_1 \theta^2 Y_1, \quad I_2 = m_2 \theta^2 Y_2 \quad \text{(b)}$$

为惯性力幅值。解方程（a），得

$$I_1 = 0.2936 F_P, \quad I_2 = 0.2689 F_P$$

代入式(b)，得振幅

$$Y_1 = 0.0251 \frac{F_P l^3}{EI}, \quad Y_2 = 0.0230 \frac{F_P l^3}{EI}$$

若用式(8-103)和式(8-106)计算振幅，则计算过程如下。

① 计算 D_0、D_1、D_2。

按式(8-104)～式(8-106)计算，得

$$D_0 = 0.0046 \left(\frac{ml^3}{EI}\right)^2, \quad D_1 = 0.000116 F_P m^2 \left(\frac{l^3}{EI}\right)^3, \quad D_2 = 0.000106 F_P m^2 \left(\frac{l^3}{EI}\right)^3$$

② 计算振幅。

按式(8-103)计算,得振幅为

$$Y_1 = \frac{D_1}{D_0} = 0.0251 \frac{F_P l^3}{EI}, \quad Y_2 = \frac{D_2}{D_0} = 0.0230 \frac{F_P l^3}{EI}$$

对于本例题,荷载幅值作为静荷载引起的质点位移为

$$\Delta_{1P} = \frac{4F_P l^3}{243EI} = 0.0165 \frac{F_P l^3}{EI}, \quad \Delta_{2P} = \frac{7F_P l^3}{486EI} = 0.0144 \frac{F_P l^3}{EI}$$

质点1、2处的位移动力系数分别为

$$\beta_1 = \frac{Y_1}{\Delta_{1P}} = 1.521, \quad \beta_2 = \frac{Y_2}{\Delta_{2P}} = 1.597$$

可见,简谐荷载作用下的多自由度体系不存在统一的动力系数。

8.5.2　刚度法

以图 8.41 所示体系为例加以说明。体系受简谐荷载作用,即

$$F_{P1}(t) = F_{P1}\sin\theta t, \quad F_{P2}(t) = F_{P2}\sin\theta t$$

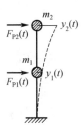

图 8.41　两个自由度体系的刚度法

用刚度法建立此体系的自由振动方程已在 8.4 节讨论过,此体系强迫振动运动方程只需将自由振动方程式(8-70)中的惯性力换成动荷载与惯性力的和,即

$$\left.\begin{array}{l} F_{P1}\sin\theta t - m_1\ddot{y}_1(t) = k_{11}y_1(t) + k_{12}y_2(t) \\ F_{P2}\sin\theta t - m_2\ddot{y}_2(t) = k_{21}y_1(t) + k_{22}y_2(t) \end{array}\right\} \quad (8-107)$$

设质点平稳阶段的位移为

$$\left.\begin{array}{l} y_1(t) = Y_1\sin\theta t \\ y_2(t) = Y_2\sin\theta t \end{array}\right\}$$

代入方程式(8-107),消去公因子 $\sin\theta t$ 后,得

$$\left.\begin{array}{l} (k_{11} - \theta^2 m_1)Y_1 + k_{12}Y_2 = F_{P1} \\ k_{21}Y_1 + (k_{22} - \theta^2 m_2)Y_2 = F_{P2} \end{array}\right\} \quad (8-108)$$

解方程,得

$$\left.\begin{array}{l} Y_1 = \dfrac{D_1}{D_0} \\ Y_2 = \dfrac{D_2}{D_0} \end{array}\right\} \quad (8-109)$$

其中

$$\left.\begin{array}{l}D_0=(k_{11}-\theta^2 m_1)(k_{22}-\theta^2 m_2)-k_{12}k_{21}\\ D_1=(k_{22}-\theta^2 m_2)F_{P1}-k_{12}F_{P2}\\ D_2=(k_{11}-\theta^2 m_1)F_{P2}-k_{21}F_{P1}\end{array}\right\} \quad (8-110)$$

【例题 8－13】 试求图 8.42（a）所示体系的稳态振幅。已知：$m_1=m_2=m$，$\theta=2\sqrt{\dfrac{EI}{mh^3}}$。

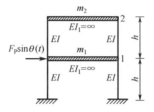

图 8.42　例题 8－13 图

解：（1）计算刚度系数。

在例题 8－7 中已求出该体系的刚度系数为

$$k_{11}=48EI/h^3,\ k_{12}=k_{21}=-24EI/h^3,\ k_{22}=24EI/h^3$$

（2）计算 D_0、D_1、D_2。

荷载幅值为

$$F_{P1}=F_P,\ F_{P2}=0$$

将荷载幅值、荷载频率、刚度系数代入式（8－110），得

$$D_0=304\left(\frac{EI}{h^3}\right)^2,\ D_1=20F_P\frac{EI}{h^3},\ D_2=24F_P\frac{EI}{h^3}$$

（3）计算振幅。

由式（8－109）算得

$$Y_1=\frac{D_1}{D_0}\approx 0.0658\frac{F_P l^3}{EI},\ Y_2=\frac{D_2}{D_0}\approx 0.0789\frac{F_P l^3}{EI}$$

计算时可以不利用式（8－109）、式（8－110），而直接解方程式（8－108）即可。

学习指导：通过本节内容的学习，要了解简谐荷载作用下平稳阶段的振动规律，了解如何计算稳态振幅。

8.6　用能量法计算结构的基本频率

8.4 节中所介绍的求体系自振频率和振型的方法是求体系所有自振频率和振型的精确方法，当自由度很多时计算工作量很大。在实际工程中，一般并不需要求所有的自振频率和振型，有时需要一批，有时只需要前两三个，有时甚至只需要一个基本频率就够了。如结构抗震设计中，在确定有些结构的地震作用时就只需要结构的基本周期。计算结构前若干阶自振频率和振型有许多实用方法，本节仅介绍用能量法计算结构的基本频率。

8.6.1　计算多自由度体系的基本频率

因计算结构的自振频率和振型时不计阻尼，结构按振型做自由振动时无能量损失，则

振动过程中的能量保持不变,即能量守恒。下面以图 8.43(a)所示体系为例介绍根据能量守恒推出频率计算公式的过程。

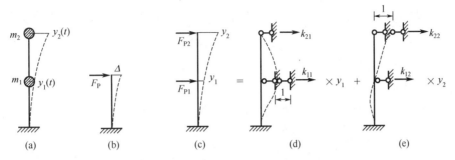

图 8.43 两个自由度体系的势能计算

设图 8.43(a)所示体系按振型 1 做自由振动,那么质点在 t 时刻的位移为

$$\left.\begin{array}{l} y_1(t) = Y_{11}\sin(\omega_1 t + \alpha_1) \\ y_2(t) = Y_{21}\sin(\omega_1 t + \alpha_1) \end{array}\right\} \quad (8-111)$$

或用矩阵表示,为

$$\begin{Bmatrix} y_1(t) \\ y_2(t) \end{Bmatrix} = \begin{Bmatrix} Y_{11} \\ Y_{21} \end{Bmatrix} \sin(\omega_1 t + \alpha_1)$$

简记为

$$\{y(t)\} = \{Y\}_1 \sin(\omega_1 t + \alpha_1)$$

质点在 t 时刻的速度为

$$\left.\begin{array}{l} \dot{y}_1(t) = Y_{11}\omega_1 \cos(\omega_1 t + \alpha_1) \\ \dot{y}_2(t) = Y_{21}\omega_1 \cos(\omega_1 t + \alpha_1) \end{array}\right\}$$

或

$$\{\dot{y}\} = \{Y\}_1 \omega_1 \sin(\omega_1 t + \alpha_1)$$

体系在 t 时刻的动能 $T(t)$ 等于各质量动能之和,即

$$T(t) = \frac{1}{2}m_1[Y_{11}\omega_1\cos(\omega_1 t + \alpha_1)]^2 + \frac{1}{2}m_2[Y_{21}\omega_1\cos(\omega_1 t + \alpha_1)]^2$$

$$= \frac{1}{2}(m_1 Y_{11}^2 + m_2 Y_{21}^2)\omega_1^2 \cos^2(\omega_1 t + \alpha_1)$$

或

$$T(t) = \frac{1}{2}\{Y\}_1^T [M]\{Y\}_1 \omega_1^2 \cos^2(\omega_1 t + \alpha_1)$$

其中,M 为质量矩阵。

下面计算体系在 t 时刻的弹性势能。

图 8.43(b)所示结构在静荷载 F_P 作用下,产生位移 Δ。结构中的弹性势能 U 等于外力做的实功,即

$$U = \frac{1}{2}F_P \Delta$$

当结构上有两个外力作用时,如图 8.43(c)所示,结构的弹性势能等于这两个外力

做的实功,即

$$U=\frac{1}{2}F_{P1}y_1+\frac{1}{2}F_{P2}y_2=\frac{1}{2}\begin{bmatrix}y_1 & y_2\end{bmatrix}\begin{Bmatrix}F_{P1}\\F_{P2}\end{Bmatrix} \tag{8-112}$$

由图 8.43 (c)、(d)、(e) 可见,引起位移 y_1、y_2 的力 F_{P1}、F_{P2} 可用刚度系数表示,即

$$\left.\begin{array}{l}F_{P1}=k_{11}y_1+k_{12}y_2\\F_{P2}=k_{21}y_1+k_{22}y_2\end{array}\right\} \tag{8-113}$$

可用矩阵表示为

$$\begin{Bmatrix}F_{P1}\\F_{P2}\end{Bmatrix}=\begin{bmatrix}k_{11} & k_{12}\\k_{21} & k_{22}\end{bmatrix}\begin{Bmatrix}y_1\\y_2\end{Bmatrix} \tag{8-114}$$

将式(8-114)代入式(8-112),可得

$$U=\frac{1}{2}\begin{Bmatrix}y_1\\y_2\end{Bmatrix}^{\mathrm{T}}\begin{bmatrix}k_{11} & k_{12}\\k_{21} & k_{22}\end{bmatrix}\begin{Bmatrix}y_1\\y_2\end{Bmatrix} \tag{8-115}$$

体系在 t 时刻的位移由式(8-111)确定,则体系在 t 时刻的势能 $U(t)$ 为

$$U(t)=\frac{1}{2}\begin{Bmatrix}y_1(t)\\y_2(t)\end{Bmatrix}^{\mathrm{T}}\begin{bmatrix}k_{11} & k_{12}\\k_{21} & k_{22}\end{bmatrix}\begin{Bmatrix}y_1(t)\\y_2(t)\end{Bmatrix} \tag{8-116}$$

将式(8-111)代入式(8-116),得

$$U(t)=\frac{1}{2}\begin{Bmatrix}Y_{11}\\Y_{21}\end{Bmatrix}^{\mathrm{T}}\begin{bmatrix}k_{11} & k_{12}\\k_{21} & k_{22}\end{bmatrix}\begin{Bmatrix}Y_{11}\\Y_{21}\end{Bmatrix}\sin^2(\omega_1 t+\alpha_1)$$

或

$$U(t)=\frac{1}{2}\{Y\}_1^{\mathrm{T}}[K]\{Y\}_1\cos^2(\omega_1 t+\alpha_1)$$

根据能量守恒,可知最大动能等于最大势能,即

$$U_{\max}=T_{\max}$$

结构的最大动能和最大势能分别为

$$T_{\max}=\frac{1}{2}\{Y\}_1^{\mathrm{T}}[M]\{Y\}_1\omega_1^2,\ U_{\max}=\frac{1}{2}\{Y\}_1^{\mathrm{T}}[K]\{Y\}_1$$

因此有

$$\{Y\}_1^{\mathrm{T}}[M]\{Y\}_1\omega_1^2=\{Y\}_1^{\mathrm{T}}[K]\{Y\}_1$$

即

$$\omega_1^2=\frac{\{Y\}_1^{\mathrm{T}}[K]\{Y\}_1}{\{Y\}_1^{\mathrm{T}}[M]\{Y\}_1} \tag{8-117a}$$

或写成

$$\omega_1^2=\frac{K_1}{M_1} \tag{8-117b}$$

其中,$K_1=\{Y\}_1^{\mathrm{T}}[K]\{Y\}_1$ 称为第一振型的广义刚度,$M_1=\{Y\}_1^{\mathrm{T}}[M]\{Y\}_1$ 称为第一振型的广义质量。这样式(8-117b)在形式上与单自由度体系的频率计算公式相同。

用式(8-117)求体系的基本频率需事先已知体系的第一振型,而第一振型是未知的。一般工程结构的第一振型可凭经验近似给定,通常将重力沿位移方向作用所引起的位移作为近似的第一振型。这样通过式(8-117)算出的基本频率是近似的。

【例题 8 – 14】 试用能量法计算图 8.44（a）所示体系的基本频率。已知：$m_1=m_2=m$。

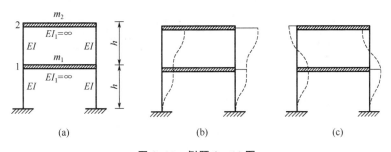

图 8.44　例题 8 – 14 图

解：图 8.44（a）所示体系的刚度系数已在例题 8 – 7 中求出，分别为

$$k_{11}=48EI/h^3，\quad k_{12}=k_{21}=-24EI/h^3，\quad k_{22}=24EI/h^3$$

刚度矩阵为

$$[K]=\begin{bmatrix}k_{11}&k_{12}\\k_{21}&k_{22}\end{bmatrix}=\begin{bmatrix}48&-24\\-24&24\end{bmatrix}\frac{EI}{h^3}$$

质量矩阵为

$$[M]=\begin{bmatrix}m_1&0\\0&m_2\end{bmatrix}=\begin{bmatrix}1&0\\0&1\end{bmatrix}m$$

结构为两个自由度体系，有两个振型，大致形状如图 8.44（b）、(c) 所示。第一振型是各振型中最容易激起的振动形状，因此第一振型应为图 8.44（b）。假设第一振型为

$$\{Y\}_1=\begin{Bmatrix}Y_{11}\\Y_{21}\end{Bmatrix}=\begin{Bmatrix}1\\2\end{Bmatrix}$$

据此算出体系的广义刚度为

$$K_1=\{Y\}_1^{\mathrm{T}}[K]\{Y\}_1=\begin{bmatrix}1&2\end{bmatrix}\begin{bmatrix}48&-24\\-24&24\end{bmatrix}\frac{EI}{h^3}\begin{Bmatrix}1\\2\end{Bmatrix}=\begin{bmatrix}1&2\end{bmatrix}\begin{Bmatrix}0\\24\end{Bmatrix}\frac{EI}{h^3}=48\frac{EI}{h^3}$$

体系的广义质量为

$$M_1=\{Y\}_1^{\mathrm{T}}[M]\{Y\}_1=\begin{bmatrix}1&2\end{bmatrix}\begin{bmatrix}1&0\\0&1\end{bmatrix}m\begin{Bmatrix}1\\2\end{Bmatrix}=\begin{bmatrix}1&2\end{bmatrix}\begin{Bmatrix}1\\2\end{Bmatrix}m=5m$$

由式(8 – 117)得

$$\omega_1^2=\frac{K_1}{M_1}=\frac{48EI}{5mh^3}$$

开方，得结构基本频率的近似解为

$$\omega_1\approx 3.098\sqrt{\frac{EI}{mh^3}}$$

在例题 8 – 7 中算得的精确解为 $\omega_1=3.028\sqrt{\dfrac{EI}{mh^3}}$，与近似解的误差为 +2.3%。

8.6.2　计算无限自由度体系的基本频率

用能量法也可计算无限自由度体系的基本频率。无限自由度体系具有无穷多个自振频

率和振型，每一个振型均是体系按自振频率做自由振动时杆件的弹性变形曲线，用杆件截面位置 x 的函数表示，称为振型函数。设体系按第一振型做自由振动时的位移为

$$y(x,t) = Y_1(x)\sin(\omega_1 t + \alpha_1)$$

其中，$Y_1(x)$ 为结构的第一振型。按照与本节前面类似的分析，可得

$$\omega_1^2 = \frac{\int_0^l EI[Y_1''(x)]^2 \mathrm{d}x}{\int_0^l \overline{m}[Y_1(x)]^2 \mathrm{d}x} \tag{8-118}$$

利用式(8-118)求体系的基本频率时需假设第一振型的形状。所假设的第一振型的形状要满足位移边界条件，通常采用自重引起的弹性变形曲线，这样的曲线一定满足位移边界条件。

【例题 8-15】试用能量法计算图 8.45（a）所示体系的基本频率。

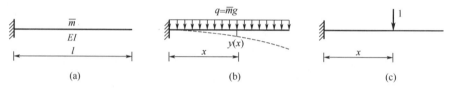

图 8.45　例题 8-15 图

解： 取图 8.45（b）所示的自重引起的弹性曲线作为假设的第一振型。作出图 8.45（b）、(c) 两种情况的弯矩图，图乘得

$$y(x) = \frac{\overline{m}g l^2 x^2}{24EI}\left(6 - \frac{4}{l}x + \frac{1}{l^2}x^2\right)$$

取

$$Y_1(x) = x^2\left(6 - \frac{4}{l}x + \frac{1}{l^2}x^2\right)$$

代入式(8-118)，得结构基本频率的近似解为

$$\omega_1 \approx 3.529\sqrt{\frac{EI}{\overline{m}l^4}}$$

精确解为 $\omega_1 = 3.515\sqrt{\frac{EI}{\overline{m}l^4}}$，与近似解的误差为 $+0.4\%$。

图 8.45（a）所示悬臂梁的前三阶振型如图 8.46 所示，其中图 8.46（a）为第一振型，图 8.46（b）为第二振型，图 8.46（c）为第三振型，可见第一振型是最容易发生的振动形状。

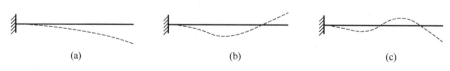

图 8.46　悬臂梁的振型

现取与第一振型相近的函数

$$y(x) = 1 - \cos\frac{\pi}{2l}x$$

在支座处有

$$y(0) = 0, \quad y'(0) = 0$$

满足固定支座处截面的位移和转角均为零的条件，可作为假设振型，即

$$Y_1(x) = 1 - \cos\frac{\pi}{2l}x$$

代入式(8-118)，得结构基本频率的近似解为

$$\omega_1 \approx 3.68\sqrt{\frac{EI}{ml^4}}$$

精确解为 $\omega_1 = 3.515\sqrt{\dfrac{EI}{ml^4}}$，与近似解的误差为 $+4.7\%$。

从以上几个例题中可以发现，用能量法算出的基本频率近似值均比实际的大一些。这不是偶然的，而是由方法本身决定的，此外不加以证明，感兴趣的读者可参考其他书籍。如果所选函数是体系的真实振型，则用能量法得到的一定是精确的自振频率。

学习指导：通过本节内容的学习，了解能量法计算结构基本频率的方法、特点，理解能量法计算基本频率的计算公式。

习 题

一、单项选择题

1. 体系的动力自由度是指（　　）。
   A. 体系中独立的质点位移个数　B. 体系中结点的个数
   C. 体系中质点的个数　　　　　D. 体系中独立的结点位移的个数

2. 图 8.47 所示体系的 $EI=$ 常数，不计杆件的分布质量，体系的动力自由度为（　　）。
   A. 1　　　B. 2　　　C. 3　　　D. 4

图 8.47　题 2 图

3. 图 8.48 所示体系不计杆件的分布质量，体系的动力自由度为（　　）。
   A. 1　　　B. 2　　　C. 3　　　D. 4

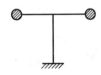

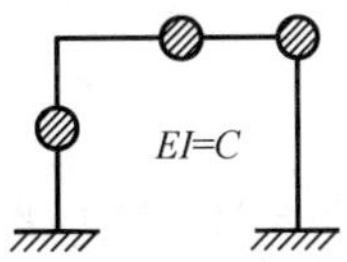

图 8.48　题 3 图

4. 若要提高单自由度体系的自振频率，需要（　　）。
　　A. 增大体系的刚度　　　　B. 增大体系的质量
　　C. 增大体系的初速度　　　D. 增大体系的初位移

5. 振幅计算公式 $A = y_{st}\beta$ 中的 y_{st} 为（　　）。
　　A. 结构上的静荷载引起的位移　B. 动荷载幅值作为静荷载引起的位移
　　C. 惯性力幅值引起的位移　　　D. 结构上的动荷载引起的位移

6. 多自由度体系的自振频率和振型取决于（　　）。
　　A. 体系的初位移　　　　　　B. 体系的初速度
　　C. 体系的初位移和初速度　　D. 体系的质量和刚度

二、填空题

7. 在动荷载作用下，_____力不容忽视，内力和位移是_____的函数。

8. 一台转速为 $300 r/min$ 的机器，开动时对结构的作用相当于一个简谐荷载 $F_P(t) = F_0\sin\theta t$，荷载频率为_____。

9. 阻尼对单自由度体系自由振动的_____影响小，可以不计阻尼；对_____影响较大。

10. 体系按振型做自由振动时，各质点的振动频率_____，各质点的振幅_____。

11. 振型对质量正交的表达式为_____；对刚度正交的表达式为_____。

12. 体系按某一振型做自由振动时，各质点位移的大小、方向均随_____变化，但它们的_____不变。

13. 图 8.49 所示体系的质量矩阵为_____。

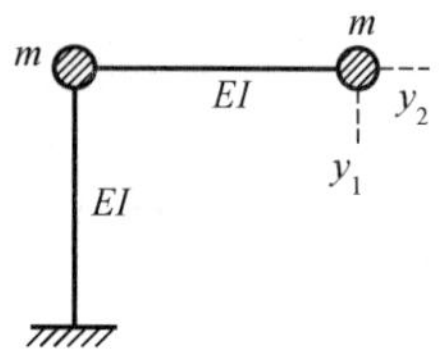

图 8.49　题 13 图

三、计算题

14. 试求图 8.50 所示体系的自振频率和自振周期。

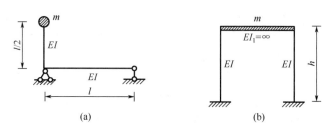

图 8.50　题 14 图

15. 图 8.51 所示简支梁上装有一台自重为 $35kN$ 的电动机，电动机开动时产生的离心力在竖向的分力为 $F_P(t) = F_0\sin\theta t$。已知：$F_0 = 10kN$，电动机转速为 $500 r/min$，梁的惯

性矩 $I=8800\text{cm}^4$，弹性模量 $E=2.06\times10^{11}\text{N/m}^2$。不计梁重，不计阻尼。试求梁的振幅和最大动弯矩。

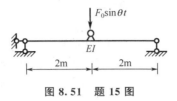

图 8.51　题 15 图

16. 图 8.52 所示结构受简谐荷载 $F_P(t)=F_0\sin\theta t$ 作用。已知：$m=300\text{kg}$，$EI=9.0\times10^3\text{kN·m}^2$，$F_0=20\text{kN}$，$\theta=80\text{s}^{-1}$。试求 $\xi=0$ 和 $\xi=0.05$ 时平稳阶段质点的振幅。

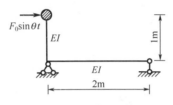

图 8.52　题 16 图

17. 试用柔度法计算图 8.53 所示体系的振型和自振频率。已知：$l=1\text{m}$，$m_1=m_2=m$，$mg=1\text{kN}$，$I=68.82\text{cm}^4$，$E=2\times10^5\text{MPa}$。

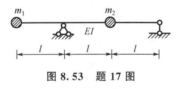

图 8.53　题 17 图

18. 试用柔度法计算图 8.54 所示体系的振型和自振频率。已知：$m_1=m$，$m_2=2m$。
19. 试用刚度法计算图 8.55 所示体系的振型和自振频率。

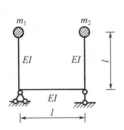

图 8.54　题 18 图

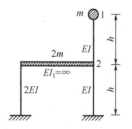

图 8.55　题 19 图

第8章
习题参考答案

第8章拓展习题
及参考答案

参 考 文 献

包世华，2003.《结构力学》学习指导及题解大全［M］．武汉：武汉理工大学出版社．
龙驭球，包世华，袁驷，2018. 结构力学Ⅰ：基础教程［M］．4版．北京：高等教育出版社．
龙驭球，包世华，袁驷，2018. 结构力学Ⅱ：专题教程［M］．4版．北京：高等教育出版社．

后 记

经全国高等教育自学考试指导委员会同意，由土木水利矿业环境类专业委员会负责高等教育自学考试《结构力学（本）》教材的审定工作。

本教材由哈尔滨工业大学张金生教授、马晓儒副教授担任主编。福州大学祁皑教授担任主审，北京建筑大学罗健副教授、河海大学张旭明副教授参审，他们对本教材提出了许多宝贵的修改意见，在此谨向他们表示诚挚的谢意！

全国高等教育自学考试指导委员会土木水利矿业环境类专业委员会最后审定通过了本教材。

全国高等教育自学考试指导委员会
土木水利矿业环境类专业委员会
2023 年 5 月